高等院校"十三五"规划教材

# 新能源与可持续发展概论


主　编　杨晓占

副主编　冯文林　冉秀芝

重庆大学出版社

## 内容提要

本书共 8 章，主要内容包括资源利用现状及存在的问题，环境污染与环境保护，新能源的特点和类型，开发利用新能源的起因、现状和前景，可持续发展的内涵和要求，资源、环境与社会经济的协调关系及其实现可持续发展的途径和意义等。

本书可作为高等院校新能源科学与工程本科专业的教材或参考书，也可作为高等院校相关专业通识选修课教材，还可供有意进军能源领域的人士和关注环境问题的人士参考。

**图书在版编目(CIP)数据**

新能源与可持续发展概论 / 杨晓占主编. -- 重庆 : 重庆大学出版社, 2019. 5
ISBN 978-7-5689-1471-0

Ⅰ. ①新… Ⅱ. ①杨… Ⅲ. ①新能源—可持续性发展—概论 Ⅳ. ①TK01

中国版本图书馆 CIP 数据核字(2019)第 053829 号

**新能源与可持续发展概论**

主　编　杨晓占
副主编　冯文林　冉秀芝
策划编辑：曾显跃
责任编辑：李定群　邓桂华　版式设计：曾显跃
责任校对：邬小梅　责任印制：张　策

*

重庆大学出版社出版发行
出版人：易树平
社址：重庆市沙坪坝区大学城西路 21 号
邮编：401331
电话：(023)88617190　88617185(中小学)
传真：(023)88617186　88617166
网址：http://www.cqup.com.cn
邮箱：fxk@cqup.com.cn(营销中心)
全国新华书店经销
重庆华林天美印务有限公司印刷

*

开本：787mm × 1092mm　1/16　印张：13.25　字数：333 千
2019 年 5 月第 1 版　2019 年 5 月第 1 次印刷
印数：1—2 000
ISBN 978-7-5689-1471-0　定价：38.00元

---

# 前言

本书是在新能源科学与工程本科专业的“新能源导论”和通识公选课“资源、环境与可持续发展”课程教学实践的基础上编写而成的。

本书以制约可持续发展的资源和环境问题为主线，以新能源的召唤、人与自然的和谐为核心，重点阐述新能源、环境与可持续发展的关系。同时，融入环境污染、新能源的开发及综合应用的典型案例，以此分析新能源的开发和应用对资源、环境及可持续发展带来的机遇与挑战。本书兼顾“基本性、多元性、整合性、趣味性”，力争妥善处理能源领域通识教育与专业教育中存在的“通”与“专”的问题，有意识地打破专业壁垒，开阔学生视野，培养其文化通感和科学精神。

本书共8章。第1章，介绍资源利用与社会经济的发展现状与关系；第2章，重点介绍低碳经济时期的新能源发展战略选择，着重剖析人类开发和发展新能源产业的社会、经济和环境背景；第3、4章，重点介绍新能源的定义、种类、特点以及各种新能源的原理、发展现状与前景；第5、6章，重点分析资源利用、社会发展与环境保护的关系；第7章，着重介绍可持续发展的内涵、历史沿革及基本理论；第8章，主要明确了资源、环境与可持续发展的辩证关系和实现可持续发展的路径。

本书由杨晓占担任主编，冯文林、冉秀芝担任副主编。秦祥和廖杰参与了本书资料的搜集、整理和校稿工作。刘雪芹、崔接武、李瑞等专家对本书的编写提出了许多宝贵意见，在此一并表示感谢。

在本书的编写过程中，参阅了许多中外相关的著作、文献以及官方的统计资料，从中获益匪浅。为了便于读者查阅，也为了表达对这些资料作者辛勤工作的敬意，一些主要的著作、文献和资料来源都列在了本书的参考文献中。

本书作者力图做到图像清晰，概念表述准确，文字叙述简明流畅，但因资源产业发展迅速，环境状况不断变化，作者学识有限，疏漏之处在所难免，恳请广大读者和同行指正。

编　者

2019 年 1 月

# 目录

# 第 1 章 资源及其与社会经济的发展

## 1.1 资源及其利用现状

### 1.1.1 资源的概念、分类及其特点

**(1)资源的概念**

从字面上看,资源的“资”是指“可以提供的”“可以利用的”“有使用价值的”东西,包括一切生产资料和生活资料;“源”是指“来源”。“资财之源,一般指天然的资源”(辞海)。

“资源(Resource)”是一国或一定地区内拥有的物力、财力、人力等各种物质要素的总称。资源通常有广义和狭义之分。广义的资源是指人类生存发展和享受所需要的一切物质的和非物质的要素。狭义的资源仅指“自然资源”,也称天然资源,是指在其原始状态下就有使用价值的东西。资源又可分为自然资源和社会资源两大类。前者包括阳光、空气、水、土地、森林、草原、动物、矿藏等;后者包括人力资源、信息资源以及经过劳动创造的各种物质财富等。

**(2)资源的分类**

资源按其经济价值可分为经济资源与非经济资源两大类。在人类的经济活动中,各种各样的资源之间相互联系、相互制约,形成一个结构复杂的资源系统,每一种资源内部又有自己的子系统。资源也可以从性质、用途等不同角度进行分类(见表1.1和图1.1)。

**表1.1 资源的分类**

| 分类依据 | 资源性质 | 资源用途 | 资源状况 |
|---|---|---|---|
| 1 | 自然资源 | 工业资源 | 现实资源 |
| 2 | 社会资源 | 农业资源 | 潜在资源 |

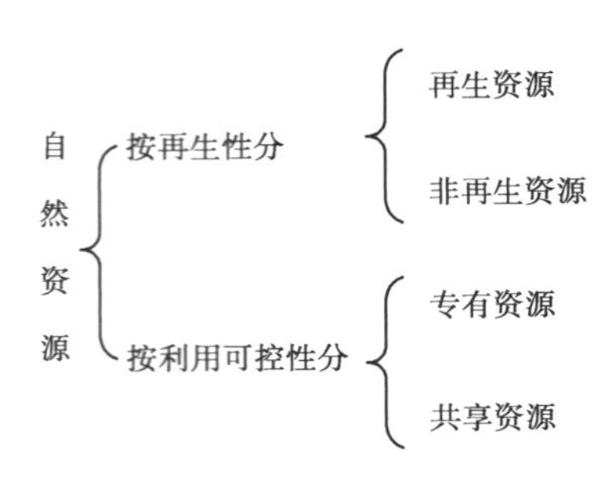


图 1.1　资源的分类

**(3)资源的特点**

1)自然资源的特点

根据人类对自然资源的认知度来看,其主要特点是:分布的不平衡性与规律性、有限性与无限性、多功能性与系统性。

2)社会资源的特点

①社会性

人类的生存、劳动、发展都是在一定的社会形态、社会交往、社会活动中实现的。劳动力资源、技术资源、经济资源、信息资源等社会资源无一例外都具有社会性。社会性主要表现在以下两个方面:

a. 不同的社会生产方式产生不同种类、不同数量、不同质量的社会资源。

b. 社会资源可超越国界、超越种族关系,谁都可以掌握和利用它创造社会财富。

②继承性

继承性使社会资源得以不断积累、扩充和发展。知识经济时代就是人类社会知识积累到一定阶段和程度的产物,社会经济发展以知识为基础,这种积累使人类经济时代发生了一种质变,即从传统的经济时代(包括农业经济、工业经济)飞跃到知识经济时代,这是信息革命、知识共享的必然结果。社会性主要通过以下 3 种途径实现:

a. 通过人类的遗传密码继承、延续和发展。

b. 通过携带信息的载体长期保存、继承下来。人类社会通过书籍、音像制品和教育手段等继承人类的精神财富。

c. 劳动创造了人本身,而人又把从生产劳动中学会的知识、技能物化在劳动的结果——物质财富上继承下来。

社会资源的继承性,使人类社会的每一代人在开始社会生活的时候,都不是从零开始,而是从前人创造的基础上起步。在社会经济活动中,人类在把前人创造的财富继承下来的基础上,又创造了新的财富。也正因为这样,科技知识不断发展,一代胜过一代,并向生产要素中渗透,使劳动者素质不断提高,生产设备不断更新,科研设备不断改进,经营管理水平不断提高。社会财富的积累反过来又加速了科技的发展。

③主导性

主导性主要表现在两个方面:一是社会资源决定资源的利用、发展的方向;二是在把社会资源变为社会财富的过程中,主导性表现、贯彻了社会资源的主体,即人的愿望、意志和目的。

④流动性

流动性主要表现在以下3个方面：

a. 劳动力可以从甲地迁至乙地。

b. 技术可以传播到各地。

c. 资料可以交换，学术可以交流，商品可以贸易。

⑤不均衡性

不均衡性由以下4个原因造成：

a. 自然资源分布的不平衡性。

b. 经济政治发展的不平衡性。

c. 管理体制、经营方式的差异性。

d. 社会制度对人才、智力和科技发展的影响作用方式的不同。

自然资源与社会资源各有其特点，自然资源和社会资源均是人类参加社会经济活动必不可少的要素。

### 1.1.2 全球资源现状

**(1)煤炭资源**

世界煤炭资源主要分布在亚太地区、欧洲及欧亚大陆、北美洲。这些地区的煤炭资源分别占全球已探明可采储量的46.5%、28.3%和22.8%。其中，亚太地区的无烟煤和肥煤最丰富，占全球储量的39.4%。而瘦煤和褐煤主要集中于欧洲及欧亚大陆，占全球储量的46.4%。据BP, Statistical Review of World Energy统计（见图1.2），截至2016年年底，探明的全球煤炭储量为11 393.31亿t。按当前的开采速度，全球煤炭预计还可开采153年。美国是最大的煤炭储备国，占全球储量的22.1%，中国占全球储量的21.4%。

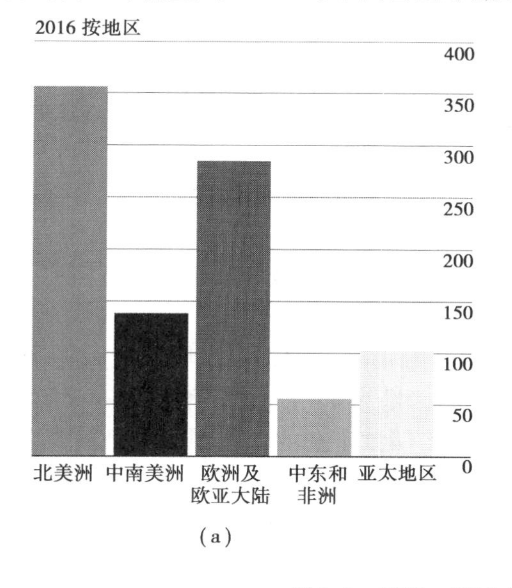


(a)

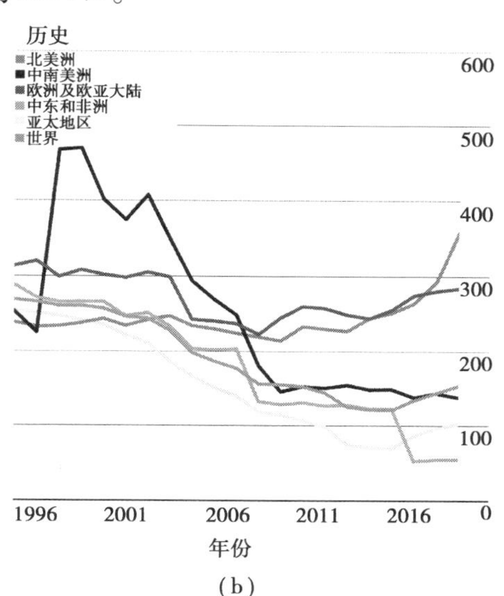


(b)

图1.2 1996—2016年全球煤炭资源的状况

**(2)石油资源现状**

原油是世界上最重要的一次能源之一，其产品复杂多样。原油不仅是能源的主要供应者，与现代交通工业发展和燃料能源供应息息相关,也是材料工业的重要支柱。原油产品基本渗透了工业生产的各个部门。原油产品不仅促进了农业的发展,也是化工新材料、专用化学品、高端装备制造、新能源、节能环保、信息生物等新兴产业的主要原材料。

当前,原油开采总量的88%被用作燃料,主要用于制作汽油、燃料油、取暖油等,大力支持了交通工业发展和人类日常取暖。其余的12%用作化工原料,主要用于化肥、溶剂、杀虫剂和塑料等化工产品的生产。具体来讲,原油产品主要分为石油溶剂、石油燃料、化工原料、石蜡、润滑剂、石油焦和石油沥青等。

原油与煤炭同属一次、不可再生资源,存在明显的稀缺性。原油比煤炭、天然气等一次能源具有更广的应用范围和分布的不均衡性,被誉为"工业血液",是重要的战略资源。

总的来说,世界石油资源现状有以下特点:

1)世界原油分布不均,储产比下降

从全球来看,原油分布极不平衡。在东西半球中,约3/4的石油资源集中于东半球,西半球仅占1/4;在南北半球中,石油资源主要集中在北半球北纬20°~40°和50°~70°两个纬度带内。如波斯湾、墨西哥湾两大油区及北非油田均处于北纬20°~40°内,该地带集中了世界上51.3%的石油储量;在50°~70°纬度带内有著名的北海油田、俄罗斯伏尔加及西伯利亚油田和阿拉斯加湾油区。

当前世界原油主要分布在以下6大产区:

①中东海湾地区,地处欧、亚、非三洲的枢纽位置,原油资源非常丰富,被誉为"世界油库"。主要产地包括沙特阿拉伯、伊朗、伊拉克、科威特和阿联酋等国。

②北美洲原油储量较丰富的国家是加拿大、美国和墨西哥。美国原油探明储量为309亿桶,主要分布在墨西哥湾沿岸和加利福尼亚湾沿岸,以得克萨斯州和俄克拉荷马州最为著名,阿拉斯加州也是重要的石油产区。

③欧洲及欧亚大陆油区,包括俄罗斯、哈萨克斯坦、挪威、英国、丹麦等国。

④非洲是近几年原油储量和石油产量增长较快的地区之一,被誉为"第二个海湾地区"。主要分布于西非几内亚湾地区和北非地区,集中分布在利比亚、尼日利亚、阿尔及利亚、安哥拉、苏丹、埃及等国。

⑤中南美洲是世界重要的石油生产和出口地区之一,也是世界原油储量和石油产量增长较快的地区之一,委内瑞拉、巴西和厄瓜多尔是该地区原油储量很丰富的国家。

⑥亚太地区的原油可探明储量增长一直较快,中国、印度尼西亚和马来西亚是该地区原油探明储量很丰富的国家。

根据最新的《BP世界能源统计年鉴》(见图1.3),目前全球原油可探明储量为17 067亿桶(2 407亿t),其中,OPEC为14 627亿桶,占全球总储量的85.7%。从地区分布来看,中东占比47.7%,中南美洲占比19.2%。从国家分布来看,储量排在前五的国家分别是委内瑞拉17.6%(3 009亿桶)、沙特阿拉伯15.6%(2 665亿桶)、加拿大10.0%(1 715亿桶)、伊朗9.3%(1 584亿桶)、伊拉克9.0%(1 530亿桶)。另外,中国储量257亿桶,占比1.5%。

截至2016年,世界原油探明储量有所增加,但因世界原油产量大幅增加,故储产比仅为50.6年。虽然中东石油储量最高,但储产比仅为69.9年,中国的储产比为17.5年。

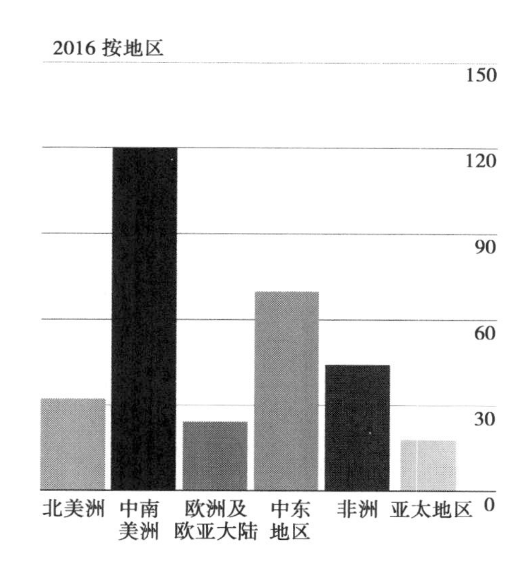


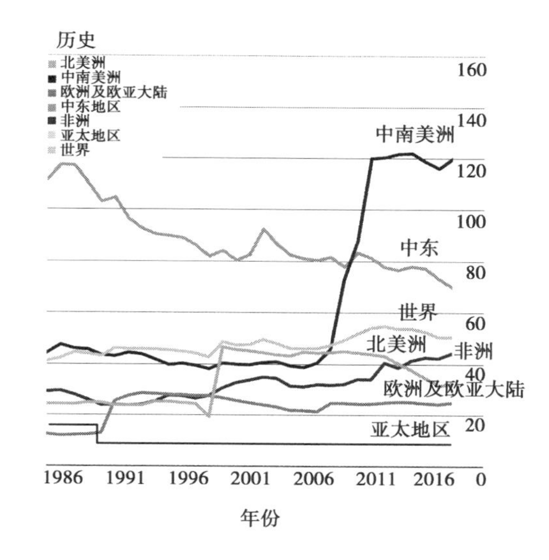


图1.3　1986—2016年全球石油资源概况

2)世界原油供给格局改变

据《BP世界能源统计年鉴》统计,2016年世界原油日产量9 215万桶,较2015年增加了0.5%,而2005—2015年,年平均增长率为1.1%,除欧洲及欧亚大陆之外,其余各地产量均出现了负增长,这种增长趋势的变化,表明了世界能源格局的明显变化。在原油炼制方面,美国的原油炼制产能仍是全球最大,占世界原油炼制总量的20.3%,中国稳居其后,为12.8%,之后为日本、印度、俄罗斯等。

3)世界原油贸易规模

目前,世界原油出口量为65 454千桶/天(25.37亿t),如图1.4所示。其中,中东地区每天出口14 992千桶,占全球出口量的22.9%。利比亚作为OPEC的石油生产大国,拥有北非最大的石油储备,成为非洲重要的石油出口国。从消费量看,美国是消费量最大的国家,中国排第二;从消费和生产的情况看,中国石油对外依存度达到了50%以上,之后依次是日本、印度、俄罗斯、沙特、巴西、德国、韩国等。

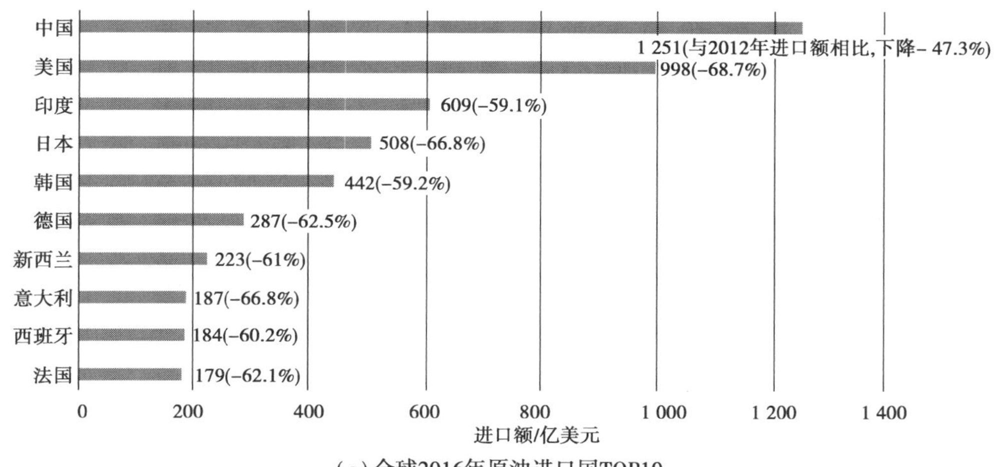


(a)全球2016年原油进口国TOP10

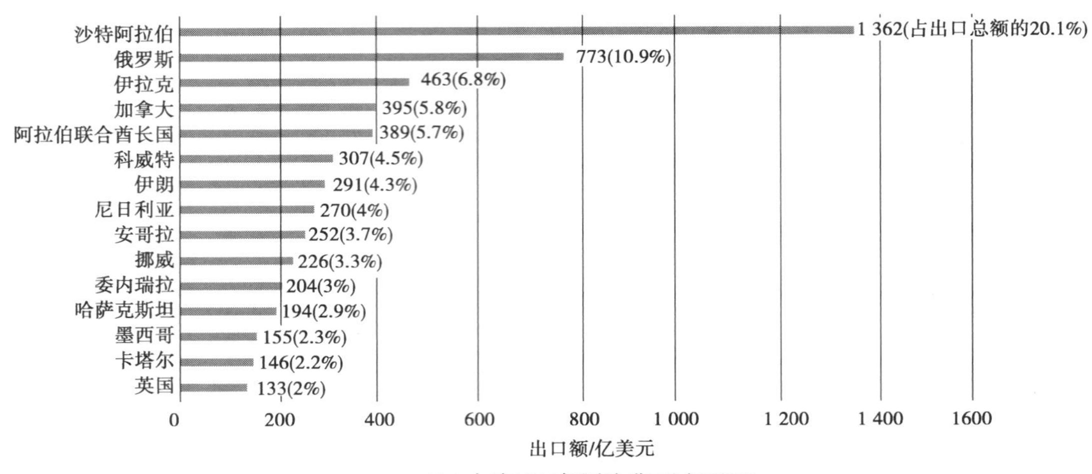


(b)全球2016年原油进口国TOP15

图 1.4　2016 年全球石油贸易状况

(3)**天然气资源现状**

截至2016 年年底,全球天然气探明储量为185.7 万亿 $m^3$(见图1.5)。美国地质调查局的报告表明,估计全球未探明技术可采的常规天然气储量达 159 万亿 $m^3$,可以保证全球未来54.8年的生产需要。

2016 年,中国天然气探明总储量为1.90 万亿 $m^3$,居世界第9 位。中国天然气的勘探和开发正逐步受到重视,预计 20 年内中国天然气的开发将进入高速增长期,总储量达到1 200 亿 $m^3$。

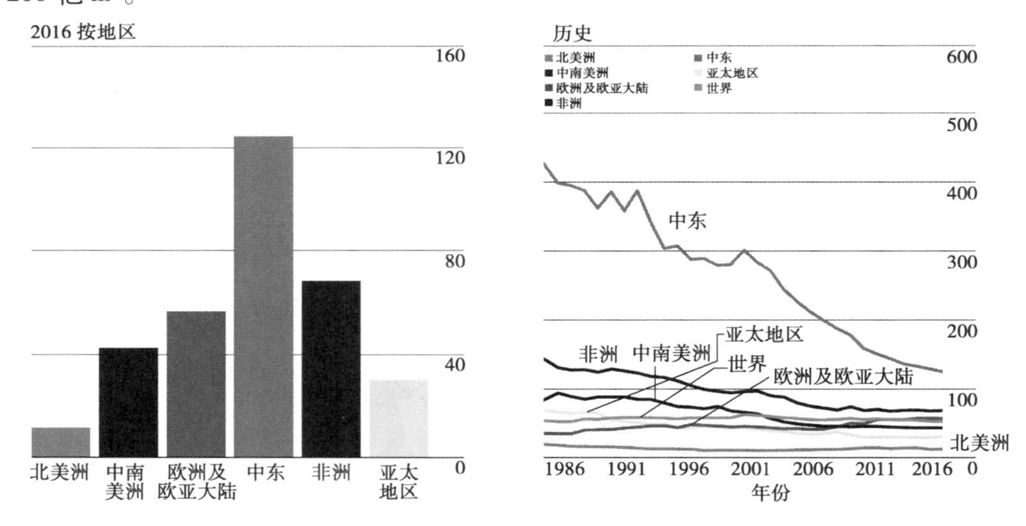


图 1.5　1986—2016 年全球天然气资源现状

(4)**稀土资源现状**

稀有金属是当今世界上最重要的战略性矿产之一,以一个国家的稀土消耗量可以判断出一个国家的工业水平,任何一个高、精、尖的材料、元件和设备都离不开稀有金属。稀土在太阳能发电、高速磁悬浮交通设备、红外光学、光电子学、激光行业、计算机和其他经济领域具有至关重要的作用，全球市场上新型产品和技术的广泛应用使得世界对稀土资源的需求增长迅速。

1）稀土资源形势

总体来讲，世界稀土资源呈现储量集中、分布稀散的格局。全球已探明稀土储量最高的5个国家分别为中国、俄罗斯、美国、印度和澳大利亚。从地理区域上看，稀土资源分布广阔，不存在区域垄断，稀土资源广阔的地理分布，决定了想靠收紧供应端口来长期获得稀土资源话语权是不现实的。与能源和基本金属相比，稀土用量很小，在当前经济形势下，各消费领域增量有限，且科技的不断进步，新材料的不断出现，稀土是否是最理想的元素添加剂难以预测。

2）日本稀土

目前，日本是世界第一大稀土消耗国，其稀土冶金水平世界第一。日本资源匮乏，其强劲的稀土工业必须有强大的资源作保障，这导致日本在稀土资源开发上显得激进。

①日本稀土战略

a. 全球找土。近年来，日本在哈萨克斯坦的合资铀矿中，利用选铀尾矿生产出了稀土产品；宣称要与越南政府合作，开发越南北部莱州的稀土矿；与印度签署合作协议，拟开发印度海滨的稀土资源；与澳大利亚的莱纳公司签署合作协议，准备在马来西亚关丹市共同投资建设稀土冶炼厂，分离、加工来自澳大利亚的稀土精矿。

b. 稀土储备。早在1983年，日本政府就提出了稀有矿产战略储备方案，并执行至今。2005年12月，日本经济产业省能源厅成立了资源战略委员会，规划稀有金属实施行动的中期措施。2009年7月，日本经济产业省发布“确保稀有金属稳定供应战略”，确定由日本JOGMEC和“特殊金属储备协会”实施稀土储备相关战略。其中，民间“特殊金属储备协会”成员多为新日本制铁、神户制钢所、住友金属、日立金属的财团企业。官方JOGMEC则扮演稀土战略先锋角色，在拿到海外合同后转交给日本企业具体负责。

c. 海底找土。20世纪90年代初，日本从近海海底发现了沉积金、铜、锌及稀有金属的“海底热液矿床”。2001年，日本开始实施新的海底资源勘探计划，从伊豆和冲绳群岛附近海域发现了15处矿区。据《日本经济新闻》报道，2012年6月，东京大学研究组在西太平洋南鸟岛附近5600 m深的海底发现了稀土资源，这批稀土可供日本使用227年。尽管这个消息很难核实，但是这体现了日本对稀土战略完备性的重视。

②日本稀土储备

日本长期严重依赖中国的稀土供应，但日本的稀土储备一直在稳步增长，日本非常重视稀土资源储备。

3）中国稀土资源

中国拥有丰富的稀土资源，是世界第一稀土资源大国。目前，已在22个省市区发现上千处稀土矿床和矿化点，品种齐全、储量大。我国稀土矿产多与其他矿产共生，南方以重稀土为主，北方则以轻稀土为主。多年来，我国稀土资源开发过度，引起了生态环境严重破坏、走私贩私现象的盛行等。历经半个多世纪的超强度开采，我国稀土资源储量不断下降，并付出了破坏生态环境与消耗自身资源的代价。

## 1.2 资源与社会经济发展的关系

### 1.2.1 能源消耗概况及世界能源问题

**(1)石油危机带来的思考**

第一次石油危机。1973 年 10 月,第四次中东战争爆发,石油输出国组织(OPEC)为打击以色列及支持以色列的国家,宣布石油禁运,暂停出口,造成油价上涨。原油价格从每桶不到 3 美元涨到 13 美元以上。原油价格暴涨引起了西方发达国家的经济衰退,美国的 GDP 下降了 4.7%,欧洲的 GDP 下降了 2.5%,日本的 GDP 下降了 7%。

第二次石油危机。1979 年至 20 世纪 80 年代初,伊朗爆发伊斯兰革命,而后,伊朗和伊拉克爆发两伊战争,原油日产量锐减,国际油市价格飙升,每桶原油价格从 14 美元涨到 35 美元,此事又一次引起了西方工业国的经济衰退,美国的 GDP 约下降了 3%。

第三次石油危机。1990 年爆发的海湾战争被称为一场石油战争。海湾石油是美国的"国家利益"。当时,3 个月内原油从每桶 14 美元涨到 40 美元以上。虽然高油价持续时间不长,也没有前两次石油危机对世界经济造成的影响大,但却使 1991 年上半年欧美旅游产业大幅缩水。

能源问题一直是关系世界各国经济发展和人民生活的重要议题。当前,能源消费持续强劲增长,供需矛盾进一步恶化。化石能源在世界能源总体消费中仍占据主体地位,大部分能源仍被西方发达国家所掌控。国际油价持续呈现震荡态势,价格的波动给能源生产国和消费国带来了严峻挑战。目前,其他能源尤其是新能源发展迅速,并越来越受到人们的关注和重视。

**(2)我国能源现状及其应对策略**

中国能源、资源储量结构的特点及中国经济结构的特点如图 1.6 所示。依据我国的国情,近阶段我国以石油、煤炭为主的能源结构很难出现根本的改变。我国能源消费结构与世界能源消费结构的差异将继续存在,但会逐渐缩小。我国的能源政策,包括在能源基础设施建设、能源勘探生产、能源利用、环境污染控制和利用海外能源等方面的政策应根据国情制订。考虑我国人口基数大,能源资源特别是优质能源资源有限,人均能源资源水平低,以及我国正处于工业化进程中等情况,应特别注意要依靠科技进步和政策引导来提高能源利用效率,寻求能源的清洁化利用途径,积极倡导能源资源、环境和经济的可持续性发展。

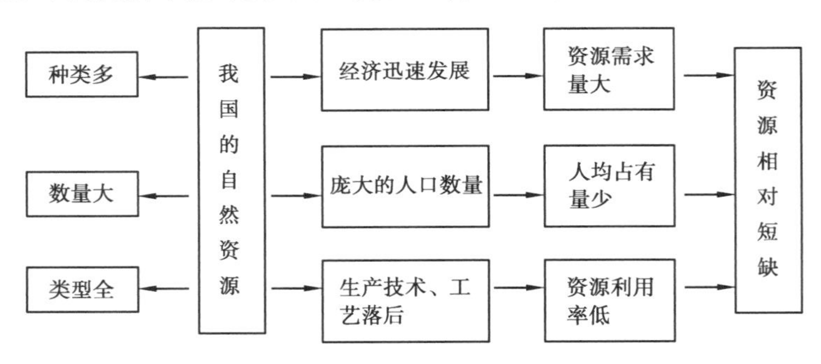


图 1.6 我国资源现状

根据我国的资源现状，应加快石油战略资源储备体系建设。这是因为，一方面，石油储备体系可以防止或避免石油短期供应不足或中断引发的问题，通过储备石油的销售和吸纳，还可以达到稳定油价的目的；另一方面，通过建立石油储备体系，在油价降低时补充石油储备缺口，在油价过高时释放储备石油，通过“低吸高抛”，降低因油价波动给中国能源采购带来的损失。另外，在遭遇人为炒作、石油投机时，石油储备能起到维持正常政治、经济秩序的作用，为国内经济调节争取时间，并对炒作行为起到有效的威慑作用。

在当前的形势下，实现能源资源、环境和经济的可持续发展已成为世界各国的共同课题。我国人口众多，面临着更大的特殊性和更艰巨的挑战。为满足经济发展新常态下各行各业对能源的需求，实现“两个一百年”的奋斗目标，实现资源、环境和经济社会的可持续发展，必须合理应对能源长远发展遇到的严峻挑战，采取正确的能源战略。只有推行并实现可持续发展的能源战略，才能确保在“能源消耗最少，环境污染最小”的基础上，实现经济社会快速发展和人民生活水平的提高。为此，我们有必要汲取西方发达国家的成功经验，学习其他发展中国家根据具体国情发展的经验，建立符合中国特色的、能源效率不断提高和环境保护日益加强的中、长期可持续发展能源战略。

### 1.2.2　自然资源、环境与经济发展的关系

产业革命促进了工业化进程和生产力要素的变革，推动了经济的迅速发展，创造了前所未有的生产力，但高消耗、高污染的粗放型发展模式带来了一系列灾难性后果。如何协调经济、资源和环境的关系，使其相互支撑、协调发展，并促进人类社会与自然环境的可持续发展，需要人们持续关注，这对经济迅速健康发展尤为重要。

①资源是人类社会存在和发展的物质基础，能源和土地、水、森林、矿产等资源是人类立足生存之本和发展进步的源泉。经济活动是以自然资源为物质基础和劳动对象，是人类开发、利用自然资源以满足物质和文化需要的活动。经济发展是资源满足人们需求的重要体现，资源承载能力是决定经济发展水平的基本要素。随着社会发展、经济增长、人口持续增加、生活水平不断提高，人类对资源的需求和消耗持续上升。而大部分资源具有有限性和不可再生性，如果继续采取高污染、高消耗的发展模式，资源的可采储量将不断减少，持续供给能力不断下降，这将严重危及人类生存和社会的持续发展。

②环境为经济发展提供空间支持。环境是资源的载体，是各种生物存活和发展的空间。环境接受来自经济生产、加工过程和人类生活的废弃物，并将其净化处理，是人类生活、资源承载能力和经济生产能力的重要保障。当经济增长过快，环境所接受废弃物的种类和数量超过其自净能力，环境质量将急剧降低，影响资源的存量水平和质量水平，导致环境污染、资源破坏甚至是生态系统的恶性循环，这将严重影响经济生产和人类健康，还会阻碍社会经济的健康发展。

③经济发展是资源、环境和经济可持续发展的保障。在经济和资源环境的关系中，经济体对资源的索取和对环境排放的同时，又以其物质再生产功能为资源、环境的持续发展和完善提供物质和资金支持。只有经济发展到一定程度，才能有更多的资金投入资源开发中，并不断提高资源利用率，促进培育可再生资源和寻找非再生资源的发展，提高资源的可开采量；只有经济的持续发展，才能够不断提高环保投资和环境改造技术水平，提高环境承载力。

可见，资源、环境与经济处于相互依赖、相互影响的统一整体之中，只有当资源、环境和经

济系统之间和谐一致,协调发展,才能形成良性循环,实现整个社会与自然的可持续发展。而资源、环境与经济发展能否相互协调、相互促进,取决于经济体对资源的开发保护、资源的消耗、环境的污染及对污染的控制4者之间相互影响的协调能力。资源、环境和经济之间的综合作用决定了今后经济持续发展所能够依赖的资源环境基础。

### 1.2.3 正确处理自然资源、环境与经济发展的关系

要确保资源、环境和经济的协调发展,必须在资源和环境的承载能力范围内形成一个规模适中、结构合理、技术先进、科学发展的高效经济体系,这不仅能缓解经济增长和资源环境的冲突,又能实现经济体自身的发展,并为资源环境的改善提供有力、有效的经济基础。这需要人们积极开展对资源的开发保护和对污染的控制,减少资源消耗和环境污染,平衡经济体对资源、环境的正负面两种作用力,促进经济、资源与环境的协调发展。

**(1)发挥市场机制作用,合理优化资源配置**

深化资源要素改革,形成反映市场供求关系、污染排放数量和资源稀缺程度的价格机制;推进土地要素市场改革,探索土地集约利用的工业用地竞争性供地方式;构建环境资源化、资源有偿化机制。利用价格、税收、产权、信贷等经济手段,形成有效的约束与激励机制,从制度上确保经济主体自身效用或利润最大化,选择有利于资源有效利用和环境保护的行为措施,实现经济发展与环境保护的协调一致。

**(2)优化产业、能源结构,促进经济发展方式根本转变**

在经济总量持续增长的情况下,只有结构的优化升级才能降低资源消耗和污染排放,必须优化调整产业结构、产品结构和产业技术结构。要促进发展低耗能、低排放的高新技术产业;要用高新技术和先进实用技术对传统产业进行升级改造,提高产品附加值;要加速高能耗行业更新换代,加大生产工艺改造,降低能耗,提高效益;要刺激发展循环经济,实现资源减量化、循环利用,加大开发水污染防治、废弃物循环利用、清洁生产和生态保护等环保产业的力度;要调整优化能源结构,提高清洁能源比重,积极开发利用太阳能、风电、地热和沼气等新能源,促进能源利用的高效化、清洁化。

**(3)加大科技投入,提高资源利用效率**

科技创新是实施可持续发展的根本途径,对经济发展、资源利用、环境保护、污染治理及社会进步有着重要作用。生态环境破坏主要是由生产技术和工艺落后引起的资源浪费和污染排放造成的。因此,加大科研投入,科学规划自然资源的开发利用,积极引进国外先进技术并加以吸收和创新发展,并改进节能技术,改变传统粗放型的资源利用方式;推进清洁生产工艺和生态产业,发展节材、节能、无污染的工艺流程和产业体系,提高资源利用率,最大限度实现资源循环利用,促进生态环境良性循环;积极扶持企业研发和科技创新,积极培育清洁、可再生资源,降低科技成果转化技术风险和市场风险,推动科技成果转化为现实生产力。

**(4)转变政府职能,加强管理和提升服务并重**

政府部门作为公共资源的管理者,其职责在于规划和监管。在准入环节,要加强对投资项目的节能环评和审查管理,对资源综合利用、能源消耗、节能措施、循环利用等方面进行评估论证,优先选用资源利用率高、污染少的工艺、技术和设备。在运行环节,要加强企业能耗管理,量化、跟踪和落实降耗指标。对高能耗行业加强能源监测和统计,定期检查审计,帮助企业通过降低单耗水平来降低生产成本,提高企业经济效益。在监管环节,要加大监督检查力度,坚

决查处国家明令淘汰的用能产品和设备，坚决关闭或淘汰技术落后、资源浪费、污染严重的企业和项目。另外，政府部门要提升服务意识，搭建清洁生产、能源节约、可再生能源建设的技术、资金、人才、信息交流平台，引导社会人力、物力、财力等资源的合理流动。定期发布信息，加强节能宣传，及时更新国家的能源法律、政策和国内外各类能耗水平、先进技术和管理信息等，协助企业采用先进技术和管理手段实现节能降耗，实现政府、企业和社会各方面的良好互动。

# 第 2 章 新能源的特点及其类别

## 2.1 新能源的概念

新能源( New Energy,NE;renewable and sustainable development)是相对煤炭、石油、天然气等传统能源而言的,又称非常规能源,即传统能源之外的各种能源形式,一般是指刚开始开发利用或正在积极研究、有待推广的能源。1980 年,联合国召开的“联合国新能源和可再生能源会议”对新能源的定义为:以新技术和新材料为基础,使传统的可再生能源得到现代化的开发和利用,用取之不尽、周而复始的可再生能源取代资源有限、对环境有污染的化石能源,重点开发太阳能、风能、生物质能、潮汐能、地热能、氢能和核能(原子能)。

新能源是指在新技术基础上加以开发利用的可再生能源。伴随日益突出的环境问题和常规能源的有限性,以环保和可再生为特质的新能源越来越得到人们的重视。随着科技的进步和可持续发展观念的树立,过去被视为垃圾的工业生产、人们生活产生的有机废弃物作为一种能源资源而被深入研究和开发利用。也就是说,废弃物的资源化利用也是新能源技术的一种形式。

在我国,具有产业规模的新能源主要有太阳能、生物质能、风能、水能(主要指小型水电站)、地热能等,它们都是可循环利用的清洁能源。新能源产业既是整个能源供应系统的有效补充,也是环境治理和生态保护的重要措施,从这个意义上来看,新能源是满足人类社会可持续发展的最终能源选择。

### 2.1.1 新能源的类别及概况

从新能源的分类来看,有多种角度和不同类别。

**(1)按形成和来源分类**

①来自太阳辐射的能量,如太阳能、水能、风能、生物质能等。

②来自地球内部的能量,如核能、地热能。

③天体引力能,如潮汐能。

**(2)按开发利用状况分类**

①常规新能源,如水能、核能。

②新能源,如生物质能、地热、海洋能、太阳能、风能等。

**(3)按属性分类**

①可再生能源,如太阳能、地热、水能、风能、生物质能、海洋能等。

②非可再生能源,如煤、原油、天然气、油页岩、核能等。

**(4)按转换传递过程分类**

①一次能源,是指直接来自自然界的能源,如水能、风能、核能、海洋能、生物质能等。

②二次能源,如沼气、蒸汽、火电、水电、核电、太阳能发电、潮汐发电、波浪发电等。

### 2.1.2　新能源的特点

太阳能、生物质能、风能、地热能、水能和海洋能以及衍生出来的生物燃料和核能在内的各种新能源,都直接或间接来自太阳或地球内部所产生的能量,相对于传统能源,新能源具有以下特点:

①资源丰富,具备可再生性,可供人类永续利用。例如,截至2017年年底,全球可再生能源装机容量累计达到2 179 GW。其中水电占据最大份额,投产装机容量1 152 GW。离网可再生能源使用的人数达到1.46亿。

②能量密度低,开发利用需要较大空间。

③不含碳或含碳量很少,对环境影响小。

④分布广,有利于小规模分散利用。

⑤间断式供应,波动性大,对持续供能不利。

⑥除水电外,可再生能源的开发利用成本较化石能源高。

## 2.2　太阳能——新能源领军者

### 2.2.1　太阳能的概念

太阳能(Solar Energy)是指太阳的辐射能,主要是指太阳光线,它是太阳内部氢原子发生氢氦聚变释放电磁辐射而产生的巨大能量。地球上自生命诞生以来,各种生命就主要依靠太阳提供的热辐射能生存。古时人类就已掌握用阳光晒干物件、制作食物的方法,如制盐和晒咸鱼等。在化石能源形势日益严峻的今天,太阳能成为人类能源的重要组成部分,并在持续不断地发展。

实际上,人类所需的绝大部分能量都直接或间接地来自太阳。植物通过光合作用吸收二氧化碳、释放氧气。把太阳能转变成化学能在植物体内储存下来的过程就是利用了太阳辐射出来的电磁能量——光能。太阳能发电是一种新兴的太阳能利用形式,一般有两大类型,即太阳光发电和太阳能热发电。太阳光发电是将太阳能直接转变成电能的一种发电方式。它包括光伏发电、光化学发电、光感应发电和光生物发电4种形式,在光化学发电中有电化学光伏电池、光电解电池和光催化电池。太阳能热发电是先将太阳能转化为热能,再将热能转化成电能。它有两种转化形式：一种是利用物理原理将太阳热能直接转化成电能，如半导体或金属材料的温差发电、真空器件中的热电子和热电离子发电、碱金属热电转换及磁流体发电等；另一种是将太阳热能通过热机（如汽轮机）带动发电机发电，与常规热力发电类似，只是其热能不是来自燃料，而是来自太阳辐射产生的热量。

太阳能发电具有明显的优点，例如，无枯竭危险，安全可靠，无噪声，无污染排放，绝对干净；不受资源分布地域的限制，可利用建筑屋面；无须消耗燃料和架设输电线路即可就地发电供电；能源质量高；建设周期短，获取能源花费的时间短。但太阳能发电也有其缺点，例如，阳光照射的能量密度小，发电要占用巨大的面积；获得的能源多少和四季、昼夜及阴晴等气象条件有关。从太阳能光伏发电的起源及发展的历史中可以发现，太阳能发电不是严格意义上的环保，生产太阳能板就是一种有高污染风险的产业，如果管理不善会造成严重的污染。此外，太阳能发电太过于依赖天气因素，使得太阳能发电难以并网。

### 2.2.2 太阳能的主要利用形式及原理

太阳能的利用有光热转换、光电转换、光生物转换和光化学转换 4 大类。其中，光热转换方式成本最低、技术最好、应用最广；光化学转换应用当前处于初级阶段，大规模应用较少。

光热转换是把太阳辐射能用集热器收集起来转换成能为人类服务的热能。光热转换可分为低温利用（太阳能热水器）、中温利用和高温利用 3 种形式。在光热转换利用中，太阳能热水器的技术和经济性最好，它由集热器、保温水箱、支架、连接管道等部件组成，把太阳辐射的能量转化为供人们使用的热能。

光电转换是将太阳能转换为电能，包括太阳能光热发电和太阳能光伏发电。光电转换主要有两种利用方式：一是“光能—热能—电能”的转换方式，即利用集热器来收集太阳辐射能量，把收集的热量变成热流体传输至蒸汽机中带动大型电伏组机器产生可利用的直流电或交流电。二是“光能—电能”的转换方式，它的原理是在太阳光的照射下，把太阳能电池组产生的电能给蓄电组充电或者直接给用电机器提供电能，这种发电方式也称为光伏发电。光伏发电装置主要由太阳能电池板、控制器、逆变器 3 大部件组成，其中太阳能电池板是核心，由它实现光到电的转变。

光生物转换是自然界最大规模的太阳能转换利用过程，主要是指绿色植物或某些细菌通过一系列复杂光合反应来实现光能转变成储存在生物体内的化学能，如巨型海藻、速生植物、油料作物等。

光化学转换是指将光辐射能转变为化学能的过程。例如，光分解水制备氢，因氢反应后生成水，对环境无任何影响，故光分解水制氢是光化学转换中最理想的过程。光化学转换有 3 种途径可以实现，即光电化学池、光助络合催化和半导体催化。

从主动和被动利用太阳能来划分，太阳能的利用方式可分为主动式太阳能利用和被动式太阳能利用两种。

主动式太阳能利用主要有太阳能热泵系统（见图 2.1）、太阳能制冷技术和建筑光电一体式系统（BIPV）等。将太阳能作为蒸发器热源的热泵系统称为太阳能热泵系统。太阳能热泵技术是一种新型节能型空调制冷供热技术，利用少量高品位电能作为驱动能源，从低温热源吸取低品位热能，并将其传输给高温热源，以达到泵热的目的，从而将能质系数低的能源转化为能质系数高的能源，以此节约高品位能源，提高能量品位。太阳能热泵主要用在冬季太阳能热泵-地板辐射供暖系统和非采暖季太阳能热泵供热水系统。

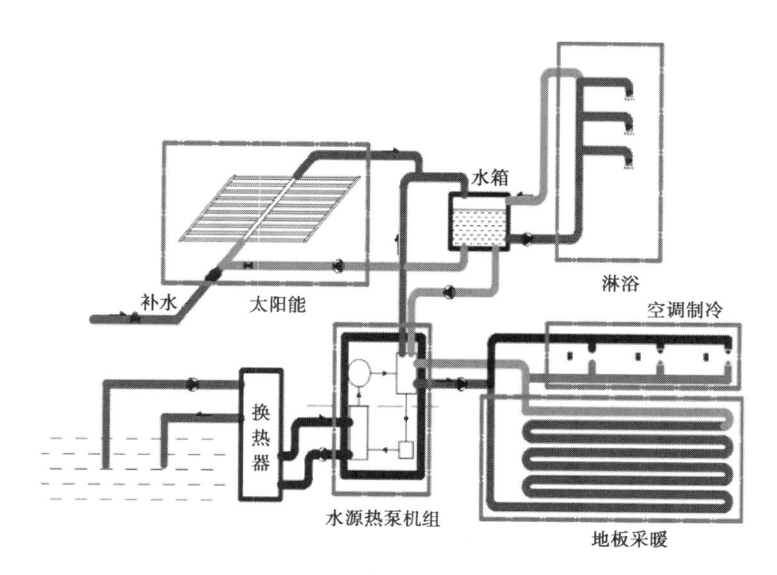


图2.1 太阳能热泵热水系统原理图

被动式太阳能是指不依赖风扇、泵和复杂的控制系统对太阳能进行收集、储藏和再分配的系统。该方式的功能是建立在对建筑设计的综合研究之上,建筑物的窗、墙、楼板等都尽可能地负担着各种不同的功能。例如,墙不仅起支撑屋顶和围护的作用,还拥有热能的储存和释放功能。每个被动式太阳能采暖系统至少有两个构成要素:玻璃采集器和由保温材料组成的能量储存构件。根据两要素之间的关系,被动式太阳能系统主要由直接获取系统、图洛姆(Trombe)保温墙、太阳室、屋顶水池、现代园艺温室等部分构成。

在太阳能制冷技术中,太阳能制冷空调是一个非常有发展前景的技术。太阳能制冷具有节能、环保的优点,能够实现热量的供给和冷量的需求在季节和数量上的高度匹配。太阳能制冷技术还可以设计成多能源系统,充分利用余热、废气、天然气等能源。

在欧美发达国家中,一些公用事业公司通过大型中心光电场增加他们的电能,而另一些电力公司则通过建立靠近用户的小型光电场来达到增加电能的目的。有些光电阵列集电板布置在毗邻建筑的地方,有些布置在屋顶上,或者干脆整合到建筑的围护结构中。在此背景下,建筑光电一体式系统(BIPV)应运而生。BIPV 可以替代建筑的屋顶、外壁板、幕墙、玻璃窗或者雨篷等功能元件。BIPV 能减少电量输送过程的费用和能耗,还能避免放置光电阵板占用额外空间,省去建筑围护结构的部分费用,与建筑结构合二为一。

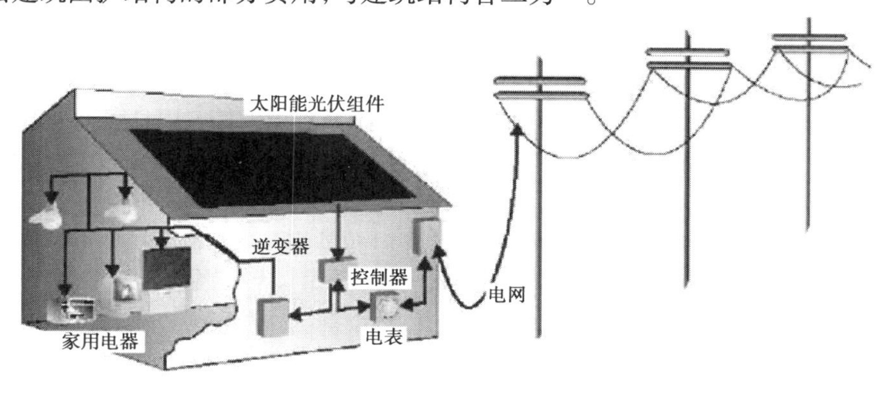


图2.2 BIPV 并网使用原理图

### 2.2.3 太阳能的基本特点

**(1)太阳能的优点**

①分布广泛。阳光普照,没有地域限制,陆地海洋、高山岛屿均可开发和利用,便于采集,且无须开采和运输。

②清洁环保。太阳能是最清洁的能源之一,开发利用太阳能不会污染环境,在环境污染日益严重的今天,能源的清洁、无污染极其重要。

③资源充足。每年到达地球表面上的太阳辐射能约相当于130万亿t标准煤,比现在世界上可开发的能源总量还多。

④无枯竭危险。根据太阳释放能量速率估算,太阳中氢的储量足够维持上百亿年,而地球的寿命约为几十亿年,可以说太阳能是用之不竭的。

**(2)太阳能的缺点**

①分散性。虽然到达地球表面太阳辐射的总量很大,但是其能流密度低。一般来说,北回归线附近,天气晴朗的夏季,正午时太阳的辐照度最大,在垂直于太阳光方向每平方米面积上接收到的太阳能平均有1 000 W左右,但全年日夜平均只有200 W左右,冬季和阴雨天更低。为解决低能流密度问题,在太阳能利用时,一般需要大面积地收集和转换设备,但造价较高。

②不稳定性。昼夜、季节、地理纬度和海拔高度等自然条件的限制和晴、阴、云、雨等随机因素的影响,到达某一地面的太阳辐照度是间断的、极不稳定的,这使得太阳能的大规模应用困难重重。为了使太阳能成为连续、稳定的能源,并成为能够与常规能源竞争的替代能源,必须要很好地解决蓄能问题,可行的方案是把晴朗白天的太阳辐射能储存起来,供夜间或阴雨天使用。但目前,蓄能是太阳能利用中较为薄弱的环节。

③效率低、成本高。太阳能利用在理论上是可行的,技术上也是成熟的,但目前利用太阳能的装置能量转化效率偏低,成本较高,其经济性尚不能与常规能源竞争。在太阳能利用进一步发展的进程中,成本仍是其重要的制约因素。

④太阳能板污染。太阳能板有一定的使用寿命,3~5年就需更换一次,而换下来的太阳能板非常难被大自然分解,从而造成相当大的污染。

### 2.2.4 我国的太阳能资源分布

我国境内太阳能年辐射总量为3 340~8 400 MJ/$m^2$。全国约有2/3以上的地区太阳能资源较好,特别是青藏高原和新疆、青海、甘肃、内蒙古一带,太阳能利用的条件非常好。根据各地接受太阳总辐射量的多少,将全国划分为四类地区。其中,一、二、三类地区,年日照大于2 200 h,太阳年辐射总量大于5 016 MJ/$m^2$,而四类地区如四川盆地及其周围地区则日照较少。

一类地区为太阳能资源最丰富的地区,日辐射量大于5.1 kW·h/ $m^2$。这些地区包括宁夏北部、甘肃北部、新疆东部、青海西部和西藏西部等地。其中,西藏西部最为丰富,最高日辐射量达6.4 kW·h/$m^2$,居世界第二位(第一位是撒哈拉沙漠)。

二类地区为太阳能资源较丰富的地区,日辐射量为4.1~5.1 kW·h/ $m^2$。这些地区包括河北西北部、山西北部、内蒙古南部、宁夏南部、甘肃中部、青海东部、西藏东南部和新疆南部等地。

三类地区为太阳能资源中等类型地区,日辐射量为3.3~4.1 kW·h/ $m^2$。这些地区主要包括山东、河南、河北东南部、山西南部、吉林、辽宁、云南、陕西北部、甘肃东南部、苏北、皖北、广东南部、福建南部、台湾西南部等地区。

第四类地区是太阳能资源较差地区，日辐射量小于3.1 kW·h/m$^2$，这些地区包括湖南、湖北、广西、浙江、福建北部、广东北部、陕西南部、江苏北部、安徽南部以及黑龙江、台湾东北部等地。四川、贵州两省是中国太阳能资源最少的地区，日辐射量只有2.5～3.2 kW·h/m$^2$，四川盆地最少。

### 2.2.5　太阳能发电发展历程

**(1)在实验中诞生并缓慢发展**

可以将阳光转换成电流的太阳能电池出现于一百多年前，但早期的太阳能电池效率太低，并无多大用处。直到1954年4月，美国贝尔实验室的研究人员演示了第一个实用的硅太阳能电池，这是世界上第一块实用的单晶硅太阳能电池，效率仅6%。同年，威克尔首次发现了砷化镓有光伏效应，并在玻璃上沉积硫化镉薄膜，制成了太阳能电池。1973年，美国制订了政府级的阳光发电计划，研究经费大幅增长，成立了太阳能开发银行，促进了太阳能产品的商业化。日本于1974年发布了政府“阳光计划”。20世纪80年代，石油价格大幅回落，太阳能产品缺乏竞争力，太阳能技术也没有重大突破，动摇了一些人对太阳能利用的信心，许多国家大幅削减了太阳能研究经费。

20世纪90年代，矿物、化石能源引发了全球性的环境污染和生态破坏，对人类的生存环境和发展构成了威胁。1992年，联合国在巴西召开“世界环境和发展大会”，会议通过了《里约热内卢环境与发展宣言》《21世纪议程》《联合国气候变化框架条约》等一系列重要文件，把环境与发展纳入统一的框架中，确立了可持续发展的模式。此后，世界各国加强了清洁能源技术的开发。1995年，高效聚光砷化镓太阳电池效率达32%。1997年，美国提出“克林顿总统百万太阳能屋顶计划”；1997年，日本提出“新阳光计划”；1998年，澳大利亚新南威尔士大学创造了单晶硅太阳能电池效率25%的世界纪录；荷兰政府也提出“荷兰百万个太阳光伏屋顶计划”，计划到2020年完成。

**(2)光伏快速发展期**

21世纪初的十多年里，国际原油价格上涨，从2000年的不足30美元/桶，攀涨到2008年7月接近150美元/桶。油价的上涨促使许多发达国家加强了对新能源开发的支持力度，如欧洲、美国的太阳能光伏装机容量迅猛地增长，需求成倍扩大。依靠国内相对廉价的太阳能电池生产成本，中国太阳能光伏企业在欧盟巨大的市场需求面前呈现出爆发式增长势头。在巅峰时期，中国70%以上的太阳能组件都出口欧洲市场。2007年，中国成为世界第一大光伏电池生产国，光伏电池产值增长率连续5年超过100%，占世界产能的60%。但中国还不是太阳能利用大国，产品主要出口，长期以来“生产在国内，应用在国外”。2012年，全球十大光伏组件企业中，中国就占6个。无锡尚德、保定英利、天合光能、江西赛维、阿斯特等都是这类企业。

**(3)光伏市场危机**

从2010年到2011年年初，全球光伏市场最初是供不应求，光伏电池价格一路飙升，国内各大生产制造商增加投资扩大生产规模。“五粮液”这样的酿酒龙头也新上了太阳能光伏玻璃项目。太阳能产业链生意火爆，带动了上下游产业中如装备、原料、运输、安装业的发展。2011年下半年，市场开始变化，组件价格下跌。受影响最大的是中国企业，国内数十家光伏生产企业关闭,数百家企业停产、半停产,数家在美国上市的著名企业股价从每股二三十美元跌到三四美元,光伏企业集体陷入价格战,大企业出现巨额亏损。

**(4)导致光伏危机的原因**

①世界光伏市场供求关系严重失衡。由于行业利润刺激,2011 年上半年,全球光伏组件的产能增加了 54%,而需求仅增加了 19%。中国当年生产的光伏组件产能为 30 GW,加上其他国家的产能 20 GW,全球共生产 50 GW,而 2011 年世界光伏电站的安装需求量却是 20 GW 左右,光伏产能严重过剩,仅中国的产能就超过世界总需求的 50%。

②2011 年中期,中国光伏产品的出口开始严重受阻。中国光伏产品市场的 85% 以上是对国外出口,世界需求的 70% 在欧洲市场。但是,由于全球金融危机和欧债危机的冲击,安装大国德国、意大利对光伏电站的补贴幅度一路下调,导致这些国家的光伏装机需求大大减少,许多公司不再订货或取消订单。

③世界光伏市场竞争环境发生重大变化,美国、德国的几家大型光伏生产企业倒闭,如德国知名太阳能企业 Solon、Solar Millennium、Sovello 和 Q-Cell 陆续申请破产。此外,由 Solarworld 公司牵头,欧洲太阳能光伏企业组成联盟 EU ProSun,对中国入欧太阳能光伏产品进行"双反(反倾销和反补贴)"调查。在 2012 年上半年,美国对中国反倾销公布初裁结果;欧洲制造商也向欧盟提出反倾销申请。对中国"双反"裁决,并没有使欧美的光伏产业获救。全世界所有太阳能公司都亏损,中国也有一些光伏龙头企业倒闭。

**(5)光伏行业回暖复苏**

2013 年,全球光伏行业逐渐迈出低谷,出现了恢复性增长。同年,全球多晶硅、组件价格分别上涨 47% 和 8.7%。欧盟对我国光伏"双反"案达成初步解决方案,国内企业经营状况不断趋好,截至 2013 年年底,在产多晶硅企业由年初的 7 家增至 15 家,多数电池骨干企业扭亏为盈,主要企业第四季度毛利率超过 15%,部分企业全年净利润转正。

产能产品方面,2013 年全球电池片生产规模保持增长势头,产能超过 63 GW(不含薄膜电池),产量达到 40.3 GW。与 2012 年产量相比,增长 7.5%,多晶硅电池和单晶硅电池的比例约为 3:1。太阳能电池呈逐年增长发展态势,但发展趋于平缓。从发展区域看,中国(不包含港澳台地区)以 25.1 GW 的产量位居全球第一,约占全球总产量的 63%。

依照 2013 年光伏电池组件企业的产量排名,全球十大电池组件企业及其情况见表 2.1。

**表 2.1　全球十大电池组件企业及其情况**

| 排名 | 公司名称 | 产能/MW | 产量/MW | 所属国家 | 上市情况 |
|---|---|---|---|---|---|
| 1 | 英利 | 2 800 | 3 100 | 中国 | 美国纽交所 |
| 2 | 天合光能 | 2 450 | 2 471 | 中国 | 美国纽交所 |
| 3 | 阿特斯 | 2 600 | 1 800 | 中国 | 美国纳斯达克 |
| 4 | 晶科能源 | 2 000 | 1 700 | 中国 | 美国纽交所 |
| 5 | First Solar | 2 560 | 1 628 | 美国 | 美国纳斯达克 |
| 6 | 韩华 | 1 620 | 1 300 | 韩国 | 美国纳斯达克 |
| 7 | 晶澳 | 1 800 | 1 218 | 中国 | 美国纳斯达克 |

续表

| 排名 | 公司名称 | 产能/MW | 产量/MW | 所属国家 | 上市情况 |
|---|---|---|---|---|---|
| 8 | SunPower | 1 270 | 1 134 | 美国 | 美国纳斯达克 |
| 9 | 京瓷 | 1 200 | 1 100 | 日本 | |
| 10 | Sloar Frontier | 980 | 920 | 日本 | |

装机容量方面,欧洲光伏产业协会(EPIA)的数据显示,2013 年全球光伏发电系统新增装机容量超过 37 GW,截至 2013 年年底,全球累计装机容量为 136.7 GW。在光伏产品出口受阻的情况下,中国加大了国内对光伏产品的消纳。中国在 2013 年新增光伏装机容量约 10 GW,居全球第一。其次是日本,为 6.9GW。美国第三,为 4.8 GW。2013 年欧洲新增装机容量大幅减少,德国为 3.3 GW,较 2012 年的 7.6 GW 减少约 57%,意大利为 1.1 ~ 1.4 GW,较 2012 年减少约 70%。欧洲在全球新增装机量的占比也大幅降至 28%,占比近 5 年来首次低于 50%。到 2013 年年底,中国累计光伏装机达到 16.5 GW(其中,分布式光伏项目为 5.7 GW,地面光伏电站约为 10.8 GW)。光伏主战场已由原来的欧洲转向亚洲环太平洋地区。环太平洋光伏市场主要包括中国、美国、日本、印度、澳大利亚、韩国等。2013 年环太平洋地区光伏装机容量已经突破 27 GW,比 2012 年的 11 GW 翻番增长。

全球主要光伏公司介绍如下:

保定英利公司:英利绿色能源控股有限公司是全球最大的垂直一体化光伏发电产品制造商之一。总部位于中国保定,在全球设有 10 多个分支机构及办事处,业务涵盖全球 40 多个国家。英利集团成立于 1987 年,曾在 1999 年承担了国家的"年产 3 MW 多晶硅太阳能电池及应用系统示范项目",填补了国家不能商业化生产多晶硅太阳能电池的空白。2007 年 6 月,公司在美国纽约证券交易所上市。2012 年,英利集团光伏组件出货量位列全球第一。截至 2013 年 10 月,英利共提交国内专利申请 1 176 项,授权专利共 777 项,其在国内的专利申请数量和授权数量超越国内其他同行企业,居行业第一。

2013 年 1 月末,英利以世界第一家光伏、中国首家企业的身份,加入了世界自然基金会的"碳减排先锋"项目,这也为英利争取海外市场赢得了一张环保牌。特别是 2014 年,曾作为巴西世界杯唯一的中国赞助商,为巴西世界杯多个赛场提供了超过 5 000 块光伏组件和 30 套离网系统,为比赛城市的照明信息塔提供了 27 套光伏系统,并在包括圣保罗在内的 6 个体育场内的媒体中心和国际媒体大本营设置了 8 ~ 15 个太阳能充电站,为媒体工作人员的手机、计算机、相机等电子设备充电。

晶科能源控股有限公司:成立于 2006 年,是全球为数不多的拥有垂直一体化产业链的光伏制造商,制造优质的硅锭、硅片、电池片以及单晶多晶光伏组件。生产基地位于江西上饶和浙江海宁。晶科引进了国际先进的技术和设备,包括美国 GT Sloar 多晶炉、日本 NTC 线切机、涂装设备 Roth & Rau、机器人解决方案生产设备 Jonas & Redman、意大利 Baccini 电池片生产线、伯格测试技术以及日本 NPC 技术全自动生产线。晶科能源生产的单晶多晶组件获得了 UL,CSA,CEC,TUV,VDE ,MCS,CE,ISO 9001:2008,1S014001:2004 等多项国际专业认证,工厂也通过了 Achilles 测试认证。

美国 First Solar 公司:是世界领先的太阳能光伏模块制造商,生产基地位于美国、马来西亚和德国等。公司于 1999 年在亚利桑那州的坦佩市成立,其前身为 Solar Cell 公司(SCI)。自

2002 年起，First Solar 开始涉足光伏模块业务。First Solar 也是全球最重要的碲化镉（CdTe）薄膜光伏模块制造商。与传统的晶硅技术相比，使用碲化镉专利技术的太阳能电池发电量更大，生产成本更低廉。

日本 Solar Frontier：是昭和壳牌石油旗下全球最大的 CIS 薄膜太阳能电池生产子公司。Solar Frontier 于 2013 年 6 月 18 宣布该公司生产的 CIS 类太阳能电池模块的转换效率达到了 14.6%，最大输出功率达到 179.8 W，其转换效率达到了与多晶硅型太阳能电池模块基本相同的水平。2013 年 12 月，Solar Frontier 宣布其制造出效率为 12.6% 的 CZTS 电池，打破了同类太阳能电池世界纪录。

薄膜电池方面，全球薄膜电池产量主要集中在以 CdTe 电池为代表的 First Solar，以 CIGS 电池为代表的 Solar Frontier，以及以硅基薄膜为代表的汉能控股公司。2013 年，3 家公司产量占全球薄膜电池产量的 69.2%。从产品类型看，硅基薄膜电池 500 MW，CIGS 约 1 500 MW，CdTe 约 1 660 MW。从区域分布看，中国（不包含港澳台地区）薄膜电池产量约 260 MW，日本薄膜电池出货量为 1 011.7 MW。

（6）2014 **年迎来新的发展期**

2014 年上半年，我国光伏制造业总产值超过 1 500 亿元，多晶硅产量达 6.2 万 t，同比增长 100%；硅片产量 18 GW，同比增长 20%；电池组件产量 15.5 GW，同比增长 34.8%。创新驱动效应明显，价格上涨的同时，技术水平也在不断提升。我国目前已掌握晶硅电池全套生产工艺及万吨级多晶硅生产技术，部分指标处于全球领先水平。光伏设备本土化率不断提高。多晶硅的投资、综合能效明显下降，从业人数大幅上升，副产物综合利用率显著提高；单晶硅、多晶硅基薄膜电池转换效率明显提高，光伏发电系统投资降至 9 元/W。

2014 年，美国商务部对中国的光伏产品进行第二次“双反”调查，裁定要对中国产太阳能电池板征收额外 35.2% 的进口关税。中国光伏企业联合作出应对措施，同时加强和解谈判。工业和信息化部制订了《光伏制造行业规范条件》，2014 年符合条件的企业数量为 161 家。国家能源局发布《国家能源局关于明确电力业务许可管理有关事项的通知》（国能资质〔2014〕151 号），明确了项目装机容量 6 MW（不含）以下的新能源发电项目豁免电力业务许可。

从长远来看，光伏产业属于战略新兴产业、朝阳产业，总体技术和市场需求快速增长，成本逐年下降。国际能源署（IEA，International Energy Agency）、欧洲光伏产业协会（EPIA，European Photovoltaic Industry Association）对光伏发电的未来作出了预测：2020 年全球光伏发电的发电量占总发电量的 11%，2040 年占总发电量的 20%。

## 2.3 风能——新能源后起之秀

### 2.3.1 风能的概念

风能（Wind Energy Resources）是指地球表面大量空气流动时所产生的动能。地面各处受太阳辐照后气温变化不同以及空气中水蒸气的含量不同，引起各地气压的差异，高压空气向低压区域流动，即形成风。

风能资源取决于风能密度和可利用风能年累积时间（h）。风能密度是指单位迎风面积可获得的风能功率，它的大小与风速的三次方和空气密度成正比。风能资源丰富，近乎无限且分布广泛，清洁环保。经长期测量、调查与统计得出的平均风能密度概况是风能利用的依据。风力发电主要是利用风力带动风车叶片旋转，并利用增速机将旋转速度提升，带动发电机发电。以目前的风车技术，时速为 3 km/s 的微风便可发电。

芬兰、丹麦等国家很重视风力发电，我国也在大力提倡。小型风力发电系统效率高，主要是由“风力发电机 + 充电器 + 数字逆变器”等组成。风力发电机由机头、转体、尾翼和叶片组成。其中，机头的转子是永磁体，叶片接受风力并通过机头把风能转化为电能，尾翼使叶片始终对着来风的方向从而获得最大的风能，转体使机头灵活转动方便调整尾翼方向。因风力不稳定，风力发电机输出的是 13 ~ 25 V 变化的交流电，须经充电器整流后对蓄电瓶充电，把风力发电的电能变成化学能，再借助含保护电路的逆变电源把化学能转变成 220 V 的交流电。

风能是一种洁净的能源，有其自身的优势。风能设施多为立体化设施，可保护陆地表面和生态环境。目前，全球的风能发电技术发展迅速，设施日趋先进，生产成本大幅降低，在某些地区，风力发电成本已低于传统发电方式。但风能发电也有局限。风力发电可能干扰风机建设地的生物，目前的解决方案是离岸发电，离岸发电价格较高但效率也高。有些地区风力有间歇性，导致风力发电不稳定，如台湾等地在电力需求较高的夏季，但此时却是风力较少的时间，要解决此问题就需要压缩空气等储能技术的发展。风力发电需要占用大量土地来兴建风力发电场。风力发电时，发电机还会发出巨大的噪声。另外，风力发电的发展还受着风速不稳定，产生的能量大小不稳定，受地理位置，转换效率低等因素的限制。现在的风力发电还未成熟，还有很大的发展空间。

### 2.3.2　我国的风能资源——世界“风库”在中国

我国是风力资源丰富的国家，风能储备在世界上排名第一。陆地上可用风能有 2.5 亿 kW，海上风能则有 7.5 亿 kW。据国家气象局估算，全国平均风能密度为 100 W/m$^2$，风能资源总储量约 $1.6\times10^5$ MW，特别是东南沿海及附近岛屿、内蒙古和甘肃走廊、东北、西北、华北和青藏高原等部分地区，每年风速在 3 m/s 以上的时间近 4 000 h，一些地区年平均风速为 6 m/s 以上，具有很大的开发利用价值。有关专家根据全国有效风能密度、有效风力出现时间百分率，以及大于等于 3 m/s 和 6 m/s 风速的全年累积时间(h)，将我国风能资源划分为以下 6 个区域：

**(1)最大风能资源区**

主要分布在东南沿海及其岛屿。这一地区有效风能密度等于 200 W/m$^2$ 的等值线平行于海岸线，沿海岛屿的风能密度更是在 300 W/m$^2$ 以上，有效风力出现时间百分率达 80% ~ 90%。东南沿海向内陆延伸是连绵的丘陵，导致向内陆风能锐减。在福建的台山、平潭和浙江的南麂、大陈、嵊泗等沿海岛屿上，风能很大。其中，台山风能密度为 534.4 W/m$^2$，有效风力出现时间百分率为 90%，是我国平地上有记录的风能资源最大的地方之一。

**(2)次大风能资源区**

分布于内蒙古和甘肃北部。在这一地区，终年在西风带控制之下，风能密度为 200 ~ 300 W/m$^2$，有效风力出现时间百分率为 70% 左右，大于等于 3 m/s 的风速全年有 5 000 h 以上。其中，风能资源最大的区域是虎勒盖地区，这一地区的风能密度虽然比东南沿海小，但其分布范围较广，是我国连成一片的最大风能资源区。

**(3)风能较大区**

主要分布在黑龙江和吉林东部以及辽东半岛沿海等地区。这一地区风能密度在200 W/m$^2$

以上,风速大于等于 3 m/s 和 6 m/s 全年累积时数分别为 5 000 ~ 7 000 h 和 3 000 h。

**(4)风能较小区**

主要分布于青藏高原、三北(西北、华北和东北)地区的北部和沿海。这个地区风能密度为 150 ~ 200 $W/m^2$,风速大于等于 3 m/s 全年累积时数为 4 000 ~ 5 000 h,大于等于 6 m/s 全年累积时数为 3 000 h 以上。青藏高原海拔高,空气密度较小,风能密度相对较小。在 4 000 m 的高度,空气密度大致为地面的 67%,也就是说,同样是 8 m/s 的风速,在平地风能密度为 313.6 $W/m^2$,而在 4 000 m 的高度却只有 209.3 $W/m^2$。本属于风能最大地区的青藏高原,实际上这里的风能却远小于东南沿海。

**(5)最小风能区**

在云南、贵州、四川、甘肃、陕西南部、河南、湖南西部、福建、广东、广西的山区以及塔里木盆地,其有效风能密度在 50 $W/m^2$ 以下,可利用的风力仅有 20% 左右,风速大于等于 3 m/s 全年累积时数在 2 000 h 以下,大于等于 6 m/s 全年累积时数在 150 h 以下。在这些地区中尤以四川盆地和西双版纳地区风能为最小。这一地区除了高山顶和峡谷等特殊地形外,风能潜力低,无利用价值。

**(6)风能季节利用区**

该区域是指我国在风能较小区和最小风能区以外的广大地区,有的地区在冬、春季可以利用风能,而有的地区则在夏、秋季可以利用风能。

### 2.3.3 风能是否成为新能源主角

风能有四大优点、三大缺点。优点为藏量巨大、可以再生、分布广泛、没有污染;缺点为密度低、不稳定、地区差异大。

风能发电成本较低,接近煤电(见图 2.3),比太阳能便宜,且风电不需要水;与其他能源相比,风力发电对环境的影响最小,无须燃料,没有辐射和空气污染问题;工程建设周期短,从投产到运行仅需一年左右;资源丰富,且是永久性的本地资源,能长期稳定供应,运输成本低,占用土地面积小;人力资源要求简单,有的风力机可持续工作数十年,只需少量维护及监控。专家们认为,从技术成熟度及经济可行性看,风能最具竞争力,风能将成为新能源的主角。

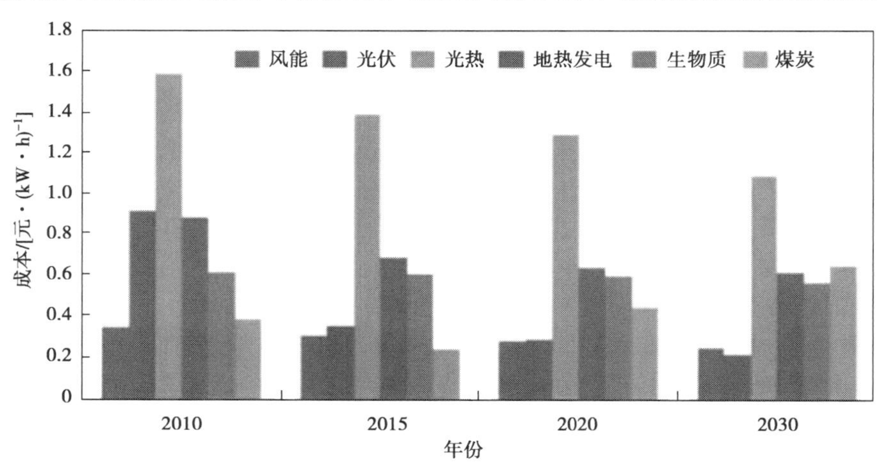


图 2.3 我国不同能源的发电成本对比图

2008 年 8 月,北京奥运会青岛帆船赛基地有 41 个路灯(见图 2.4),它们是“环保奥运,绿色奥运”的节能照明装置，是利用风能及太阳能进行风光互补的户外照明系统。此系统中，风能和太阳能两者结合使其成本下降，风机成本为太阳能电池组件的1/5；两者又可分别构成独立电源，有阳光时用太阳能，有风时用风能；两者均无时，可用蓄电池运转。风光互补系统不需挖沟、埋电缆及安装变电站设备，不用市电，安装简便，维护费低，低压，无触电危险。此系统可用在公路照明和家庭用电，也可为工厂及大厦提供独立电源。欧美国家住宅屋顶安装风电互补发电系统，可完全解决生活用电，不用付电费，这已是美国许多家庭的能源消费方式。

图2.4　青岛帆船赛基地风能路灯

“天苍苍，野茫茫。风吹草低见牛羊”。提到内蒙古，人们首先会想起一望无际的大草原。近年来，内蒙古在开发新能源方面作出了极大的努力。1986年，内蒙古利用扶植政策进行新能源开发，与荷兰、美国、意大利、西班牙等国签订有关风能及风光互补协议，开展“牧区通电”及“光明工程”。100 W风电加60 W太阳能电池，日发电0.6 kW·h，可解决1户牧民家庭照明及电视用电；300 W风电加200 W太阳能电池，日发电1.6 kW·h，可解决1户牧民家庭照明、电视及冰箱用电。风能及太阳能季节性互补，可满足全年均衡供电，既经济又可靠。此系统已解决7万牧民生活及部分工业用电，如今牧民不见烟火也能烧水做饭。

但风能也有缺陷。风电场对生态系统有影响，有报道称会影响候鸟迁徙。美国加利福尼亚州在2005年关闭了4 000台风机，因为每年都有数千只飞鸟（包括金雕等珍稀鸟类）被强大气流卷入风轮而惨死。还有人担心风力发电会影响海洋生态平衡。英国曾经大力发展海上风电，但在2009年12月英国有41头海豹横尸北诺福克海滩，身上遍布螺旋状创伤，明显是机器所为，疑似与Sevia公司在海上修建的风电厂有关。鲸鱼靠听觉在海洋中生存，而风机噪声会对它们听力造成干扰，使它们无法找到食物。此外，风电场还会影响渔民捕鱼及水鸟生存。风电场的选址必须考虑上述不利因素。

### 2.3.4　风能应用新发展

**（1）寒风取暖——风能制热**

农村有广阔的风能应用天地。冬季，西北风劲吹，冰冷的房间使人瑟瑟发抖，殊不知高空中的冷风也能够带来温暖，这就是风能制热，原理如图2.5所示。风吹向风力帆，风力帆的旋转带动转轴转动，经过齿轮箱，通过皮带，转轴传动到搅拌轴，使搅拌轴在水槽中转动，搅拌轴上装有许多叶片（它在转动，称为动片），在水槽内壁上也装有叶片（它是固定的，称为定片）。动片和定片相互交错排列，当搅拌轴转动时，液体在动片和定片之间流动，搅拌轴搅动的机械能全部传送到液体内，导致液体温度逐渐升高。这就使寒风带来了温暖。

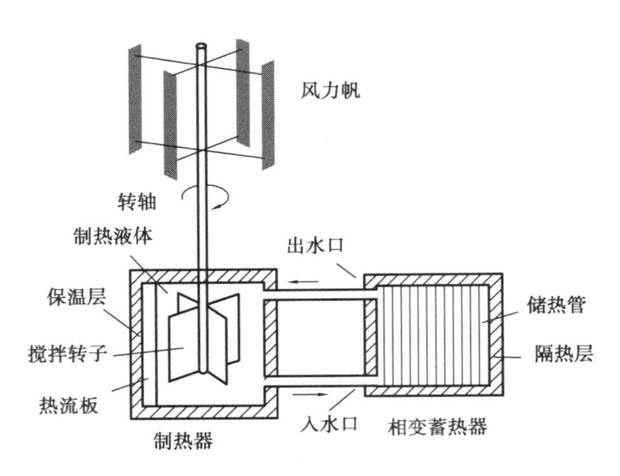


图 2.5　风能制热原理图

风能制热在实际应用中还有以下 4 个方案：

①动片和定片之间装入磁化线圈，动片转动时切割磁力线，生成电流，加热冷水。

②风力发电机发出电能，使电阻丝发热。

③风力机带动一个空气压缩机，空气受压后温度升高而发出热能。

④风力机带动液压泵加压液体，液体从小孔喷出，使液体发热。

日本有一公司利用方案③，使水温升高到 80 ℃，供应酒店浴池用水。

在我国，风力制热已进入实用阶段，尤其是在西北地区，那里天气严寒，给牲畜带来冻害，利用寒风可以供应热水或暖气，用于浴室、住房、花房、牲畜房防寒、防冻及取暖。黄河三角洲有丰富的风能资源，利用风力可以抽取地下水进行灌溉，并解决温室取暖问题。在水产养殖方面，养殖业中鱼苗过冬、新虾产卵、幼虾生长及提高产量都需要加温，尤其是在东北寒冷地区，对风力制热的要求更加迫切。

**（2）装在墙壁上的风力发电机**

家庭用风力发电机“风立方”（见图 2.6）可以安装在墙上，它采用可伸缩扇叶拼接成六边形，平铺在迎风的墙壁上。有风的时候，扇叶打开吸收风能，风能再转化成电能，存储在蓄电池中。每个风扇每个月可以产生 21.6 kW · h 的电力，一组风机由 15 个风扇拼接成，发电量可供一个四口之家使用。

图 2.6　家庭用风力发电机“风立方”

**(3)风筝也可以发电——供给一个城市的电力**

风筝是娱乐工具,但现今许多科学家千方百计想把它用于发电。过去人类想要从很远的高空中取得能量只能是幻想,如今在风筝的启发下,能够利用风能产生便宜的电力。欧洲的风筝发电开发者巴斯兰兹朵放飞一只10 $m^2$ 大小的风筝,风速为4 m/s,风电功率达2 kW。一家意大利风筝风电公司2007年在米兰机场测试原型风筝系统,当风筝飞到400 m高空时获得了预期的数据。德国科学家计划制造家用小型风筝发电机,设计想法是把它安装在屋顶上,当风筝飞到100 m高度时,便收集风能,可以供给家庭所需的电力。俄罗斯物理学家波德歌茨把50个巨大风筝在空中从上到下排成串,每个风筝面积巨大,并可以调节高度使风力稳定,获得的电功率也很稳定。美国科学家提出高空风电场的设想:用300个发电风筝,在200 $km^2$ 的空间,组成高空风电场,这足以满足芝加哥全城的电力需求。这些事例表明,风筝发电已从幻想逐渐走向现实(见图2.7)。

图2.7　风筝发电

**(4)人造龙卷风发电**

龙卷风的中心最大风速可达到300 m/s,中心气压极低,为大气压的1/5。如果一个门窗紧闭的房子外面,气压突然比标准大气压降低8%,那么这座房子墙壁的每个面都要承受每平方米780 000 N的力,这座房子将立即被破坏。龙卷风的中心是一个低压区,有巨大的吸力,可以吸起一个重达百吨的大油罐,把它扔到120 m的远处,也可以把长为75 m的大铁桥从桥墩上吸起抛到水里。

有风就可以风力发电,但自然界的风能密度小、不稳定。人造龙卷风持续、稳定、功率大,为风力发电创造了条件。龙卷风风力巨大,可达12级以上,功率达3万MW,这相当于10个巨型电站的功率。人们从工厂烟囱得到启发:烟囱可以把窑炉内的废气排向空中是因为废气比周围的空气温度高,其密度也就较小,在烟囱中产生的“抽力”使大量热空气从烟囱排向空中。人造龙卷风利用对流层内空气上升与下降的规律,沿陡峭山体搭建大口径“人造龙卷风产生管道”,内径3 m以上,垂直高度900～1 000 m,为热空气上升创造条件。气流可以在管道内快速上升,类似于烟囱抽吸烟尘,在管道的内壁安上螺旋脊,迫使管内流动气体沿螺旋脊旋转,形成高速气旋。铺设管道的垂直高度越高,气流速度越快,气流动力也越大;管道内径越大,流量越大,其功率也越大。一处适宜山体可以铺设一条或数条龙卷风生成管道,从而构建中大型人造龙卷风发电站,以色列的风能塔就是利用上述原理制成的。人造龙卷风是一种强大、持久、稳定、取之不尽、用之不竭的绿色能源。

四川陈玉泽、陈玉德两兄弟，用白铁皮自制一个风筒，用电阻丝在底部加热，产生冷热空气对流，风筒里的风轮就开始旋转，风筒加高一部分，风轮转速就增加一倍，这个看起来似乎很小的发现，成为一项国家级发明专利——人造龙卷风发电系统，国家知识产权局向陈氏兄弟颁发了专利证书。美国退休的埃克森美孚工程师 Louis Michaud 设计制造了人造龙卷风发电的原型机，被称为"大气涡流发电机"。具体工作原理和形貌如图 2.8 所示。

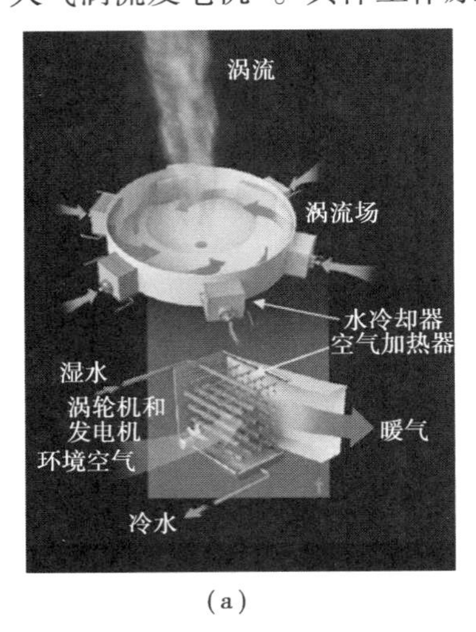


(a)

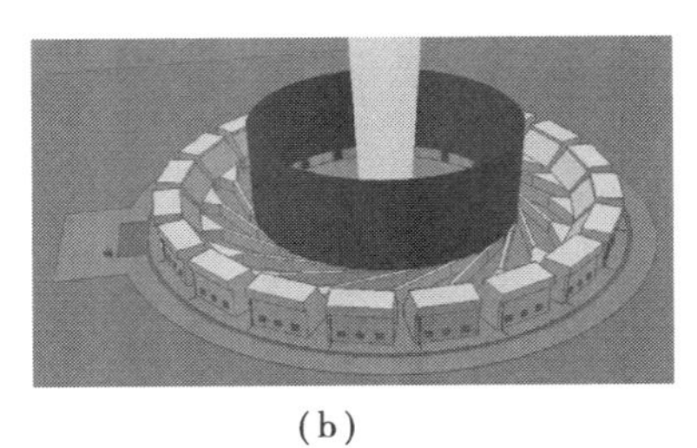

(b)

图 2.8 大气涡流发电机的工作原理

**(5)从大烟囱冒烟启发出的发电方法——大烟囱造风发电**

风力发电中最重要的因素是要有稳定的大风，风大则能量大，大烟囱造风发电系统能满足此要求。工厂烟囱冒出浓浓的黑烟，是由于烟囱有巨大的抽吸力，把炉内废气抽出来，烟囱内气流速度很快，这就是烟囱发电的原理。德国施莱奇教授在建造大建筑时发现烟囱效应：烟囱越高，直径越大，抽吸空气的能力越强。1982 年，德国和西班牙合作，在沙漠高原上建成世界上第一座太阳能热气流电站，它的原理是让阳光制造热风，推动风力发电机，得到纯净电力。此电站由烟囱、集热棚、蓄热层和风力发电机组成。集热棚直径 250 m，是圆形透光隔热的温室，棚的中央有个高 200 m 的太阳能塔。集热棚内部的地面蓄热层被太阳光照射后温度升高，棚内的空气温度达到 20 ~ 50 ℃，按照热升冷降的原理，烟囱内部会形成一股风，在风轮抽排的作用下，风速达 20 ~ 60 m/s，热风驱动设置在太阳能塔下部的风力发电机发电，大棚外的冷空气不断被吸入补充上升的气流。太阳能热气流电站发电容量没有限制，只要棚够大、塔够高，气流就可达到飓风速度(60 m/s)，发电功率可达 1 000 MW。它不用水、不用煤，只用太阳光，20 多年来它平稳运行。这项技术的综合效益是如今风力发电的 200 倍，它的成功发电标志着一次绿色能源的革命。

2002 年，澳大利亚政府支持建造了一个高为 1 000 m 的大烟囱，基部有一个直径为 7 000 m 的大圆盘状集热温室，在太阳光照射下，热气流沿着大烟囱以 16 m/s 的速度上升，推动涡轮旋转而发电(见图 2.9)。晚上存储器中积聚的热能会继续推动涡轮发电，所产生的 200 MW 电能可供 20 万个家庭使用。我国新疆电力公司与华中理工大学也筹建了太阳能塔热气流发电站。澳大利亚能源公司 Environ Mission 在美国凤凰城以西的沙漠地区建了一座高为 800 m 的烟囱型太阳能热气流发电塔,巨塔内置 32 个风力涡轮发电机,其功率可满足 20 万个家庭用电。

图 2.9　太阳能热电流发电装置

**(6)巴林世贸中心——中东的新型风塔**

高处风大,现在世界各地高楼林立,利用高楼安装风机已有多例。众所周知,穿堂风是最凉快的,夏天人们走在两高楼之间,风吹使人感到凉飕飕的。用两楼之间的风道,把风力发电和摩天大楼相结合,建成了以风能供电独树一帜的双塔——巴林世贸中心。

中东地区的海风资源相当丰富,风塔成为巴林的最高建筑物(见图 2.10)。利用海湾地区的海风,以及建筑外呈风帆状且线条流畅的塔楼,使两座楼之间的海风对流,加快了风速。通过发电机,将风力涡轮产生的电力输送给大厦使用。该建筑成为世界上同类型建筑中利用风能作为电力来源的首创。建筑设计使风通过双子塔时会走一条 S 形线路,这样不仅在双子塔的垂直方向,而且在垂直方向的左右各 60°,总共 120°的方向内的风都可以带动风机发电,总能量比单独风机的能量成倍地增加。此类建筑中,把风机和高层建筑结合起来有几个优点:维护费用下降,不需要偏航装置;免去塔筒、地基及道路费用;减免长距离电缆费用。据测算,巴林世贸中心风力涡轮发电机每年能够产生 1 100 ~ 1 300 MW · h 的电力,足够给 300 个家庭用户提供一年的照明用电,变相减少了因建筑物的电耗而对应的碳排放量。

图 2.10　巴林世贸中心的新型风塔

(7)**迪拜的能源塔**

阿联酋的迪拜有一座曾经为世界第一高楼的能源塔(见图 2.11),此塔 68 层,高 322 m。塔顶就是风能发电机,再加上太阳能电池和储备装置,此塔能源可以全部自给。

图 2.11 迪拜的能源塔

(8)**风能驱动的汽车**

利用风驱动,汽车能达到难以置信的速度。例如,"绿鸟"风力汽车(见图 2.12),有钢制的驱动翼产生向前的驱动力,使车速达到风速的 3 ~ 5 倍,创造了当风速为 48 km/h,车速为 202.9 km/h 的世界纪录。美国空气动力学家卡瓦拉罗制造的 DWFTTWX 型风力汽车,采用 5 m高螺旋桨推进器,车速可达风速的 2.86 倍,即 62 km/h。

德国的宝马风力汽车采用类似帆船的设计,时速可达 200 km,供荒漠地区娱乐用(见图 2.13)。两个德国人 Stefan Simmerer 和 Dirk Gion 驾驶风动力汽车横跨澳大利亚,他们用了 18 天的时间,驾驶风动力汽车行驶了 4 800 km。夜晚,他们使用一个可以折叠的 6 m 风力涡轮发电机给汽车充电,汽车装备了充电插头以备没有风力的时候还能给汽车充电。白天如果风力不够大,他们还使用一个风筝帮助牵引。

图 2.12 "绿鸟"风力汽车

图 2.13 宝马帆船风力汽车

(9)**利用风力推动的船舶和快艇**

风力推动船舶的原理是利用风力推动风力机的转轴,这种旋转运动最后可传递到船尾的推进器,它转动后就推动船舶前进,不管顺风或逆风,均可在风力间接作用下使船前进。

新西兰工程师贝茨在历经 21 年研究成功的"风力快艇"上装有 3 个叶片的风车,其转轴会带动快艇尾部的推进器,推动快艇前进,不论风向如何,快艇都可以利用风力前进。当风速为 27.78 km/h,快艇的逆风船速可达 13 km/h。

珠海琛龙船厂承造的"环保第一船"是个白色的游艇,它是世界上目前最先进的环保船之一。其动力系统技术先进,8 节航速的高速完全是由风能、电能、太阳能等这些环保动力驱动。目前公认的首艘实用化的风能辅助商船是日本的“新爱德丸号”(见图 2.14)。“新爱德丸号”是世界上第一艘现代风帆动力游船,采用“机主帆从”的设计思想将古代风帆推进原理与现代流体力学技术相结合。“新爱德丸号”安装了两面流线型风帆,采用计算机技术根据航向与风向的关系自动调整风帆角度。经过营运实践证明,这种柴油风帆联合动力船在沿海地区采用风力推进可节约至少 20% 的燃油。后来先后出现了英国的“爱国者号”、俄罗斯的“斯拓夫号”、日本的“扇蓉丸号”、美国的“小花边号”等风帆助航船。此外,法国、荷兰、芬兰、澳大利亚、印度等国均在积极研制风力船,载重从几千吨到几万吨。

图 2.14　日本的“新爱德丸号”

圆筒帆“E-Ship1”号(见图 2.15)的主要工作原理是马格努斯效应,足球中的弧线球就是这种效应的体现。在球体旋转时,球体带动周围的空气一起运动,和球体旋转方向一致的一侧气流速度会加快,而和球体旋转方向不一致的一侧气流速度会减慢。不同流速的气体会产生压差,对球体产生一个横向的作用力。这个原理具体到船上就是在船遇到横风的时候,圆筒旋转产生一个垂直于风向的作用力,推动船舶前进。但风向很难完全和船舶前进方向垂直,需要一个螺旋桨来提供相应的力形成前进方向的合力而推动船舶前进。

(a)

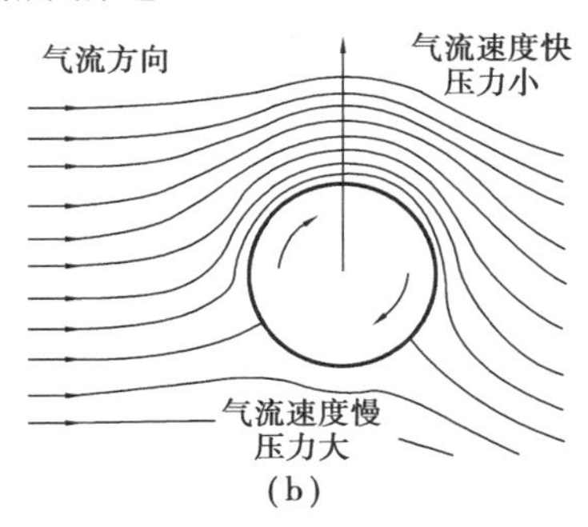


(b)

图 2.15　圆筒帆“E-Ship1”号的外观和工作原理示意图

**(10)风光互补绿色照明**

风光互补发电系统由风力发电机和光伏电池组件构成,通过逆变器将风机输出的低压交流电整流成为直流电,并和光伏电池输出的直流电汇集,充入蓄电池,实现稳压、蓄电和逆变,从而为用户提供稳定的交流电源,且可靠性高。风电和光电系统在蓄电池组和逆变器上是可以通用的，其造价、建造及维护成本比单独的风电或光电系统低。在路灯、广告灯、监控系统、农业灌溉、海水淡化、部队军营、微波通信、科普教育等多领域内，风光互补作为独立供电系统的应用范围比单独的风能或太阳能发电高 10 多倍，而成本仅为原来的 1/3。我国许多地方开展了此项技术的应用，如青岛奥运风帆基地、南京市首届旅博会绿色住宅、上海崇民岛路灯示范基地、浙江慈溪路灯节能示范工程、北京农村道路照明、广州市路灯照明等。我国风光互补发电系统的技术在国际上处于领先地位，许多企业研制的发电系统已出口到世界各国，如东南亚（越南、马来西亚）、欧盟（波兰、英国、法国、土耳其）、北美（加拿大）、大洋洲（澳大利亚）等国际市场。

风能和太阳能互补的绿色照明系统（见图 2.16）可对船舶及海港提供照明能源。路灯照明是城市中消耗能源的公共基础设施，是耗电大户。风光互补新能源照明技术将光电和小型风力发电机组合，将太阳能及风能转换成电能，具有保护环境、节约资源的功能，符合循环经济的要求，也能对人们进行新能源利用和生态环保意识进行直观教育。风光互补路灯不需要输电线路，一次投入建设后就可以利用取之不尽、用之不竭的风能及太阳能提供稳定可靠的电能。这种路灯有着传统路灯不可比拟的社会效益和经济效益。此外，这种互补能源系统弥补了风电和光电独立系统的缺点。白天太阳光强、风比较小，夜晚太阳落山后光照弱，地表温差变化大，风能加强。夏天太阳光强而风小，冬季太阳光弱而风大。太阳能和风能在时间上有很强的互补性。

图 2.16　风光互补新能源路灯

**(11)美丽的“风电之花”**

设计美观大方，造型逼真有趣的艺术雕塑——“风电之花”（见图 2.17）竖立在街头巷尾，它既可以发电，又美化了城市环境。“风电之花”是有多个垂直轴风力涡轮机的树形结构的一种装备，设计简化，减少了风轮对风时的陀螺力。这些几乎无噪声的小型发电机可以安装在住所的后院，使风能进入普通百姓家庭。“风电之花”是荷兰 NL 建筑事务所的设计师们一直在探索的先进风力发电方法。

如同城市景观中的艺术雕塑、路灯、手机天线塔和电线杆一样，“风电之花”为现代都市增辉添色。与庞然大物的水平轴风力发电机组不同,“风电之花”占用更少的土地,可简单、便捷地安装在住所后院,把风能转换成分布式发电的电能。“风电之花”使风能进入寻常百姓家,且能和屋顶太阳能系统整合。

(a)

(b)

图2.17　“风电之花”作为艺术雕塑竖在街头巷尾,既进行分布式发电又美化城市环境

**(12)高空风电受青睐**

大多数人对高空风电技术都很陌生。2013年,谷歌首次以Google X为名宣布收购空中风力涡轮发电设备公司Makani Power(见图2.18),高空风电技术引起了小范围的公众关注。

高空风电技术是一种利用万米高空风能发电的技术。相比陆地,高空风电具有资源丰富的特点,这些高空风力资源还位于人口稠密区。美国国家环保中心和美国能源局的气候数据显示,全球高空资源最好的地点在美国东海岸和包括中国沿海地区在内的亚洲东海岸。在距离地面487~12 192 m的高空中,蕴藏着丰富的风能资源,如果将这些风能转化为电能,则足够满足全球用电需求。高空风速大,风速每增加1倍,其能量将增加8倍。高空风电有两种方式:一种是在空中建造发电站,然后通过电缆线将电能输送到地面;另一种是类似放风筝,通过拉伸产生机械能,再由发电机转换为电能。组建多座小型高空风力发电机,这些高空发电机像一个大大的飞艇,可以悬浮在空中利用高空的风能驱动涡轮发电。发电机可以根据风向进行转向,它悬浮所需的能量来自自身所产生的电能。目前,美国、意大利、英国、中国、荷兰、爱尔兰和丹麦等国多个公司在研究和开发利用高空风能。

图2.18　谷歌收购的Makani Power公司设计的空中风力涡轮发电设备

利用风能发电时,需要考虑项目所在地的风能密度。随着海拔升高,优质空域的风能密度可以达到2 kW/m$^2$。如果上升到万米高空,风能密度将是百米空域的百倍。在我国,地面风力

发电站的风能密度一般不超过 1 kW/m$^2$,而万米高空的风能密度均值超过 5 kW/m$^2$。尤其在山东、浙江、江苏等省上空的高空急流附近,风能密度可达 30 kW/m$^2$,具有非常可观的开发价值。2010 年,广东佛山在 3 000 ~ 10 000 m 的高空安放风电装置,首期装机容量 10 万 kW,现已成功发电,其发电成本低于 0.3 元/(kW · h)。高空风力发电具有以下优点:风能稳定、蕴藏能量巨大、无噪声、便于并网等。高空发电将成为未来获取能源的主要方式之一,被外界普遍认为是可再生能源发展的主要形式之一,已列入国家发改委《能源技术革命创新行动(2016—2030)》。目前,高空发电在技术方面还没有完全成熟,对其未来的发展,人们满怀信心与期待。

## 2.4 海洋能——新能源的新探索

### 2.4.1 海洋能的概念

海洋能(Marine Energy)是海洋中蕴含的动能、热能和盐度差能的总称,通常是指蕴藏在海洋中的可再生能源,主要包括潮汐能、波浪能、潮流能、海流能、海水温差能、海水盐差能等。海洋能一般的利用形式是发电,其发电有两种形式:一种是将低沸点物质加热成蒸气;另一种是将温水直接送入真空室使之沸腾变成蒸气,然后用蒸气推动汽轮发电机发电,最后从 600 ~ 1 000 m深处抽冷水使蒸气冷凝。

海洋是一个巨大的能源宝库,海洋能是一种可再生的巨大清洁能源。海洋能可以转换成电能、机械能以及其他形式的能量以供人类使用。海洋能中的大部分能量来源于太阳辐射能,小部分来源于天体(主要是月球、太阳)与地球相对运动中的万有引力作用。

海洋能蕴藏量非常巨大,其理论储量是目前全世界每年消耗能量的几百倍甚至几千倍,估计总功率约有 780 多亿 kW,其中,波浪能 700 亿 kW、潮汐能 30 亿 kW,温差能 20 亿 kW、海流能 10 亿 kW、盐差能 10 亿 kW。据测算,尚未利用的潮汐能是世界全部的水力发电量的 2 倍。若能把波浪能转换为可利用的能源,这又将是一种理想的、巨大的清洁能源来源。目前,沿海各国,特别是美国、俄罗斯、日本、法国等都非常重视海洋能的开发。总体来说,各国的潮汐发电技术比较成熟,而波浪能、盐差能、温差能等发电技术尚不成熟,仍处于研究试验阶段。

### 2.4.2 海洋能的特点

①蕴藏量巨大,但单位体积、单位面积、单位长度所拥有的能量较小。

②是清洁的可再生性能源。源于太阳辐射能和天体间的万有引力,只要太阳、月球等天体与地球共存,海洋能就会再生,取之不尽,用之不竭。

③能源有较稳定与不稳定之分。温差能、盐差能和海流能属较稳定能源。不稳定能源又分为变化有规律与变化无规律两种。潮汐能与潮流能属于不稳定但变化有规律的,人们可根据潮汐潮流变化规律,制订各地逐日逐时的潮汐与潮流预报,并对未来各个时间的潮汐大小、潮流强弱等进行预测,潮汐电站与潮流电站可根据预报表安排发电运行。波浪能属于既不稳定又无规律的海洋能。

④属于清洁能源,海洋能的开发对环境污染影响非常小。

### 2.4.3　海洋能的利用缺陷

从发展趋势来看，海洋能必将成为沿海国家，特别是发达的沿海国家的重要能源之一。但至今海洋能并没有被广泛应用，主要有以下两个方面的原因：一是经济效益差，成本高；二是有些技术问题尚不成熟。为了能很好地利用海洋能，许多国家深入开展了大量的研究，制订长远的海洋能利用规划。如英国准备修建一座 100 万 kW 的波浪能发电站，美国要在东海岸建造 500 座海洋热能发电站。

### 2.4.4　海洋能利用的发展现状和发展路径

在多种海洋能发电类型中，潮汐能发电技术成熟度最高，投入商业化运行项目最多，法国朗斯潮汐电站是其中的代表之一。此外，加拿大芬迪湾安纳波利斯潮汐试验电站、韩国始娃湖潮汐电站、英国斯旺西湾潮汐电站等也在建设或运行中。

为减轻经济、环境和社会压力，美国计划到 2030 年海洋能发电装机总量达到 23 GW。为满足上述目标，美国制订了海洋能技术路线图，从总体部署到关键任务不同维度规划发展进程。其总体思路为：第一步由实验室阶段逐步过渡到开放水域样机测试，掌握和模拟实际水域环境设备的响应情况；第二步有计划地建设示范工程获取实际运行条件下机械设备对复杂环境适应度的数据；第三步是海洋能利用小型商业化发电运行阶段；第四步是随着设备生产效率提升、可靠性提高、维修成本降低以及环境效应等综合发挥作用，以此促进大规模商业化工程启动运营，如图 2.19、图 2.20 所示。

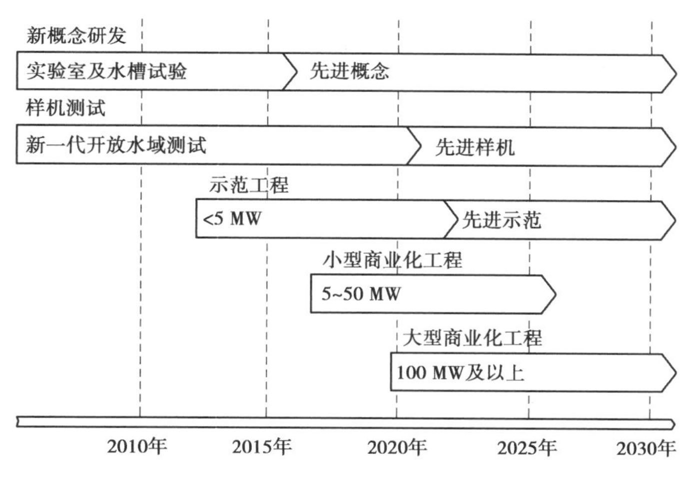


图 2.19　2010—2030 年美国海洋能发电的总体场景部署

在我国《海洋能可再生能源发展纲要（2013—2016 年）》及《全国海洋经济发展“十三五”规划》指导下，结合中国海洋能资源和技术现状，以强化海洋能技术实用化为原则，制订了中国中长期海洋能发电技术路线图。路线图揭示，中国未来海洋能开发重点在于突破关键技术、提升技术原始创新能力，尤其在重要设备、操作维护平台、监控设备系统和操作方法中的关键技术创新。

海洋能发电总体思路为重点开发潮汐能发电技术，积极进行波浪能和潮流能发电技术实用化研究，适当兼顾温差能和盐差能发电技术的试验研究。其中，潮汐能发电要探索性地向大

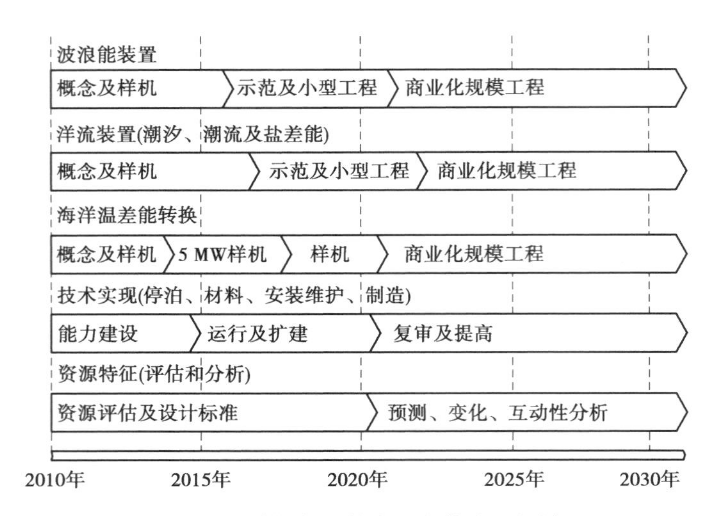


图 2.20　关键任务技术研发策略及场景

中型规模电站发展,建设近岸万千瓦级潮汐能示范电站,实现潮汐能电站的并网规模化应用,积极推动示范电站技术和经验的发展和推广。此外,波浪能发电要在示范电站实现应用的基础上,逐步推进小规模电站的商业化试运营,建设百千瓦级波浪能发电站等示范项目。我国还计划建设兆瓦级潮流能发电示范项目和开展温差能利用研究,鼓励开发温差能综合海上生存空间系统,开展盐差能发电原理及试验样机研究,如图 2.21 所示。

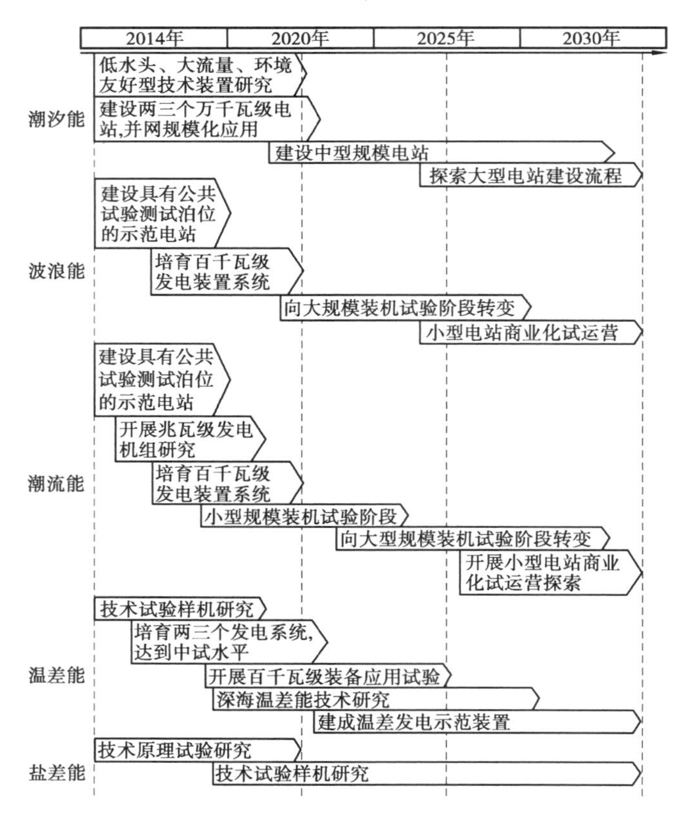


图 2.21　2014—2030 年中国海洋能发电技术发展路线图

海洋能发电属于新兴技术,各方面条件尚不能满足和支撑其成功地商业化运营,而技术的研发和创新过程欲速则不达。海洋能的发展思路为适度发展潮汐能发电、试验开发波浪能和潮流能发电、完善盐差能和温差能发电关键技术等为商业化运行夯实基础。

## 2.5 生物质能——新能源之最

### 2.5.1 生物质能的概念及分类

生物质能(Biomass Energy)是指太阳能以化学能形式储存在生物质中的能量形式,即以生物质为载体的能量。生物质能直接或间接地来源于绿色植物的光合作用,可转化为常规的固态、液态和气态燃料,取之不尽,用之不竭,是一种可再生能源,同时也是唯一的可再生的碳源。

所谓生物质,是通过光合作用而形成的各种有机体,包括所有的动物、植物和微生物。生物质能蕴藏在动物、植物和微生物等可以生长的有机物中,由太阳能转化而来。从广义上讲,生物质能是太阳能的一种表现形式。除矿物燃料外,有机物中所有来源于动植物的能源物质均属于生物质能,包括木材、农业废弃物、森林废弃物、水生植物、油料植物、动物粪便、城市和工业有机废弃物等含有的能量。地球上的生物质能含量丰富,地球每年经光合作用产生的有机物质有 1 730 亿 t,其中蕴含的能量相当于全世界能源消耗总量的 10 ~ 20 倍。生物质能属于绿色无害能源,但目前利用率不到 3%,很多国家都在积极研究和开发利用生物质能。乐观估计,21 世纪中叶,各种生物质能源预计将占全球总能耗的 40% 以上。

依据来源的不同,生物质能可以分为林业资源、农业资源、污水废水、固体废物和畜禽粪便 5 大类。

①林业资源。是指森林生长和林业生产过程提供的生物质能的总和,包括薪炭林、在森林抚育和间伐作业中的零散木材、残留的树枝、树叶和木屑等;木材采运和加工过程中的枝丫、锯末、木屑、梢头、板皮和截头等;林业副产品的废弃物,如果壳和果核等。

②农业资源。包括农业作物(能源作物)和农业生产加工过程中的废弃物,如农作物收获时残留在农田内的农作物秸秆(玉米秸、高粱秸、麦秸、稻草、豆秸和棉秆等)。能源植物是指各种用于提供能源的植物,包括草本能源作物、油料作物、制取碳氢化合物植物和水生植物等。

③污水废水。主要包括生活污水和工业有机废水。生活污水主要由城镇居民生活、商业和服务业的各种排水组成,如冷却水、洗浴排水、洗衣排水、厨房排水、盥洗排水、粪便污水等。工业有机废水主要是酒精、酿酒、制糖、食品、制药、造纸及屠宰等行业生产过程中排出的废水等,这些“废水”均含有丰富的有机物。

④固体废物。主要由城镇居民生活垃圾,商业、服务业垃圾和少量建筑垃圾等固体废物构成。其组成成分比较复杂,受当地居民的生活水平、能源消费结构、城镇建设、自然条件、传统习惯及季节变化等因素影响。

⑤畜禽粪便。畜禽粪便是畜禽排泄物的总称,它是其他形态生物质(主要是粮食、农作物秸秆和牧草等)的转化形式,包括畜禽排出的粪便、尿及其与垫草的混合物。

### 2.5.2 生物质能的特点

**(1)可再生性**

生物质能可通过植物的光合作用再生,与风能、太阳能等同属可再生能源,来源丰富,可保证能源的永续利用。

**(2)低污染性**

生物质的硫含量、氮含量低,燃烧过程中生成的 $SO_x$、$NO_x$ 较少;生物质燃烧时,由于它生长时所需的二氧化碳的量相当于它排放的二氧化碳的量,因此,对大气二氧化碳的净排放约等于零,能有效减轻温室效应。

**(3)广泛分布性**

生物质遍布世界各地,蕴藏量极大,仅地球上的植物每年生产量就相当于现阶段人类消耗矿物质的20倍,相当于世界现有人口食物能量的160倍。

**(4)总量丰富**

生物质能是世界第四大能源,仅次于煤炭、石油和天然气。地球上每年植物光合作用固定的碳达 $2\times10^{11}$ t,含能量 $3\times10^{21}$ J,每年通过光合作用存储在植物的枝、茎、叶中的太阳能——生物质能远超过全世界总能源需求量,约是全世界每年消耗能量的10倍。生物质能在整个能源系统中占有重要地位,应用前景广泛。我国生物质能产业发展还远未成熟,这需要我们把视线从宽泛的新能源概念转向生物质能产业链上来,促进生物质能产业的发展。

**(5)广泛应用性**

生物质能的应用形式多种多样,可以以生物质能发电、沼气、压缩成固体燃料、气化生产燃气、气化发电、生产燃料酒精、热裂解生产生物柴油等形式应用在国民经济的各个领域。

### 2.5.3 生物质能的利用途径与技术

**(1)利用途径**

生物质能是世界上最为广泛的可再生能源。据估计,每年地球上通过光合作用生成的生物质总量达1 440亿~1 800亿 t(干重),其能量相当于20世纪90年代初全世界总能耗的3~8倍,但这么多的能源尚未被充分利用。目前,人类对生物质能的利用(见图2.22),直接用作燃料的有农作物的秸秆、薪柴等;间接作为燃料的有农林废弃物、动物粪便、垃圾及藻类等。它们通过微生物发酵作用生成沼气,或采用热解法制造液体和气体燃料,也可用于制造生物炭。历史上,生物质能多半直接当薪柴使用,效率低且影响生态环境;在现代,生物质能的利用一般是通过生物质的厌氧发酵制取甲烷,用热解法生成燃料气、生物油和生物炭,或用生物质制造乙醇和甲醇燃料,或利用生物工程技术培育能源植物,发展能源农场。

**(2)利用技术**

1)直接燃烧和固化成型

生物质的直接燃烧和固化成型技术的开发着重于专用燃烧设备的设计和生物质成型物的应用。现已成功开发出3类成型物形状的成型技术,如日本开发出通过螺旋挤压生产棒状成型物的技术,欧洲各国开发出活塞式挤压制备圆柱块状的成型技术,美国开发出内压滚筒颗粒状的成型技术和设备。

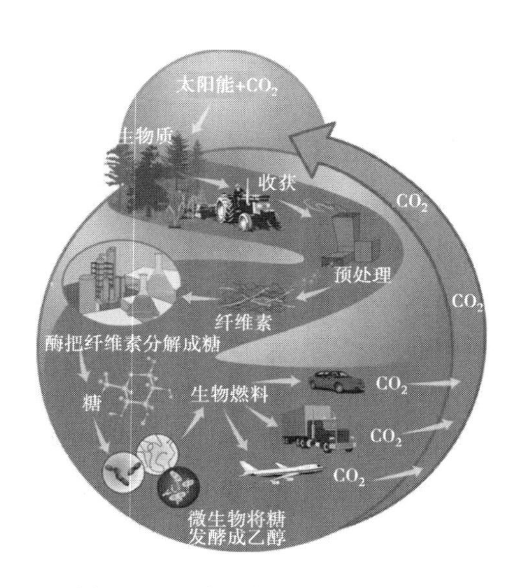


图2.22　生物质能源循环转化利用

2）生物质气化

生物质气化技术是将固体生物质置于气化炉内加热，同时通入空气、氧气或水蒸气，共同作用生成品位高的可燃气体。该技术的气化率可达70%以上，热效率达85%。生物质气化生成的可燃气经过处理可用于取暖、发电等。该应用技术在生物质原料丰富的偏远山区意义重大，不仅能改善人们的生活质量，还能提高能源利用率，节约能源。

3）液体生物燃料

由生物质制成的液体燃料称为生物燃料。生物燃料包括生物甲醇、生物乙醇、生物丁醇和生物柴油等。虽然生物燃料的利用起步较早，但发展缓慢。受到世界石油资源、环保和全球气候变化的影响，20世纪70年代以后，许多国家开始日益重视生物燃料的开发利用，并取得了显著成效。

4）沼气

沼气是各种有机物质在适宜的温度、湿度条件下，隔绝空气进行微生物发酵产生的一种可燃气体。沼气的主要成分是甲烷，它无色无味，与适量空气混合后即可燃烧，是一种理想的气体燃料。

5）生物制氢

生物制氢过程可分为厌氧光合制氢和厌氧发酵制氢两大类。生物制氢是从自然界获取氢气的重要途径，生物质可通过气化和微生物催化脱氢两种方法制氢。现代生物制氢始于20世纪70年代的能源危机，20世纪90年代的温室效应使人们对生物制氢有了进一步的认识，并逐渐成为人们的关注热点。

6）生物质发电技术

近年来，生物质发电在国际上越来越受到重视。将生物质能转化为电能主要包括农林废物发电、垃圾发电和沼气发电等。生物质发电是将废弃的农林剩余物收集、加工整理，形成商品，既防止秸秆在田间焚烧造成的环境污染，又改变了农村的村容村貌，是我国建设生态文明、实现可持续发展的能源战略选择之一。更重要的是，我国的生物质能资源多集中在农村，大力开发并利用生物质能，可促进农村生产发展，显著改善农村的风貌和生活条件，对新农村的建设产生积极影响。

7)原电池

以生物质为原料,利用化学反应时电子转移的原理制成原电池,制备原电池后的产物和直接燃烧相同但是能量被充分利用了。

(3)**新利用**

1)脂肪燃料快艇

新西兰业余航海家和环境保护家皮特·贝修恩驾驶以脂肪为动力的快艇“地球竞赛”号(见图2.23),全部采用生物燃料完成了一次环游世界的环保之旅。2008年,贝修恩从西班牙的瓦伦西亚出发,旅程全长约4.5万km。“地球竞赛”号被称为世界上最快的生态船,融合多项高科技,船身有3层外壳保护,内有两个功能先进的发动机,最高时速约74 km/h,即使航行在巨浪中,速度也不会减慢。

图2.23　脂肪燃料快艇

2)日本开发海藻发电新技术

日本科学家开发了一种生物质发酵新系统,此系统利用海藻生产燃料。海藻中脂类含量高达67%,它可以作为生物质能使用,代替煤、石油、天然气等资源。海藻生物质能发酵设备把收集来的大量海藻碾碎,再加水搅拌成藻泥,藻泥被微生物降解成半液体状,降解过程中产生的甲烷气体可被用作燃料供内燃机发电。每处理一吨海藻能产生20 $m^3$ 甲烷气体,每小时可发电10 kW·h。利用海藻生物质能发电,极具环保价值,残渣还可以用作肥料,此技术具有很好的发展前景。另外,还可利用剩饭剩菜等餐后垃圾,经过微生物发酵,分解出的气体可作为燃料电池的燃料,用来发电。

3)太阳能大黄蜂——能收集太阳能并转换成电能

以色列科学家发现一种亚洲大黄蜂,身体内置“太阳能电池”(见图2.24),它可以利用皮肤色素将吸收的太阳光转换成电能。研究发现,大黄蜂体内有类似于热泵的机制,使它即使在阳光下也可以保持低温。研究小组还发现这种黄蜂的褐色组织中包含黑色素,黑色素通过吸收有害紫外线并转换成电能。

4)用狗粪便点亮路灯

英国一个停车场利用狗粪点亮路灯,这个装置是一个甲烷消化器,用来代替垃圾桶,将宠物的排泄物装好并丢进伸出地面的管口,进入地下发酵容器,通过摇动设备上的手柄搅拌混合

图2.24　能发电的大黄蜂

物，同时使容器内的甲烷上升到顶部。到了晚上，甲烷通过管道运输到地面的路灯上，用电火花点燃甲烷，路灯就亮了。

5）用尿液发电

2009年，美国俄亥俄大学的科学家通过电解尿液获得氢气用于燃料电池（见图2.25）。经试验，一头母牛的尿液可以获得为19个家庭提供烧热水的能量，但此方法本身耗电量太大，不宜推广。

图2.25　尿液发电装置

### 2.5.4　生物燃料乙醇前景广阔

目前，全球生物燃料乙醇的产量和消费量快速增长。生物燃料乙醇以其具有的可再生、环境友好、技术成熟、使用方便、易于推广等综合优势，成为替代化石燃料的理想汽油组分。为加快生物燃料乙醇等生物质能产业发展，世界各国大都成立专门管理机构，负责产业政策制订及发展管理，如巴西“生物质能委员会”、美国“生物质能管理办公室”、印度“国家生物燃料发展委员会”等。很多国家还制订了中长期发展规划，如美国“能源农场计划”、巴西“生物燃料乙醇和生物柴油计划”、法国“生物质发展计划”、日本“新阳光计划”、印度“绿色能源”工程等。在此推动下，世界生物燃料乙醇生产消费规模快速增长，从2005年的3 628万t，增加到2016年的7 915万t。据不完全统计，已有超过40个国家和地区推广生物燃料乙醇和车用乙醇汽油，年消费乙醇汽油约6亿t，占世界汽油总消费的60%左右。

美国是世界最大的生物燃料乙醇生产消费国，主要原料为玉米。据美国可再生燃料协会数据，2016年，全美生物燃料乙醇总产量达4 554万t。通过立法，车用乙醇汽油在美国应用已实现全覆盖,有效提高了能源安全水平,减少了机动车有害物质排放,年减排二氧化碳超过4 350 万 t,增加就业岗位 40 万个。巴西是全球生物燃料乙醇第二大生产消费国,也是最早实现车用乙醇汽油全覆盖的国家,主要原料为甘蔗。目前,巴西生物燃料乙醇已替代了国内50% 的汽油。欧盟早在 1985 年就开始使用乙醇含量 5% 的车用乙醇汽油。2016 年,欧盟生物燃料乙醇产量为 409 万 t。根据规划,2020 年生物燃料在欧盟交通运输燃料消费总量所占的比重将至少达到 10% 。

国际经验表明,发展生物燃料乙醇可以为大宗农产品建立长期、稳定、可控的加工转化渠道,提高国家对粮食市场的调控能力。同时,生物燃料乙醇产业也是处置超期、超标粮食的有效途径。巴西通过甘蔗-糖-乙醇联产,根据国际市场蔗糖价格调节汽油中乙醇掺混比例,同时大力推广乙醇汽车,扩大乙醇消费量,保障了国内甘蔗价格和糖价的稳定,维护了农民利益。美国通过生物燃料乙醇产业需求,持续拉动国内玉米生产、提高农民收入和促进农业科技进步,形成了粮食生产和消费良性循环发展的局面。

2001 年,中国启动了“十五”酒精能源计划,推广使用燃料乙醇。目前,全国已有 11 个省(区)试点推广 E10 乙醇汽油。我国在《可再生能源法》和《国家中长期科学和技术发展规划纲要》中提出,到 2020 年我国生物燃料消费量将占全部交通燃料的 15% 左右。2017 年,我国发布的《关于扩大生物燃料乙醇生产和推广使用车用乙醇汽油的实施方案》明确提出在全国范围内推广使用车用乙醇汽油,并到 2020 年基本实现全覆盖。2040 年前液体燃料在交通运输领域的主体地位不可撼动,可以预期,未来燃料乙醇具有广阔的发展空间。按我国目前乙醇的供应能力,产能缺口约 1 275 万 t/a。据此,建议石油企业尽早解放思想,探索与粮企合作的路径,同时探索投资纤维素燃料乙醇等先进生物液体燃料技术的可行性,助力能源向绿色低碳转型发展。

### 2.5.5 生物质液化和液体生物质燃料的研发

生物质是可再生碳资源,是唯一可转化为可替代常规液态石油燃料的新能源。现阶段,热化学高效转化利用技术是生物质能源开发利用的主要途径。有关生物质制备液体燃料技术的研究,是人们关注和研究的热点,也是现阶段生物质利用最具产业化前景的技术之一。制备液体燃料的常用方法是利用化学或者生物化学手段,将生物质转化成可以替代石油燃料的液体能源产品。通过热化学转化过程,能最大限度地将生物质转化为液体燃料或化工原料,所得产物能量密度高、附加值大、储运方便。根据目前生物质热化学转化制备液体燃料的技术发展和产业化的总体现状和趋势,热化学转化又可分为直接液化和间接液化两种。

生物质制备液体燃料的原料主要有两大类,分别为固体类生物质和液体类生物质。固体类生物质主要包括半纤维素、纤维素和木质素,以及常态下为固态的淀粉和糖类原料,如甘蔗、玉米、木薯、地瓜等。液体类生物质主要包括各种油脂和有机废水等。制得的液体能源有生物柴油、生物乙醇、生物甲醇、二甲醚和生物油等,它们均可以替代石油能源产品。

生物质热化学转化是指利用固体类生物质原料,在一定温度和压力下,在反应装置中经过一定时间的复杂反应,使固体类生物质转化成液体产品。不同的工艺过程,生物质的转化率差异很大,一般为 50% ~90% 。根据国内外目前开展的工艺流程,固体类生物质热化学转化液体燃料的途径大致可以分为高压热解液化、常压热解液化、常压快速热解液化、气化合成、超临界液化 5 种类型。

高压热解液化技术是指将秸秆、木屑、甘蔗渣等农林废弃物，处理形成一定形状的生物质，在高压（10 MPa 以上）和高温（250～400 ℃）条件下，加入酸、碱和溶剂等物质共同作用生成液化油。如图2.26所示为热解液化技术的具体流程示意图。

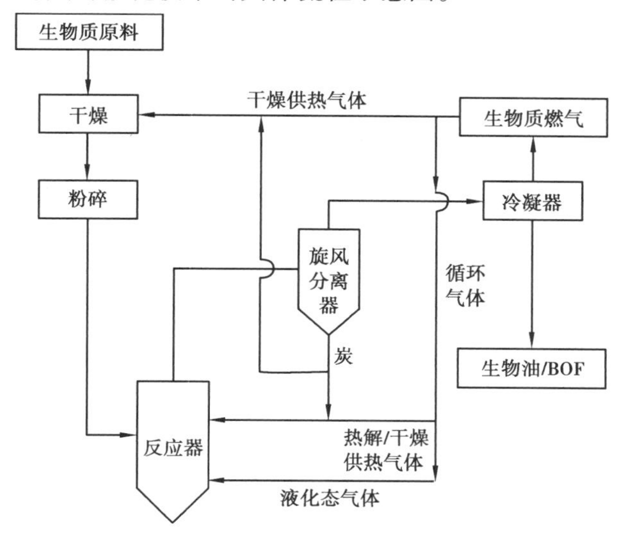


图2.26　热解液化技术的流程图

加拿大西安大略大学开发的生物质直接超短接触液化技术，得到了占原料质量70%～80%的液体产品及少量的气体和固体产品。荷兰BTG公司和特温特大学技术开发公司以砂子作热载体开发生物油，在裂解温度为400～600 ℃，压力为58.8 MPa的条件下，1 s内即可完成裂解过程且产率较高，每1 000 kg生物质可生产油600 kg。英国伯明翰阿斯顿大学瞄准100%的车用燃料生产，重点研究生物油的裂解技术。我国生物质快速热解技术研究尚处于起步阶段，主要是开展实验室研究和中试规模的实验技术研究。沈阳农业大学与荷兰Twente大学开展合作，引进了生产能力50 kg/h的旋转锥式反应器。近年来，浙江大学、中科院化工冶金研究所和河北环境科学院等也进行了生物质流化床液化的实验探索研究，并取得了一定的成果。山东工程学院首次实现了液化玉米秸粉的实验室制备，并成功制出了生物油。

常压热解液化技术是将生物质在常压下快速液化，即液化剂中的生物质在常压条件下转化为分子量分布宽泛的液态混合物。该过程中最重要的两个因素是液化剂和催化剂的选择，采用不同的催化剂，液化情况是不同的。常压液化可以避免高温高压的危险性和对设备的较高要求，具有条件温和、设备简单、产品可以替代传统石油化学品的特点，此外，产物还可以与异氰酸酯合成聚氨酯。聚氨酯材料在国防工业、轻纺工业、交通、油田、煤矿、矿山、建筑、医疗、体育等领域有广泛应用。

常压快速热解液化技术是在传统的裂解基础上发展起来的一种技术。与传统的裂解相比，该技术采用超高加热速率、超短产物停留时间和适中的裂解温度，使生物质中的有机高聚物分子在隔绝空气的条件下迅速断裂为短链分子，将相对分子量为几十万到数百万的生物质直接热解为相对分子质量为几十到一千左右的小分子液体产物，从而最大限度地获得液体产品。产物可直接作为燃料使用，也可精制成化石燃料的替代品。

气化合成技术属于生物质的间接液化，与直接液化相比，间接液化具有产品纯度高，不含或很少含有S、N等杂质的优点，但工艺过程复杂。将有机物间接液化一般采用合成气体制成原料，由于其清洁环保，引起了人们的广泛关注。生物质气化技术除用于发电外，欧盟还开展了借助生物质气化工艺合成甲醇、氨的研究工作。生物质气化工艺过程在煤化工、石化化工中应用极广。

含甲醇1% ~3%的混合汽油在德国已广泛应用，内燃机结构无须进行较大改动，输出功率与纯汽油内燃机的输出功率接近。目前，生物质气化合成甲醇的工艺技术已较成熟，但产品的经济性尚不能与石油、煤化工相竞争。芬兰的一家化肥厂，首次采用木屑气化工艺产出燃气，并成功地以燃气作为原料合成氨。在德国，壳牌公司与科林公司签署了合作协议，双方拟在生物合成炼油领域全面开展合作，其主要合作内容是将生物质经过低碳化、高气化方式提炼合成，进而转化为柴油。

超临界液化技术近年来得到广泛推广，其原理是利用水、二氧化碳、乙醇、丙酮等溶剂在超临界状态下作为溶剂或反应物进行化学反应。因超临界流体的扩散性能良好，黏度低，非常利于反应过程中物质的传热。Demirbas 研究小组在生物质的超临界液化方面进行了深入的探索和研究，他们分别用向日葵瓜子壳、榛子壳、棕榈壳、橄榄壳、蚕茧等多种生物质原料在水或甲醇、乙醇、丙酮等有机溶剂中进行了超临界液化试验，并进行了细致的对比。如橄榄壳分别在甲醇、乙醇、丙酮等有机溶剂中进行超临界液化，液化产物用苯、二乙醚进行进一步分离。大量的实践结果表明，该技术具有较强的推广前景。东北林业大学的钱学仁小组深入研究了中兴安落叶松木材在超临界乙醇中的液化过程。研究结果表明，温度是液化过程关键的控制因子，随着温度的升高，木材加剧分解，转化率随之提高，数据表明，在340 ℃时转化率最高。另外，溶木比也是一个重要的过程参量，一般情况下，溶木比的增加伴随着木材转化率的升高和萃取物产率提高，而萃取时间基本不受影响。

生物质原料有组分复杂、资源分散、不易运输和储存、热值低等特点，这使得生物质的开发必须要将其经济、高效地进行转化，转化产物要满足替代普通石油液体燃料（如醇类、汽油和柴油等）的性能要求，才能进行大规模的生产利用。尽管目前人类已经在生物质热化学转化方面做了大量的研究、尝试和开发工作，但离实现规模化量产仍有相当的距离，其中仍存在某些关键问题需要进行攻关解决。

首先是技术方面的问题。生物质原料的形态、物性差别很大，热化学转化过程也各不相同。生物质液化油不仅是水相和油相，其组分极其复杂，还含有不稳定以及腐蚀性的成分，必须进行组分优化处理，提升其品质后方可作为燃料使用，而品位的提升是生物质直接液化技术的关键所在。当前，人们在生物质催化裂解液化、高温快速裂解、超临界液化、高压裂解液化、液化油分离提纯等技术的探索和研究尚不够深入，关键的核心技术问题没有完全解决。特别是对因生物质的物化特性差异，热解方法不同，引起热解过程的反应机理、工艺参数、过程差异的基础研究缺乏。在今后相当长的一段时间里，需要重点探索开发生物质热化学转化过程及转化机制、工艺条件、原料特性、生物质热液化反应器及其反应装置的放大问题，同时需要重点进行生物质裂解液化动力学特性、反应机理、热力学参数、热解过程及产物控制、液化油产物的分离精制和催化剂制备等方面的基础研究。

其次是经济方面的问题。我国生物质资源分布范围广，总量丰富，季节性强，运输储存费用高。适宜采用分布式初加工，然后进行相对集中的精制加工。广泛建设分布式生物质初加工的转化利用站点，能有效解决生物质运输和储存困难的问题。同时，还需要根据转化制得的液化油的物理化学性质的差异，探索研究高效便捷经济的转化技术，开发附加值高的生物质产品，提高技术的经济性和可推广性。

另外，还有政策方面的问题。进入21世纪，各国充分重视对生物质的开发利用，但生物质作为一种新开发的能源，要充分地开发利用，仍需要加快推出具体的操作性强的扶持政策，如对生产企业和用户给予经济补贴的办法，同时给予税收减免、投资补贴、开发优惠的政策，以增强相关企业或行业的竞争力，推进生物质能产业的健康快速发展。

目前，世界各国都十分重视对可再生的生物质资源的开发和利用。我国生物质资源总量不低于30亿t/a(干物质)，种类也非常丰富，资源总量相当于10亿多t油当量，大约相当于我国目前石油年消耗量的3倍。但生物质能尚未实现广泛应用，商业化程度不高，在我国商业化的生物质能仅占一次能源消费的0.5%左右，相较于发达国家存在很大的差距。近年来，生物质热化学转化制备液化油是一项非常有发展前景的技术，目前，实验室研究、中试检验和规模示范都在进行相关的实践研究。

现阶段，生物质能及其应用技术的研究开发，要从生态保护、环境保护的角度出发。从长远来看，生物质能源能弥补石化资源有限性的限制，而且生物质能开发利用的社会效益要远远大于经济效益。国家会尽快制订并出台相关扶持政策，鼓励和扶持企业投资生物质能的开发项目；加重对热化学制液化油技术研发的投入，刺激热化学转化生物质，制取液体燃料油技术和生产工艺的发展，实现规模化工业生产优质液体燃料的目标。

### 2.5.6　发展我国生物质能的产业链

2016年，我国发布的《2016—2020年中国生物质能发电产业投资分析及前景预测报告》分析显示：生物质能发电行业的产业链比较短。例如，生物质能发电行业，其产业链由其上游的资源行业和设备行业、生物质能发电生产行业及其下游的电网行业构成。其中，生物质能发电行业与其他新能源行业一样，面临的下游客户均是电网，电网购买电力资源后，出售给其下游的用户。生物质能发电在总能源中所占份额很小，而其下游的用电行业的波动和变化造成了电力需求波动，这个波动会波及整个能源行业。具体来讲，其需求波动主要有以下特点：

第一，对生物质能原料来说，它需要平衡变废为宝和需求杠杆。生物质能的开发利用使得农田中的秸秆和森林中的“三剩物”等“变废为宝”，变成了农民增加收入的良好途径，但在实践中，生物质能原料的收购并不是一帆风顺、水到渠成的。一方面，农作物种植的周期性很强，换季时茬口很紧，必须在短时间内把上一季的秸秆处理掉，否则会误了下一季的茬口。而生产企业若在这个“档期”内不能进行及时、高效的收购，作为生物质能原料的“宝贝”就难逃被烧掉的命运。另一方面，农业生产的季节性使秸秆的产出在不同的时间产量并不一样，不同的产量与连续生产的工业生产很难实现连续有效的对接。再加上秸秆还可用于造纸，造纸企业的秸秆收购价要高于电厂的收购价，农民自然会考虑卖给出价高的一方，竞争的存在提高了生物质能生产企业的原料收购价格，直接增加了成本。

第二，对生物质能运输来说，需要调节“十里不运草”和规模化生产利用的平衡。农林生物质分布面积广、质量小、体积大，一般情况下，3辆马车仅能运送1 t没有打捆的秸秆。若以传统的方式进行运输，运费的高昂程度可想而知，“十里不运草”有其自身的道理。但生物质能的规模开发与利用需要大量稳定的原料供应，要发展生物质能必须重视和进行秸秆储运机械化的探索研究。但这方面的研究不能照搬欧美与其规模化农业生产相匹配的集储运机械化的发展模式，而是必须针对我国的农业分布和生产特点，积极研究和开发与之相适应的技术和装备，提高秸秆收集储存效率，同时降低秸秆收集成本和劳动强度。

第三，生物质能的生产与应用必须考虑技术问题和成本问题。生物质能是可再生能源中唯一可运输和储存的，所有生物质能利用前均需转化。转化技术主要有物理、化学和生物3类技术，转化方式主要有直接燃烧、固化、气化、液化和热解等。一般情况下，转化工艺的技术水平对生产成本起决定性作用。非粮生物质资源非常丰富，有效分解纤维素的工艺是转化过程的关键。目前，化学水解转化技术被广泛使用，但存在能耗高、成本高、生产过程污染严重等问题，导致其推广应用缺乏经济竞争力。生物技术一般采用催化酶的方法实现水解，该技术中纤维素酶及其作用底物非常复杂，致使酶解效率远低于淀粉酶，这对纤维素酶的量化生产和广泛应用产生了较大影响。由此可知，关键技术壁垒是生物质能推广应用的巨大障碍，这一障碍导致生物质能在生产转化过程中所消耗的能源可能比其产生的能源还要多，其生产成本远高于它们所替代的石油燃料。

第四，生物质能在销售环节需平衡价格和补贴问题。与传统能源的市场化相比，生物质能作为商品走向市场，会受到更多因素的制约，如生物质能的成型燃料配套炉具的匹配、发电上网电价政策、车用燃料乙醇各种相关标准的制订等。在综合考虑这些因素后，生物质能的销售价格并没有优势。在这样的情况下，要想引导和刺激生物质能产业的发展，国家虽然给予了相应的补贴政策，但补贴效果并不令人满意。例如，在生物质发电产业中，根据国家的《可再生能源法》，国家电网必须购买绿色电力，造成目前许多电网公司在亏损中经营，甚至可以说"补贴政策是造成许多电网公司目前仍在亏损的原因之一"。另外，有些生物质能发电厂的电价与当地基准价格存在"逆向选择"，例如，新疆、内蒙古和东北三省等地的秸秆资源非常丰富，这些地区的基准电价偏低，特别是新疆，包括补贴在内每千瓦时电价只有五角多。而江浙、广东、福建等经济发达地区的基准电价高达六七角，因为这些经济发达地区没有充足的秸秆资源来支撑发电厂的生产。

第五，在生物质能的推广环节，需综合考虑经营模式与政策。生物质能资源主要分布在农村，人们普遍认为，来自农村的生物质能源应直接用于解决农村能源需求。而中国林业科学院的蒋剑春却认为，我国农民的购买力一般较差，如果没有补贴，农村家用生物质成型燃料的推广很难形成规模，这一现状严重制约了生物质能产业的发展。如长春吉隆坡大酒店的供热系统采用的是生物质成型燃料技术，采用该技术后，酒店供热效果得到明显改善，每年可节约各种费用560多万元，每年减排 $CO_2$ 约2 000 t，可以说长春吉隆坡大酒店的供热实践是城市利用生物质能的成功案例。但国家对中小锅炉准入的"一刀切"政策使得满足节能减排要求的生物质成型燃料在城市的推广应用受到严重的限制。

生物质能发电行业的产业链比较短，在产业链上游，供应商定价能力与生物质电厂所在地的资源禀赋关系密切，如在资源丰富且周边无大工业用户情况下，电厂具备定价权；在资源紧张且存在其他大用量用户时，会出现供应商哄抬燃料价格扰乱市场的现象。国家应优先调整政策以保证生物质能实现无忧发电和销售。生物质发电量在电网中的占比很小（约0.5%），国家《可再生能源法》规定生物质电不参与调峰，优先上网。

## 2.6 核能和氢能

### 2.6.1 核能是清洁、高效、安全的能源

核能是指原子核通过核聚变、核裂变或放射性核衰变释放出来的能量。核能问世之后，人

类开始利用核能发电，核能走进了人们的生活。在一些国家，核能已成为主要的电力能源，如在法国，核电占全国发电总量的75%以上。世界上各国核电站的建设、运行经验表明，核电的发电成本比煤电还低，可以说核电是一种经济、安全、可靠、清洁的新能源。自1980年后法国核电的发电量逐年增加，硫氧化物的排放明显减少，大气中尘埃量也明显减少，空气质量得到显著改善。

核电站是利用原子内部蕴藏的能量产生电能的新型发电站。核电站由核岛和常规岛两部分组成（见图2.27），其中，核岛是利用核能生产蒸汽，它包括反应堆装置和回路系统；常规岛是利用蒸汽发电的部分，它主要包括汽轮发电机系统。铀-235是核电站所用的核燃料，铀-235制成的核燃料在“反应堆”内裂变反应产生大量热能，一般每千克铀-235裂变所释放的能量相当于燃烧2 700 t的优质煤释放的能量。裂变反应产生的大量热能用高压水带出，并在蒸汽发生器内产生蒸汽，蒸汽又推动汽轮机带动发电机产生电能，这就是普通压水反应堆核电站的工作原理。

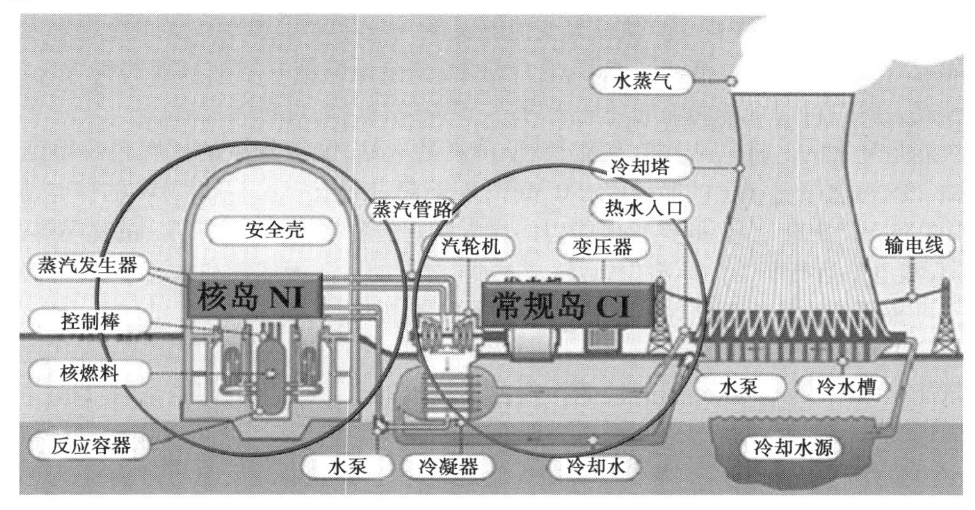


图2.27　核电站的结构图

相比较其他形式的能源，核电的特点如下：

①核电是安全的。核反应堆使用的铀一般是低浓缩的铀，浓度约为3%。对反应堆的所有设计都是为了实现可控、连续的裂变反应，这与核弹所用的高浓缩铀（铀-235含量在90%以上）所进行的非受控裂变反应完全不同。当核电站中的反应堆功率过高时，可以通过反应堆中可靠的安全控制系统实现迅速停机。同时，核反应堆还配备冷却系统，以确保正常工作条件下或事故发生时能将核燃料产生的热量带走，避免烧毁元件。核电站绝对不会发生像核弹那样的无控爆炸，只要正常操作和正确运行核电站就是安全的。

当然，核电的安全使用最关键的还是避免和防止放射性物质泄漏，放射性物质的泄漏会对环境或生物造成严重的危害。核电站一般建有四道防辐射屏障，第一道是抗辐射固体芯块，它用来包容绝大部分裂变产物；第二道是密封燃料包壳，它用来实现对核燃料芯块和放射性裂变产物的密封；第三道是压力容器，该压力容器非常坚固，是由20多厘米厚的钢制成；第四道是安全壳，该安全壳高60～70 m，壁厚为1 m的钢筋混凝土，其内表面还有6 mm的钢衬。

一般情况下，核电事故不是核电技术的问题，而主要是人为造成的。随着核电技术的不断发展与完善,核电站的操作和运行也会更加简便,其安全水平也会越来越高。另外,人体对一定程度的放射性损伤有自然抵抗和恢复能力。研究表明,人体一次能够耐受0.25 Sv的集中照射而不致损伤。为了保障工作人员和周边居民的身体健康,国家对放射性辐射作了特别严格的规定,制订了严格的限值,对从事放射性工作的人员来说,每年遭受的辐射量不超过0.05 Sv,而对于核设施周围的居民来说,每年遭受的辐射量不得超过0.001 Sv。中国核工业集团公司核电站管理规定对周围居民的照射不得超过0.000 25 Sv/a。由此可知,核电站对人体造成辐射的实际剂量比国家规定值还要小很多。

②核电是清洁的。核电站主要是用原子裂变产生的核能,这种形式的核能仅产生少量的辐射,在正常操作和运转的情况下,少量辐射对周围环境影响很小。实际上,人体受到的辐射中有76%是来自宇宙射线,有20%是来自周围环境中的放射性物质所产生的辐射,另外有4%来自医疗辐射,而来自核辐射的不到1%。核聚变获取的能源形式也是较为理想的,它用的原料主要是海洋中存在的大量氘,其聚变产物是非常清洁的氢元素,可以认为核聚变对环境是友好的、无伤害的。将来若受控热核聚变能够实现,核能可以长期为人类的生存和发展提供稳定的能源。核能作为一种清洁的能源,若能科学、安全地发展并增加核能的利用规模,有望在一定程度上解决目前全球面临的环境压力,实现人类社会的可持续发展。

③核能是经济的。核电站作为高能量、低消耗的电站,能以较少的核燃料获得巨大的能量。若铀-235每次衰变产生的能量以190 MeV(实际超过此值)计,3 000 MW的核电站运行一天共需铀-235约3 300 g。而同样发电能力的火电站则需要热值为27.42 MJ的优质煤9 600 t。由此可知,核电站运行所需的原料少,运输成本低,对石油、煤、天然气和水资源缺乏的地区,核电具有不可替代的优势。现在,日本、法国和美国的核电成本已经低于煤、油的发电成本,法国甚至达到了1∶4的水平。

④核能是耐用的。核能利用的铀-235仅占天然铀的0.7%,绝大多数的铀-238并没有得到利用。铀-238容易吸收快中子而再生为新的核燃料钚-239。钚-239可以作为原料制造无须慢化剂就可直接利用快中子维持链式裂变反应的快中子反应堆。反应机理为钚-239吸收一个快中子产生2.45个快中子,其中一个快中子与另外的钚-239反应,剩下的1.45个快中子则与铀-238反应生成新的钚-239,进而实现钚-239的增殖,这就是所谓的快中子增殖反应堆。按照这个思路,铀矿资源的利用率可以提高60%~70%,即便按照现在的核燃料使用速度,现存铀矿可以使用2 000年。

核工业在我国已有50多年的发展历史,现在我国拥有一支专业齐全、技术过硬的核技术开发队伍,并建设形成了以铀资源地质勘查、采矿、元器件加工、后处理等组成的完整的核燃料循环体系,已成功建成多类型的核反应堆,并有多年的安全管理和运行经验,且能够自主设计、建造和运行自己的核电站。浙江秦山核电站、广东大亚湾核电站、江苏田湾核电站、广东岭澳核电站等是目前我国投入商业运行的核电站。核电作为安全、清洁、高效的能源,是我国增加能源供应、优化能源结构、应对环境污染和气候变化的重要选择。国家推行“积极推进核电建设”的能源政策,预计到2020年我国的核电规模可达到一亿千瓦。

当然,核电在发展过程中也存在各种各样的问题,一方面,人类需要发展核能;另一方面,目前,没有任何国家找到能安全、永久处理高放射性核废料的办法。自核能发电以来的50多年中,核电提供的电力约占全球电力的18%,并获得了巨大的经济效益,但也发生了20多起重大核事故。如1986年4月26日,乌克兰的切尔诺贝利核电站的4号反应堆起火燃烧,引发重大事故,致使整个反应堆浸泡在水里。由于缺乏严格的安全防范措施,致使大量放射性物质泄漏,据官方统计,6 000 ~8 000 名乌克兰人死于这场核泄漏引发的核辐射中,更为严重的是附近居民的正常生活受到长期的严重影响。位于切尔诺贝利西部的奥夫鲁奇地区曾是田园诗画般的家园,而这场核事故却给这里的居民带来了一场无尽无休的灾难,居民特别是儿童患病、死亡率攀升、动植物畸形严重,事故的遗患严重影响了居民的正常生活,并成为该地区人们生活的一部分,恐惧的氛围终日笼罩在居民心头。1994—1998 年,日本共计发生了 115 起大小不同的核事故。即便在核电建设方面领先的法国,也在建成著名的超级凤凰核电站(SPX)后,大小事故不断,迫使该电站仅运行了 10 个月就关闭。

另外,核废料的处理也是人们亟待解决的一大难题。目前,各国大都采用临时浅部掩埋的措施。某些发达国家甚至将灾难转移,把大量有毒核废料运往贫穷国家。利用深部岩石洞室作为核废料永久储存库方面,科学家们虽为之奋斗了几十年,迄今并未得到圆满解决。核泄漏不能完全避免的问题已引起了全球的关注。由于世界各界人士的强烈抗议和技术方面的原因,使某些核电生产大国在选择永久存放核废料场地时陷于困境。

为实现我国能源的可持续发展,在核电建设和利用方面,需全面通盘考虑,慎重决定,并综合国际正反两方面的经验教训。展望未来,人类需要且会继续利用核能,并继续加强对核聚变、核废料处理等前沿课题的研究。

### 2.6.2　氢能源

所谓氢能源,其一,氢能是氢原子在高温高压下聚变成一个氦原子时所产生的巨大能量;其二,氢能是燃烧氢所获得的能量。两个定义使用的范围不同。宇宙中的氢能是氢原子在高温高压下产生聚变反应,即氢热核反应,释放光和热,向四周辐射,太阳能实际上就是太阳进行氢热核反应释放的能量。地球上的氢能,即人们通常所说的氢化学能,是氢气燃烧所释放出的能量。氢气燃烧时与空气中的氧气结合生产水,不会对周围环境造成污染,是一种清洁能源。氢燃烧放出的热量是燃烧同质量的汽油放出热量的 2.8 倍。

氢能是一种极为优越的二次能源,是一种清洁的能源,是联系一次能源和能源用户之间的纽带,在 21 世纪的世界能源舞台上会成为一种重要的能源。在现代交通工具中,氢能无法直接使用,只能使用像柴油、汽油这一类含能体能源。柴油和汽油作为二次能源,它们的生产几乎完全依靠化石燃料。随着化石燃料消耗量的日益增加,其储量在逐渐减少,终将要面临枯竭,迫切需要寻找不依赖化石燃料且储量丰富的新能源。氢能自身具有的特点是人们在开发新能源时所期待的一种二次新能源。

**(1)氢能的优点**

氢能之所以能作为一种新的二次能源,是由于氢气特有的优点所决定的。氢作为新能源的主要优点如下:

①氢燃烧热值高。除核燃料外,氢的发热值比所有化石燃料、化工燃料和生物燃料高,约为汽油的 2.8 倍、酒精的 3.9 倍、焦炭的 4.5 倍。

②氢燃烧性能优秀,与空气混合时有广泛的可燃范围,且燃点低,点燃迅速,燃烧速度快。氢还是一种极好的传热载体,其导热性优越,比大多数气体的导热系数高 10 倍,是能源工业中极好的传热载体。

③氢能是一种十分清洁的能源。氢元素本身清洁无毒,与其他燃料相比,氢燃烧时也最清

洁,除产生水和少量氨气外,不会产生诸如CO、$CO_2$、碳氢化合物、铅化物和粉尘颗粒等污染环境的有害物质,氢能的应用可显著降低全球温室气体的排放量,减少大气污染。其中,少量的氨气经过适当处理可以使其燃烧,生成的水还可继续制氢且可以反复循环使用。氢能是世界上最干净、清洁的能源。

④氢可以是气态、液态,也可以是固态,能适应储运和各种应用环境的不同需求。氢能的利用形式也有许多种,既可以直接通过燃烧产生热能,并借助热力发动机产生机械能,又可作为能源燃料用于燃料电池领域。而且氢能和电能之间可以方便地相互转换,如可以通过燃料电池将氢能转换成电能,也可以通过电解将电能转换成氢能。

⑤氢气资源丰富。氢是自然界存在最普遍的元素,除了空气中含有少量氢气外,氢元素一般以化合物的形式储存在水中,而水在地球上含量十分丰富。氢气可以以水为原料获得,而氢燃烧后生成的水可以继续制氢,反复循环使用。

由于氢气具有上述优点,因此它是一种理想的、新的含能体能源。氢能有潜力成为一种可持续清洁能源,服务各国经济,消除各国之间的不平衡能源贸易。

**(2)呼唤技术突破**

尽管氢能具有许多优点,是一种理想的新的含能体能源,但是氢能至今都没有得到广泛应用。要使氢能得到大规模的商业化应用,仍有许多关键问题需要妥善解决。

①制氢的效率极低,成本高。氢气作为一种二次能源,制取它需要消耗大量的能量,而目前制氢技术尚不成熟,效率极低。要想大规模使用氢能源,就要找到高效率、低成本的制氢技术。探索和研究廉价的大规模制氢技术是世界各国共同关心的问题。

②氢储存和运输中的安全问题。氢气易气化、着火点低,使得氢气易发生爆炸。要是在户外使用,氢气易挥发和扩散,问题不大。但在通风不畅的环境中,若存在火花,非常容易发生爆炸。如何实现氢的安全储存和运输成为开发氢能的关键所在。

③氢的储存和运输问题。氢可以以气态、液态或金属氢化物的形式存在,且储存方式灵活多样。但是气态氢体积大,储存和运输时必须要压缩成为液态。液氢的密度小,只有石油密度的1/4~1/3,在等质量的情况下,储存压缩氢气或液氢的容器体积要比储存石油的大得多。由于氢溶解金属能力强,因此,氢化物形式储存氢是合适的选择,但是储氢材料用过几次后会变脆弱,无法再继续使用。

要使氢能得到广泛推广和应用,必须使氢能源技术和设备,包括制氢技术、储存方法、运输设备和储氢材料等有所突破。只有氢能源关键技术实现突破,氢能才能在世界能源舞台上成为一种举足轻重的二次能源。

**(3)氢经济的霞光**

氢能作为一种新能源正为人们所重视,正在被人们所应用,氢经济的霞光逐渐呈现。

1)研究氢能的走廊

冰岛一直致力于在2050年成为世界上第一个氢经济体国家。冰岛位于北大西洋中部,北美和欧洲两大板块之间,面积小人口少,却是一个经济、科技、文化高度发达的国家,人均GDP居世界前列。冰岛严格遵守《京都议定书》中二氧化碳排放配额,以发展能源密集型工业作为首选。除开发水力能和地热能之外,冰岛还重视其他可再生资源的开发和利用。冰岛开发应用氢能源有其得天独厚的环境,因为其电力的72%来自地热和水力资源。冰岛可以通过电网供电来电解水,得到氢能。

在冰岛开发氢能源和发展氢经济中设计制造了以液态氢为燃料的公交汽车，并在公路上试运行。冰岛拟打算让整个交通运输系统中运行的汽车都由氢气提供能源。为此，冰岛联合了包括卡车和轮船在内的其他运输公司，成立了冰岛新能源有限公司，它的第一项任务就是开创一个探索氢能可能性的项目，由此提出了生态城市运输系统（EC-TOS，Ecological City Transport System）的新概念。

氢能源汽车的兴起，冰岛看到了希望，氢经济的霞光之所以出现在冰岛这个小国并不是偶然的。历史上冰岛曾有过从一种能源换为另一种能源的经历。1940—1975年，冰岛房间供暖由石油转换到使用地热能加热，人们更容易接受能源使用的变革。目前，冰岛能源绝大部分来自地热能和水力能，通过地热蒸汽涡轮及水力发电来产生氢气，方便地解决了氢气来源问题。此外，冰岛环境恶劣、季节变化较大、地形复杂，这些都有利于对氢能源技术作出正确的评价。

2）海洋里的“闪电”

世界上第一艘氢能源商用船在冰岛出现，它就是冰岛的“闪电号”赏鲸船。“闪电号”赏鲸船由冰岛当地的3家公司——研究氢燃料电池的冰岛氢能公司、从事赏鲸活动的旅游公司和冰岛新能源公司联合设计制造，由此拉开了氢能应用的新序幕。在这艘赏鲸船上装备有冰岛氢能公司设计的船用氢能系统：内部的混合动力系统由一个储氢罐和一套48 V直流电池系统组成，储氢罐通过电源线与燃料电池相连，电池系统通过栅极将电能转换为鲸船行驶的能量。氢能系统的工作原理就是燃料电池从储存系统中提取氢，再将之转换为电能，利用氢能源替代石油进行发电，为船舶提供辅助动力。

“闪电号”赏鲸船个儿不大，船上的氢能系统只是为支持电网运行和辅助发动机提供动力，氢能发电主要用于照明和做饭等，但对赏鲸活动作用却很大。当船员发现附近有鲸鱼时，他们就关闭主发动机，为游客创造安静的环境，让他们倾听这些哺乳动物游泳和击水的声音。“闪电号”赏鲸船上装备氢能系统，证明了可以在船上使用氢能，接下来将要改造游船的推进系统，这样一来整个航程都能使用氢能。“闪电号”赏鲸船上装备船用氢能系统，是对石油燃料的“海上霸主”地位的挑战。冰岛还想通过此举，实现冰岛全部的渔船采用氢能源的梦想，这一创举将为冰岛赢得世界上第一个“氢经济”国家的美誉添分。目前，冰岛已经用氢能源部分取代了汽车上的柴油和汽油，陆上交通已经开始“氢化”。

世界第一艘采用再生能源和氢气作为动力的环保船“海之阳光动力”号（见图2.28）首创性地在船上通过分解海水制造氢气。该船载有的绿色技术，使“海之阳光动力”号采用零排放能源，无限为自身提供动力，在航行时，完全不必使用化石燃料。

图2.28　“海之阳光动力”号船

另外，美国、欧盟和日本数家汽车制造商都致力于开发使用氢的汽车。目前以运输为目的的氢动力的研究正在世界各地测试,如葡萄牙、挪威、丹麦、德国、日本和加拿大等国。

3)制氢能手——细菌

日本发现了一种名叫“红鞭毛杆菌”的细菌,该细菌是制氢能手。以玻璃器皿作为培养皿,淀粉作营养原料,再加入一些其他营养素制成的培养液,即可方便地培养出“红鞭毛杆菌”。在培养过程中,玻璃器皿内会产生氢气。“红鞭毛杆菌”的制氢效率很高,每消耗5 mL淀粉营养液,可生成 25 mL 的氢气。此外,美国宇航部门准备把一种可以进行光合作用的细菌——红螺菌带到太空中去,用红螺菌产生的氢气作为能源供航天器使用。红螺菌的生长繁殖很快,培养方法简单方便,既可在农副产品废水废渣中培养,也可以在乳制品加工厂的垃圾中培育。

**(4)氢能利用及燃料电池产业现状与趋势分析**

国际氢能源委员会发布的《氢能源未来发展趋势调研报告》显示,预计到 2050 年氢能源需求将是目前的 10 倍。预计到 2030 年,全球燃料电池乘用车将达到 1 000 万 ~ 1 500 万辆,市场潜力巨大。许多国家力图通过发展氢能来解决能源安全,并掌握国际能源领域的制高点。目前,氢能在日、美、欧发展迅速,在制氢、储氢、加氢等环节出现了很多创新技术,基于氢的燃料电池技术也获得了新突破。

1)制氢:可再生能源制氢项目增多,电网协同效应得到重视

制氢的过程要消耗能源,这也是氢能受到一些诟病的根源所在。破解此问题的一个重要方法是用可再生能源制氢,尤其是将本来弃掉的风电、太阳能发电转化为氢较为经济。《BP 世界能源展望》(2017 年版)中预计,到 2035 年可再生能源的增长将翻两番,其中发电量增量的 1/3 源自可再生能源。利用可再生能源制取氢气开始备受关注,可再生能源制氢研究成果及示范项目也在不断涌现。

可再生能源的间歇性导致弃风、弃水、弃光现象十分严重,通过将风、光、电转化为氢气,不仅可解决弃能问题,还能利用氢气再发电增强电网的协调性和可靠性。日本东北电力公司和东芝公司合作,从 2016 年 3 月开始实验利用太阳能电解水制氢,再由获得的氢进行发电。丰田提出了从生物和农业废料中制氢的技术路线。德国推出了 Power to Gas 项目,即收集用电低谷时可再生能源的剩余电力,通过电解水的方式制造氢气,再将生成的氢气注入天然气管道中进行能源的储存。随着此类项目的增多,电网的协同效应逐步得到重视。

2)储氢:液氢储运或将成为发展重点

氢能的存储是氢能应用的主要瓶颈之一。据统计,美国能源部所有氢能研究经费中有一部分是用于研究氢气的储存。总的来说,氢能产业对储氢系统要求较高,着重要求储氢系统安全系数要高、容量大、成本低、使用方便。从目前储氢材料与技术的现状来看,主要有液体储氢、高压储氢、金属氢化物储氢、有机氢化物储氢及管道运输氢等。

现阶段液氢储运逐渐成为研发重点,日、美、德等国已将液氢的运输成本降低到高压氢气的 1/8 左右。日本将液氢供应链体系的发展作为解决大规模氢能应用的前提条件,基本思路是用澳大利亚的褐煤为原料生产氢气,通过碳捕捉实现去碳化,然后通过船舶运回日本使用。为了支撑液氢供应链体系的发展,解决液氢储运方面的关键性技术难题,企业积极地投入研发,推出的产品大多已经进入实际检验阶段,如岩谷产业开发的大型液氢储运罐,通过真空排气设计保证了储运罐高强度的同时实现了高阻热性。

3)加氢:加氢站建设速度加快,混合站日益增多

加氢站作为燃料电池汽车的配套基础设施,随着燃料电池车辆的推广应用,其建设与推广也受到了重视。目前,液氢加氢站已遍布日本、美国及法国市场,全球加氢站中有近 1/3 以上

为液氢加氢站,我国的液氢工厂也发展迅速。据 H2stations. org 统计,2016 年全球新增 92 座加氢站,其中 83 座是对社会开放的,另外 9 座则是专门为公交车或车队客户提供服务。从地区分布角度来看,日本新增 45 座,增长数量位列榜首;北美新增 25 座,其中 20 座位于加利福尼亚州;欧洲新增 22 座,德国占 6 座,另外,德国还有 29 座加氢站正在建设或即将开放。为了适应规模化运营的需要,加氢站运营呈现集成化、模块化发展的新趋势,混合站数量逐渐增长。混合形式从独立式加氢站、加油站并设加氢站,发展到加油站、加气站、加氢站三站合一,以及与便利店并设、与充电桩并设的加氢站,为燃料电池汽车的普及提供了更多样化的基础设施解决方案。

4)技术:核心部件成本显著降低,新型催化剂成研发重点

日本九州大学研发出的可以在不同 pH 值环境下分解氧化氢和一氧化碳的催化剂,该催化剂是含有独特“蝴蝶”结构的镍和铱金属原子的水溶性络合物,可以模拟两种酶的功效,酸性介质中的氢化酶(pH 值为 4 ~ 7)和碱性介质中的一氧化碳脱氢酶(pH 值为 7 ~ 10),能有效避免催化剂中毒并提高氢能的生产效率。

非铂催化剂的研发被认为是低成本工业规模制氢的基础。宾夕法尼亚大学和佛罗里达大学联合研发了非铂催化剂,即在二硫化钼中添加石墨烯、钨合金,可以使电解水反应高效进行,与铂催化剂的作用相同,但成本却得到了大幅度降低。降低铂用量的催化剂技术也陆续出现突破。查尔斯理工大学和丹麦科技大学联合研究的纳米合金催化剂可以有效降低铂用量,在一定程度上解决了燃料电池商业化的瓶颈。

5)应用:家用分布式燃料电池系统发展迅速

分布式燃料电池系统目前分为重整制氢式燃料电池系统(多以天然气为原料)和纯氢燃料电池系统。近年来,前者在欧洲、美国及日本发展迅猛,尤以日本的普及率最高。日本引入家用燃料电池系统后将能源利用率提高到 95%,截至 2016 年年底,日本已经累计推广 20 万台,日本政府的目标是到 2030 年累计推广 530 万台。在分布式燃料电池的细分领域里,松下公司的产品既涵盖独立住宅用产品,也包括楼房式住宅产品。今后的研发目标是改善电力融通性(指各家各户间可以相互电力交易,不通过电网实现自由交换)、增加附加值。楼房式住宅用燃料电池兼具抗震、防风及防爆特性,可以通过多种组合设计应对不同楼宇的实际情况,同时具有应急电源功能,通过调节各家庭的电力需求进一步提高分布式燃料电池的附加值。

6)产业:企业联合攻克成本难题

燃料电池汽车技术已趋近成熟,但距离商业化推广仍然存在一定距离,其中最大的制约因素就是成本问题。单靠一家企业很难实现快速降成本,企业间的合作日益增多。通用和本田 2017 年初宣布投入 4 000 多万美元(约合两亿人民币)成立合资公司(FCSM),用于建设燃料电池电堆的生产线,对氢燃料电池系统进行量产,这是汽车行业内首家从事燃料电池系统量产业务的合资公司。计划量产的产品为燃料电池及相关系统。两家公司生产出来的燃料电池不仅用于汽车,也将尝试应用于军事、航空及家用领域。丰田与宝马也签署了 FCV 合作协议,丰田提供燃料电池等技术,宝马提供汽车轻量化等技术。日产和戴姆勒及福特联合开发价格合理的燃料电池汽车,共同加快燃料电池汽车技术的商业化。

# 第 3 章 低碳经济时期的新能源发展战略选择

## 3.1 低碳经济背景下的新能源产业

能源是经济和社会发展的动力和重要基础。历经千百年的发展，全球形成了以化石能源为主的能源消费结构。特别是工业化以后，能源的需求迅速增长。化石能源是有限资源，且其燃烧后向自然环境排放大量的二氧化碳、二氧化硫等有害物质，造成全球气候变暖，生态环境恶化，甚至威胁全人类的生存环境。伴随人类社会的飞速发展，对化石能源的需求也在不断增加，造成与化石能源相关的问题愈发严重。2003 年，英国政府发表《我们未来的能源：创建低碳经济》，它被称为《能源白皮书》，书中首次提出了“低碳经济”的概念。目前，“低碳经济”的理念已经被世界各国接受，各国均制订了“低碳经济”下的经济发展战略、能源发展战略等，旨在解决化石能源枯竭与环境污染问题。

《能源白皮书》并没有对“低碳经济”作出确切的定义和标准。林伯强认为，“低碳经济”可描述为尽可能最小量排放温室气体的经济体。张世秋认为，低碳经济是超出减少碳排放量的多层次概念，其核心是节能减排，第一层次是指在能源生产和消费环节中，尽量采用相对碳排放量少的可再生能源，如太阳能、风能等；第二层次是指通过提高生产环节的效率，使得生产单位产品所消耗的能源减少，降低最终产品的碳排放量；第三层次是指在生产、消费等环节中，以节约的方式和行为进行社会活动，尽量使用环保的产品和服务。最近，一些学者将低碳经济作了更为具体的概括，认为“低碳经济”主要是指通过技术创新、制度创新和发展观的转变，以低能耗、低排放、低污染为基本特征，最大限度地减少煤炭和石油等高消耗的经济，降低温室气体排放量，减缓全球气候变暖，实现经济社会的清洁与可持续发展。

一般来说，低碳经济是指通过技术创新、管理创新、制度创新、工艺创新等途径，提高传统能源的利用效率，降低温室气体的排放，开拓新兴能源，缓解化石能源压力，促进经济集约发展，形成低能耗、低排放、低污染、可持续发展模式。也就是说，“低碳经济”是一种由“高碳能源”向“低碳能源”过渡的经济发展模式，是人类为了修复地球生态圈的碳失衡而采取的自救行为。“低碳经济”的核心是以市场机制为基础，通过制订和创新制度框架和政策措施，形成明确、稳定和长效的引导和鼓励机制，推动和提高能效技术、能源节约技术、可再生能源技术和减排温室气体技术研发和技术开发水平，进而促进整个经济社会朝着高能效、低能耗和低碳排放的模式转变。

低碳经济的实现依赖于切实降低单位能耗的低碳排放量（即碳强度），控制 $CO_2$ 排放量的增长速度，降低单位经济增长带来的碳排放量，改变人们传统的高碳消费结构，真正减少人类对化石能源的依赖，实现绿色经济增长。作为新的经济发展模式，低碳经济需要借助市场机制的作用，在政府引导下，形成对高碳排放、高污染企业或行业行为的有效约束。通过新技术的采用，提高传统能源的使用效率，同时开辟新能源、清洁能源弥补能源缺口。事实上，无论人类是否面临温室效应，都应将节能减排作为能源战略的核心。化石能源的有限性是人类经济和社会发展的硬性约束，化石能源即将枯竭是不可逆转的趋势。为此，发展新能源，是解决能源问题的根本所在，也是发展低碳经济的核心任务。

从国际发展实践来看，各国均从立法开始，以技术研发作为低碳经济转型的核心推动力，在法律和技术的双重支撑下引导各自国内新能源发展，助推低碳经济增长。发展新能源是降低传统能源使用量、降低碳排放的直接措施，它构成了低碳经济的主要方面。

欧盟在1997年颁布了可再生能源发展的白皮书，书中指出：到2050年，要实现可再生能源占整个欧盟能源构成50%的宏伟目标。英国作为低碳经济的倡导者，一直是积极推动发展低碳经济的国家。2007年，英国颁布全球首部《气候变化法案》，该法案在2008年开始实施。英国成为世界上第一个拥有气候变化法的国家。2009年，英国又成了世界上首个立法约束“碳预算”的国家。同年，英国政府颁布了《英国低碳转型计划》，英国的能源部门、商业部门和交通部门等还在当天分别公布了《英国可再生能源战略》《英国低碳工业战略》《低碳交通战略》等一系列配套方案。

2004年，日本发起了“面向2050年的日本低碳社会情景”的研究计划，直至实现低碳社会的目标。此后，日本先后发布了《面向低碳社会的十二大行动》《绿色经济与社会变革》等方案，强化日本发展低碳经济的目标。2005年，美国通过了《能源政策法》，又分别于2007年和2009年通过了《低碳经济法案》和《美国清洁能源安全法案》。这些法案的提出，充分体现了各国政府对发展清洁能源技术和低碳经济的强大决心。

我国经过30多年的经济发展，以化石能源为主的能源生产和消费规模不断增加，国内资源环境约束凸显，迫切需要大力发展新能源，加快推进能源转型。当前，以新能源为支点的我国能源转型体系正加速变革。大力发展新能源已经上升到国家的战略高度，顺应了我国的能源生产、消费革命的发展方向。自2017年年初国家能源局发布的政策中，从国家能源局《关于印发2017年能源工作指导意见的通知》《2017年能源领域行业标准化工作要点》，到《能源生产和消费革命战略（2016—2030）》《关于公布首批“互联网+”智慧能源（能源互联网）示范项目的通知》，再到《能源体制革命行动计划》，这一系列密集政策的出台，体现了政府对创新能源的科学管理模式，推动能源改革和消费革命，同时构建清洁、低碳、安全、高效的现代能源体系的决心。

近年来，我国大面积的重度空气污染、雾霾成为全社会关注的焦点，雾霾不仅严重威胁居民的健康和日常生活，还直接降低了整个社会的幸福指数。频发的雾霾天气反映的深层次问题是不合理的能源结构和效率低下的能源使用。长期以来，我国受着富煤少油的困扰，在能源结构中，一直以化石能源特别是煤炭资源为主，其生产和使用方式粗放，日积月累造成了目前严重的环境问题。与此同时，我国还面临严峻的“低碳减排”压力，中国政府在哥本哈根会议上承诺,2020 年我国的碳排放量要比 2005 年减少 40% ~45% 。在此背景下,能源结构调整是解决当前环境污染问题,实现低碳减排目标的必然选择。据《BP 世界能源统计年鉴》(2016 版)显示,2015 年中国能源结构中,煤炭占 63.7%、原油占 18.6%、天然气占 5.9%、核能占 1.3%、水电占 8.5%,而美国的能源结构中,煤炭占 17.4%、原油占 37.3%、天然气占 31.3%。由此可知,我国的能源结构急需调整,必须加快核电、风电、太阳能等清洁能源的开发和利用,逐渐减少煤炭、石油等化石能源应用的比重。

调整能源结构,实现低碳经济不可能一蹴而就,新能源在开发利用过程中仍存在诸多问题,且当前新能源的开发利用成本都大于传统能源,新能源产业的发展与传统能源产业相比,会面临更多的困境和挑战。在此背景下,政府必须充分发挥其立法、宏观调控职能,对能源产业的推广和发展提供导向引导,刺激加快传统能源产业向新能源产业的演化,促进引导能源结构的调整和经济结构的转型。

在完善立法的同时,各国均以低碳技术研发作为重点,加大研发资金投入,动员多方主体进行技术革新,引领低碳经济潮流。欧盟各国一直都以研制、开发廉价、清洁、高效和低排放的能源技术为目标,并将发展低碳发电技术作为减少 $CO_2$ 排放量的关键。通过建设一系列的低碳发电站,同时加强发展清洁煤技术、收集并储存分子技术等研究项目的资助力度,刺激并促进以低碳技术为主导的产业,推动欧盟各国产业结构的不断调整。日本投入巨额资金来助力低碳经济的发展,促使日本在新能源技术领域走在世界的前沿。据日本内阁府 2008 年公布的数据,在科技研发的预算中,仅单独立项的环境能源技术的开发的费用近 100 亿日元,其中创新型太阳能发电技术的预算为 35 亿日元。目前,日本的综合利用太阳能技术、隔热材料技术、废水处理技术、热电联产系统技术和塑料循环利用技术等均处于世界领先水平。美国是世界上低碳经济研发投入最多的国家,为促进企业的技术创新,美国成立了专门的国家级低碳经济研究机构,专门为从事低碳经济的相关机构、企业提供技术指导、研发资金等方面的支持。

美国政府一直以来都以超前的眼光看待未来的战略产业布局,早在小布什政府的时候,美国就把对未来战略产业的设想纳入国家的宏观规划,并把目标锁定在以新能源为核心的新兴战略产业上。2005 年 8 月,布什总统签署了新能源法案,该法案提出给予能源生产商上百亿美元的税收优惠补贴,其中 72% 都用于可再生能源的研究和开发。美国计划在 20 年内实现以新能源代替从中东石油进口量的 75%,到 2040 年,美国实现每天用氢能源取代 1 100 万桶石油。2007 年,美国通过了《美国能源独立与安全法》,该法案计划到 2025 年,美国的清洁能源技术和能源效率技术的投资规模将达到 1 900 亿美元,其中的 900 亿美元投入提升能源效率和可再生能源的开发领域,600 亿美元用于研发碳捕捉和封存技术,200 亿美元用于研制电动汽车和其他先进技术的机动车,另外 200 亿美元用于基础性的科学研发。

在法律规范和技术研发的双重保障下,发展新能源构成了各国发展和实现“低碳经济”的主要内容。针对低碳经济社会建设,日本政府提出了详尽的目标,即将 2020 年较 2005 年温室气体排放量减少 15% 作为减排的中期目标,到 2050 年实现温室气体排放量比现阶段减少 60% ~80% 作为其长期目标;2020 年实现 70% 以上的新建住宅安装有太阳能电池板,相应太阳能的发电量提高到目前水平的 10 倍,到 2030 年实现提高到目前水平的 40 倍。1997 年欧盟颁布的可再生能源发展白皮书,提出了整个欧盟到 2050 年实现可再生能源在国家的能源构成中占比达到 50% 的目标。2009 年英国公布的“碳预算”中提出了 2020 年实现可再生能源供应占比 15% 的目标,温室气体的排放量要降低 20%。

相对而言,发展新能源是节能减排重要而有效的手段,其对传统能源的代替作用将在未来逐步实现。但是若要实现风电、太阳能等新能源的大规模开发,仍有许多问题需要解决,如并网、调峰、储能等。在短期内,风电等新能源还难以替代传统能源成为世界能源消费的主流。为此,必须摆正新能源发展在低碳经济发展中的战略地位,以技术创新推动新能源发展,降低新能源使用成本,解决新能源使用中的一系列技术和管理难题,切实发挥新能源产业发展对减排降耗的作用。

## 3.2　世界新能源产业的发展状况

生态环境、能源安全、气候异常等问题受到国际社会的日益重视,减少使用化石能源,加快开发和利用可再生的清洁能源已成为全世界人们的普遍共识和一致行动。能源转型是目前世界各国能源发展的大趋势,实现化石能源体系向低碳能源体系的转变是全球能源转型的基本趋势,最终进入以可再生能源为主的可持续能源时代。2015年,全球的可再生资源发电新增装机容量首次超过常规能源,标志着结构转变正在全球电力系统中发展。

新能源发电的快速崛起,与世界各国日益重视环境保护,倡导节能减排密切相关。从世界新能源发展的实践来看,风电、光伏作为最为清洁的能源,受到全球青睐,各国纷纷出台鼓励新能源发展的措施,促进了风电、光伏等新能源的发展。同时,技术的进步和新能源发电成本的快速下降是其崛起的另一个重要推动力。

### 3.2.1　世界风电发展状况

**(1)世界风电发展总体情况**

风电作为技术成熟、环境友好的可再生能源,已在全球范围内实现大规模的开发应用。丹麦早在19世纪末便开始着手利用风能发电,但直到1973年发生了世界范围的石油危机,因石油短缺和用矿物燃料发电所带来的环境污染问题的担忧,风力发电才重新得到了人们的重视。此后,美国、加拿大、英国、德国、丹麦、荷兰、瑞典等国家均在风力发电的研究与应用方面投入大量的人力和资金。至2016年,风电在美国已超过传统水电成为第一大可再生能源,并在此前的7年时间里,美国风电成本下降了近66%。在德国,陆上风电已成为整个能源体系中最便宜的能源,且在过去的数年间风电技术快速发展,更佳的系统兼容性、更长的运行时间(h)以及更大的单机容量使得德国《可再生能源法》最新修订法案(EEG2017)将固定电价体系改为招标竞价体系,彻底实现风电市场化。在丹麦,目前风电已满足其约40%的电力需求,并在风电高峰时期依靠其发达的国家电网互联将多余电力输送至周边国家。从世界风电新增装机容量来看,进入21世纪以来,除2013年和2016年环比下滑外,其他年度风电新增装机容量基本呈现逐年递增趋势,如图3.1所示。

无论从装机容量还是新增装机容量来看,中国都稳居榜首,美国位居第二。中国的新增装机总量占世界新增装机总量的42.8%,已成为全球风电产业发展的中坚力量,具体数据见表3.1。但从技术发展程度上来看,德国、西班牙、丹麦等国仍是风电技术先进的国家。最近几年,我国在风电设备技术领域研发投入逐年增加,已拥有数个自主知识产权的风电机组,在国

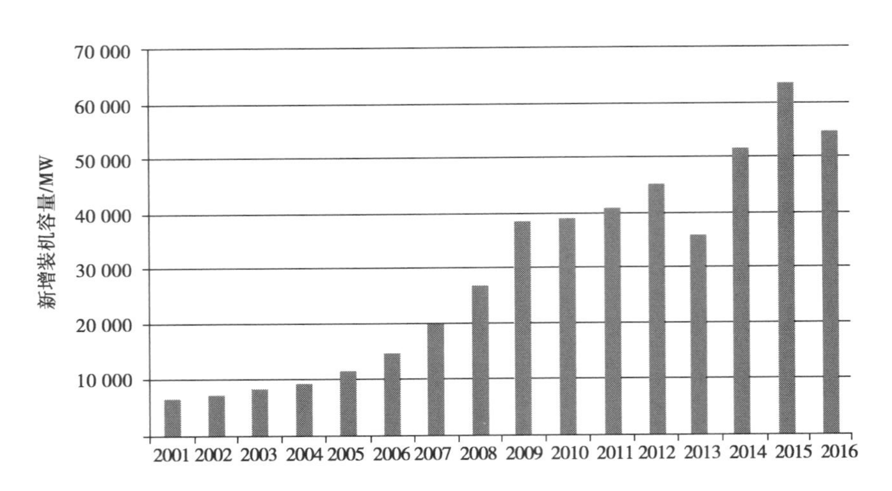


图 3.1　世界风电新增装机容量发展概况

内市场上的比重越来越大。然而，我国风电起步晚，早期的技术研发进展缓慢，国内风电技术与发达国家相比仍存在一定的差距。

**表 3.1　2016 年全球风电装机容量及新增装机容量**

| 国家 | 中国 | 美国 | 德国 | 印度 | 西班牙 | 英国 | 法国 | 加拿大 | 巴西 | 意大利 |
|---|---|---|---|---|---|---|---|---|---|---|
| 新增装机容量/MW | 23 370 | 8 203 | 5 443 | 3 612 | — | 736 | 1 561 | 702 | 2 014 | — |
| 占比/% | 42.8 | 15.0 | 10.0 | 6.6 | — | 1.3 | 2.9 | 1.3 | 3.7 | — |
| 累计装机容量/MW | 168 732 | 82 184 | 50 018 | 28 700 | 23 074 | 14 543 | 12 066 | 11 900 | 10 740 | 9 257 |
| 占比/% | 34.7 | 16.9 | 10.3 | 5.9 | 4.7 | 3.0 | 2.5 | 2.4 | 2.2 | 1.9 |

**(2)主要风电国家举例**

1)丹麦

丹麦人口不到 600 万人，却是世界发电风轮生产大国和风力发电大国，丹麦风力使用比率一直位居世界前列。据丹麦风电协会 2010 年 1 月 25 日发布的数据，2009 年丹麦的西门子风电公司和威斯塔斯风电系统公司几乎供应了欧洲海上风电场装机容量的 90%，人均风能拥有量居世界首位。近年来，随着各国风电产业的不断发展，丹麦风电设备企业的市场占有率虽略有下降，但仍排名前列，丹麦的风电场景如图 3.2 所示。

图 3.2　丹麦的风电场景

以历史发展的眼光来看，丹麦的能源以缺油少气为特点，丹麦很早就开始进行风力发电的相关研究。1918年，丹麦开始在公共设施中尝试安装风机，很快，风力发电便在丹麦的电力消费结构中占据一席之地。第二次世界大战以前，风电成本过高，技术很难突破，丹麦风电行业的发展一直处于停滞状态。第二次世界大战后，迫于紧张的国际石油局势，丹麦政府非常重视并设立专项经费支持风力发电研发。石油危机期间，依靠能源进口的丹麦开始对本国的能源规划和能源结构进行大刀阔斧的调整，并开始对风力发电产业的发展进行规划，由政府出资成立风力发电设备研究小组，全面考察全国的风力资源状况、风电场情况等，并进行了风力机空气动力学方面的基础研究，同时还制订了优惠政策，以利于和刺激中、小型风力发电机组的推广应用。随后，丹麦政府又制订了可再生能源的能源研究和发展规划，该规划明确指出发展以风电为主的新能源战略。另外，面临严重环境污染的压力，丹麦政府选择风电也是其对生态和环境保护作出的有利贡献。在风电成本居高不下的背景下，研发一直被视为丹麦电力公司发展的核心，最终成功研制出具备世界领先水平的风电机组，使其风电设备业占据了先机，并掌握了风电发展的主动权。这些成果与政府的大力支持和政策扶持密不可分。

丹麦的风机制造业方面一直处于世界前列。2003年前，丹麦的风机一直占据半数以上的世界风机市场份额。该优势主要得益于丹麦早期给风机制造商提供的优惠政策，刺激并帮助威斯塔斯等机械制造商加快市场开拓，夯实市场基础。随后投入大量的人力、物力进行风电产业的技术研发，抢占世界风机设备的发展先机。总之，丹麦的风电发展世界领先，风电设备技术更新发展迅速，风电研发、制造等始终保持世界领先，同时在海上风电领域的开发与发展上也抢得先机。丹麦风电目标规划长远，1991年便成功建成世界首个商业化海上风电场，预计到2030年丹麦的风电站点比重超过50%。

风电的快速发展与丹麦政府的全方位支持密切相关。丹麦政府一直以积极的态度发展风电产业，并以强力的能源扶持政策作为支撑。1976—2004年，丹麦政府先后发布了5次能源规划，逐步确立了发展新能源的目标，特别是确立了风力发电在电力产业中的重要地位。

在财政政策方面，丹麦政府为风电产业的发展提供了全面的优惠和补贴政策，刺激并加速了丹麦风电产业的早期发展。

在可再生能源发展规划中，丹麦政府明确了对风电设备安装的补贴政策，顺利解决了早期风机设备成本过高引发的市场瓶颈问题。对风电上网环节，丹麦政府制订了强制的上网政策，并对风电上网部分进行补贴。同时，丹麦政府提出了一系列降低碳排放的电力改革方案，意在对超额排放的电力公司进行处罚，实现了电力的节能减排。补贴与处罚相结合的政策，再配合其强制上网的政策，促使电力公司引进清洁电力以降低自身碳排放量，这一系列举措促使风电规模的增加。

在风机制造产业中，丹麦政府提供了稳定的政策环境和优惠的政策支持。首先，丹麦政府在风机制造业发展早期为产业的技术研发提供资金支持，同时制订严格的质量标准体系，并结合直接补贴和对外援助等方式促进风机制造业的快速发展。其次，为稳定风电价格，丹麦政府主要采取了为风电产业提供补贴和吸引投资两种举措，为风机制造业开辟了稳定的市场。另外，丹麦政府还给本国制造企业的海外市场开发提供担保，为风机企业提供长期的融资和贷款，进而刺激丹麦风机产业拓展开发世界市场。

此外，丹麦政府鼓励私人资本资助风电产业。在丹麦，私人电力公司一直在电力工业中占据一定位置。在风电产业开发过程中，政府也鼓励私人产业的发展，同时，还鼓励地方政府或社区作为风电产业项目的业主，进而形成“当地建设、当地投资、当地使用”的便利模式，不仅降低了运输成本，节约了电能，还对丹麦风电产业的发展起到了有效促进的作用。

2）西班牙

西班牙是继德国、丹麦和英国之后的欧洲第四风电大国。西班牙政府主要通过实施风电溢价制度、调整电源结构、强化系统调峰能力、应用风力预测技术、建立可再生能源电力控制中心、加强电网建设规划等手段，不仅推动了风电的快速发展，同时还保障了电网的稳定运行。

西班牙政府非常重视风电技术的研发和风力机械制造业的发展，自 20 世纪 90 年代以来，西班牙风电发展异常迅猛，2009 年年底，其风电装机容量为 1 826 万 kW，2015 年累计装机容量达 23 025 MW。西班牙风电产业的迅速发展，主要是因为西班牙政府的能源长期发展规划和有关扶持政策。西班牙采取国家补贴与地方政府支援相结合的方式大力支持风电及相关行业的发展。节约与有效利用能源规划是西班牙补贴政策的依据，政策中明确规定对再生能源的发展提供补贴。资料表明，自 1991 年起，西班牙政府就对风电从业者给予投资补助，再加上地方政府的支持，西班牙风电发展日益迅速。2014 年，西班牙制订了“特殊再分配措施”新规，取消对风电场开发商的固定上网电价补贴，取而代之的是年固定补偿款。

3）美国

美国的风电资源非常丰富，陆地上的风电资源约为 11 000 GW，约相当于 200 亿桶石油的能量，海上风电资源约为 4 150 GW。美国风电装机分布较广，主要分布在中西部地区以及太平洋和大西洋沿岸海域，如西部的加州和华盛顿州、南部的得克萨斯州、中部的科罗拉多州和北部的明尼苏达州。全美有 14 个州的风电装机超过 100 万 kW，其中得克萨斯州的风电装机最多。而人口相对集中的东部、西部地区的风力资源相对匮乏，具体如图 3.3 所示。

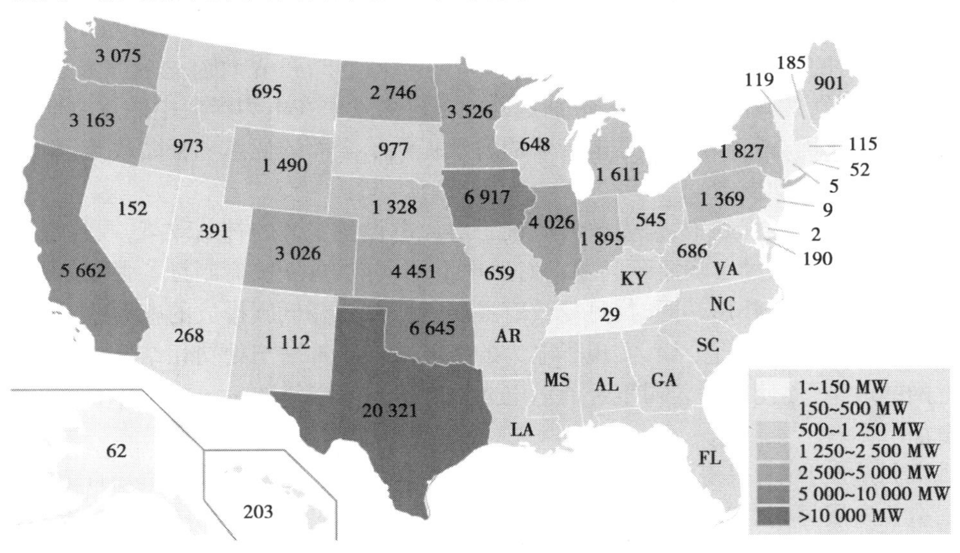


图 3.3　美国各州风能装机容量分布图（数据截至 2016 年年底）

美国风力发电始于 20 世纪 70 年代。受到当时石油危机的影响，能源价格飙升，美国的加利福尼亚州开始发展风力发电产业。到 1986 年，加利福尼亚州风电装机容量已达到 1.2 GW，占当时全球风电装机总量的 90%。但是，20 世纪 80 年代中期之后，受到世界石油价格下跌和政府经费削减的影响，美国风电产业发展缓慢，到 2004 年，全美风电装机累计总量只有 6.6 GW。

进入2005年后,美国的风力发电进入快速发展时期,年均增速超过30%,年均投资超过150亿美元。2009年和2010年,美国新增风电装机量分别达10 GW和5.2 GW。到2016年年底,美国风电累计装机总量已达84.94 GW(见图3.4)。风电已成为仅次于天然气的新增电力来源。但是,美国能源的风电比例依然比丹麦、德国等欧洲国家低,美国的风电产业具有巨大的发展空间。

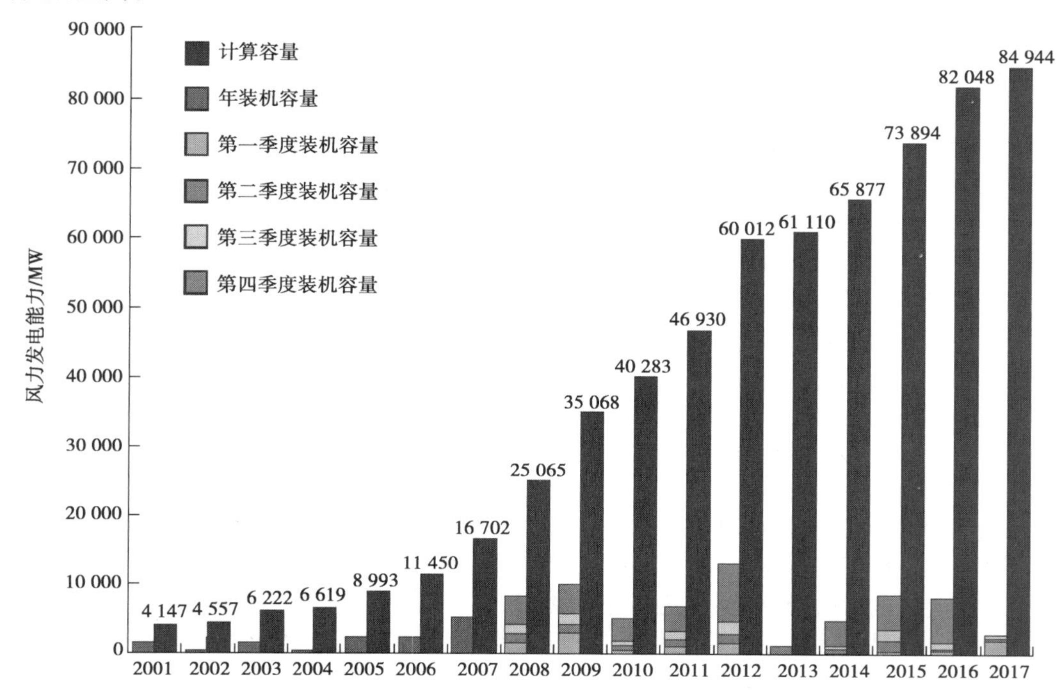


图3.4　2001—2017年美国风电每年新增装机容量图

美国风电的快速发展,一方面得益于全球可再生能源的兴起;另一方面离不开美国政府风电扶持政策和风电技术的进步。美国政府对风电的发展一直采取扶持的政策。1992年,美国出台"能源政策法案",该法案鼓励发展风能、太阳能、生物质能和地热能等可再生能源,并给予税收抵免补贴。2009年,美国政府通过了"美国再投资和经济复苏法案",该法案确保了风电等可再生能源产业更多的优惠政策,2009—2012年投产风电项目可以申请项目建设成本30%的财政现金补助,还可申请项目建设成本30%的投资税收减免以及生产税收抵免补贴等。从2011年以来,美国的风电价格保持在等于或低于长期天然气价格预测。近年来,美国国内生产的风能的价格已经低于20美元/(MW·h),即低于2美分/(kw·h)。

尽管如此,美国风电业的发展也困难重重。风电入网难,美国地平线风能公司2008年斥资3.2亿美元建成了枫树岭风电场,但因该区域电网过于拥挤,该装备了200个风轮的风电场被勒令关闭。另外,近几年,美国明尼苏达州投入大量的人力、物力发展风电并网项目,但"地方割据"严重,电网系统非常分散,彼此之间连接薄弱,造成该州风电的结局是电网工程仅将水牛岭风电站22 MW发电量中的2 MW并入电网,入网电量不足10%。目前,虽然美国已经形成了东部、西部和得克萨斯州3个主要的互联电网,但这3大电网之间仅有非同步联系。在美国,另外还有经营不同电网的3 000多个电力公司,这些电力公司绝大部分为私人所有。一般情况下,美国电力公司投资者拥有80%的公司所有权,而美国联邦能源管制委员会仅拥有20%的所有权,并负责规范电力的传输和销售。同时,美国地方政府的公共事业委员会也对所属区域的电力相关活动有监管权。总之,美国互相分割的电网系统和经营模式、相互之间的市场竞争模式,造成各电网间的协调合作非常困难。再加上美国电网线路陈旧,传输能力,尤其是长途传输能力非常不足,也是其风电入网难的一个原因。

美国的风电资源空间分布非常不均,风力资源大部分分布在中部高原和西部沿海地区,而人口密集且能源需求高的美国东部,约消耗占全国电力 80% 的能源,风电资源却很少。即使在同一个州内,风电资源也很不均匀,如在得克萨斯州,西部高地和高原地区的风力最丰富,而达拉斯和霍斯顿等大城市则在 100 km 以外。美国风力资源的空间错位状况给其电力资源的长途输送提出了更高的要求。为应对和解决这一困难,美国联邦政府能源部在 2005 年推出了新的能源法案,提出了“国家利益输电走廊计划”,意在解决跨州的区域电力传输。2007 年,依据能源法案和“国家利益输电走廊计划”,美国能源部首次划定了两个首批“国家利益输电走廊”,一个是中大西洋地区输电走廊,另一个是西南地区输电走廊。其中,中大西洋国家输电走廊涵盖了特拉华州、俄亥俄州、马里兰州、新泽西州、宾夕法尼亚州、弗吉尼亚州、华盛顿特区等,主要将北部及西部的风力发电富集地区和纽约、新泽西和马里兰等负荷较大的地区连接起来。西南地区输电走廊主要把太阳能和地热资源广泛分布的加利福尼亚东部沙漠、亚利桑那、内华达等州与作为美国西南的负荷中心的洛杉矶和圣地亚哥地区联系起来。时任美国总统奥巴马为促进电网的统一和智能化,在 2008 年后力推智能电网工程,以增强电网对可再生能源电力的吸纳和调配能力。得克萨斯州和加利福尼亚等州也结合自身特色,在风电存储和入网领域进行了积极有效的探索。

在促进电网吸纳风能等可再生能源电力方面,美国联邦和州政府等主要采取了 3 个方面的应对策略:一是在可再生能源资源含量丰富的地区设置特区或竞争性区域,大规模建设输电线路,促进新能源电力由资源集中地区向消耗集中地区输运;二是加快发展智能电网工程,加强电力消费需求规划,优化电力检测、控制和调度,增强电网对清洁能源电力的消化和调配能力;三是为平衡和补充可再生能源电力的间歇性问题,积极研发各种能源存储技术。可再生能源技术、储能技术和智能电网建设互为支撑,共同构筑美国可再生能源战略基石,构建未来美国全球经济和科技的核心竞争力。

4)巴西

巴西是全球主要风电市场之一,拥有世界最高的风力发电容量系数,该国的装机容量已达 9 GW,每年可吸引约 24 亿美元的新建项目投资。巴西的各类能源及电力结构中,水电占比约 70%,但受天气变化影响和水电建设破坏当地雨林生态的不足,其风电发展迅猛。巴西政府在 2002 年启动了“替代电力能源激励计划”,采取固定电价的方式促进风电等可再生能源的迅速发展。不过,该计划投资力度有限,风电发展进步缓慢。按照巴西风电规划,到 2020 年,风电产业占国家全部装机的 7%。

5)中国

我国幅员辽阔、海岸线长达 32 000 km,拥有非常丰富的风能资源(见图 3.5、图 3.6),具备巨大的风能发展潜力。根据 2014 年国家气象局公布的评估结果,我国陆地 70 m 高度风功率密度达到 150 W/m$^2$ 以上的风能资源技术可开发量为 72 亿 kW,风功率密度达到 200 W/m$^2$ 以上的风能资源技术可开发量为 50 亿 kW;80 m 高度风功率密度达到 150 W/m$^2$ 以上的风能资源技术可开发量为 102 亿 kW,达到 200 W/m$^2$ 以上的风能资源技术可开发量为 75 亿 kW。

目前,我国已成为全球风力发电规模最大、增长最快的市场。根据全球风能理事会(Global Wind Energy Council)统计数据,从 2002 年至 2016 年年底,全球累计风电装机容量年复合增长率为 22.25%,而同期我国风电累计装机容量年复合增长率高达 49.53%,增长率位居全球第一。2013—2016 年,我国风电的新增装机容量、累计装机容量均列全球第一位。2006—2016 年,我国风电累计装机容量及年发电量见表 3.2。为了实现国家节能减排的目标,我国将继续重视清洁能源的高效利用,并着力研发新能源和可再生能源及其相关技术。风电是其中的一个重要的研发领域,未来风电行业将保持高速增长趋势。

(a)

(b)

图 3.5　新疆的风电场

图 3.6　上海闵行的小型风力发电机

**表 3.2　2006—2016 年我国风电累计装机容量及年发电量**

| 年份<br>装机及发电情况 | 2006 | 2007 | 2008 | 2009 | 2010 | 2011 | 2012 | 2013 | 2014 | 2015 | 2016 |
|---|---|---|---|---|---|---|---|---|---|---|---|
| 装机容量<br>/(MW) | 2 599 | 5 912 | 12 200 | 16 000 | 31 100 | 62 700 | 75 000 | 91 424 | 114 763 | 129 700 | 149 000 |
| 发电量<br>/(GW·h) | 3 675 | 5 710 | 14 800 | 26 900 | 44 622 | 74 100 | 103 000 | 134 900 | 153 400 | 186 300 | 241 000 |

我国风电场建设始于 20 世纪 80 年代,在其后的 10 余年中,经历了初期示范阶段和产业化建立阶段,装机容量平稳、缓慢增长。自 2003 年起,随着国家发改委首期风电特许权项目的招标,风电建设步入规模化、国产化阶段,装机容量增长迅速。特别是自 2006 年开始,形成了爆发式的增长模式,装机容量连续 4 年翻番。在取得成绩的同时,我国风电产业面临的诸多问题和困境也日益显露,如风电相关的核心技术不完备、发展不平衡,同时,在产业布局、发展规划、技术创新、政策法规、标准体系等方面还存在诸多问题。另外,在实际运行中,我国风电设备质量事故频发、运行维护成本不断攀升,这说明我国的风机质量与国际先进水平仍有相当

大的差距，风电设备质量和相关技术有待提高。

风电并网面临瓶颈也是我国风电面临的主要问题。首先，我国三北和东部沿海集中了我国风能的95%以上，而大部分电力需求在中东部地区，这就需要采用大规模、集中、远程、高压输送的发展模式。但风电受制于自然条件，具有明显的间歇性和随机性，无法像其他常规电源那样控制其输入和输出，进而加大了电网调度难度。特别是随着内蒙古、河北、吉林、甘肃等地风电建设规模的快速发展，配套电网设施不足的问题愈发显著。其次，目前我国风电开发成本偏高，我国尚未掌握风机设备制造的关键技术，尤其是海上风电的关键技术。最后，国家扶持政策及配套体系也有待完善。我国曾出台了一些扶持政策以促进风电发展，虽然取得了良好的效果，但是目前风电产业的服务体系薄弱，现有清洁能源的税收激励机制、风电项目的招标机制、减少碳排放的补贴机制等很不完善甚至缺失；产业管理体系、产业技术标准认证体系等尚未完全建立，仍存在管理不规范、无序开发、不合理竞争等乱象，需进一步加强政策及配套体系的规范和完善。

### 3.2.2　太阳能发展状况

#### (1)太阳能电池产业

太阳能电池是指利用半导体材料形成的PN结的光生电动势效应（或称光生伏特效应，Photovoltaic Effect）将太阳能转换为电能的器件。具体描述为，当太阳光照射到半导体材料时，激发出自由电子和空穴，两者分别向PN结两侧漂移，聚集在两端电极上而形成光生电动势，若接上负载后即可产生光生电流，其工作原理如图3.7所示。太阳能电池中最关键和最重要的部分是半导体材料层，半导体材料层的性质优劣直接关系太阳能电池转换效率的高低。根据太阳能电池中半导体材料的种类和状态，将太阳能电池分为单晶硅、多晶硅、非晶硅、化合物半导体、薄膜型，以及染料敏化纳米晶太阳能电池和有机太阳能电池。

目前，硅晶电池和薄膜电池均得到长足的发展。世界上太阳能电池以晶体硅电池为主，占据约90%的市场份额。近年来，随着薄膜电池的生产技术和工艺的提升，能量转换效率有了很大提高，对于高成本的晶体硅电池而言，薄膜电池的性价比更高。2011—2016年，我国硅片、多晶硅和电池片的产量及全球占比情况如图3.8—图3.10所示。在晶硅电池中，标准晶硅电池产量约占世界总产量的75%；高效单晶硅电池产量约占总产量的6%。在薄膜电池中，非晶硅电池产量约占总产量的7.47%，碲化镉（CdTe）太阳能电池的产量约占总产量的9.56%，而CIGS薄膜太阳能电池的产量约占世界总产量的1.56%。

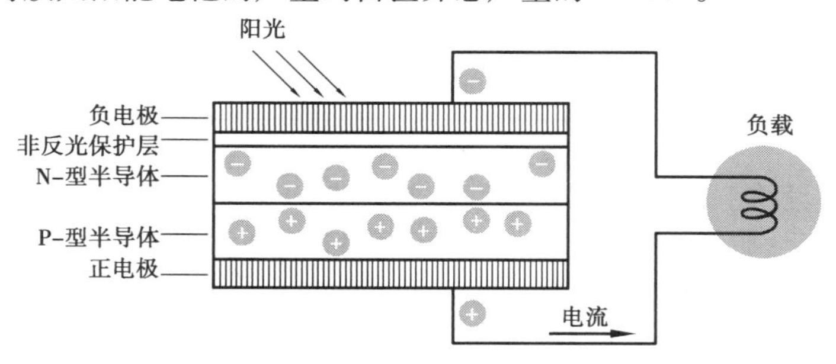


图3.7　太阳能电池工作原理图

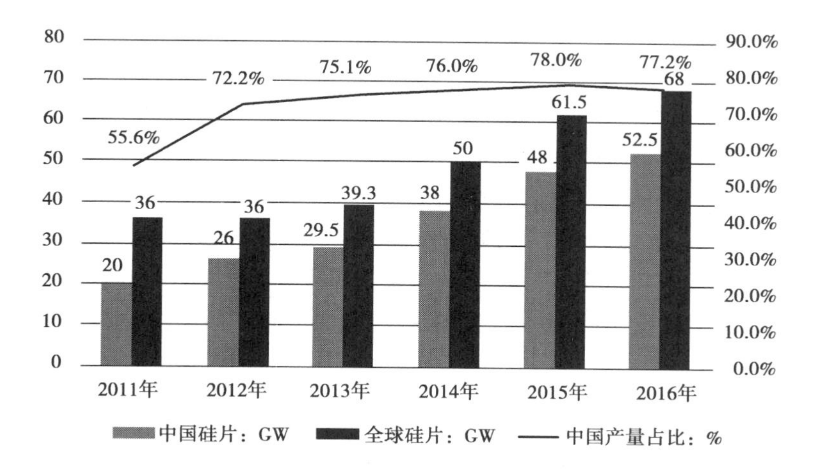


图3.8　2011—2016年中国硅片产量及全球占比分析

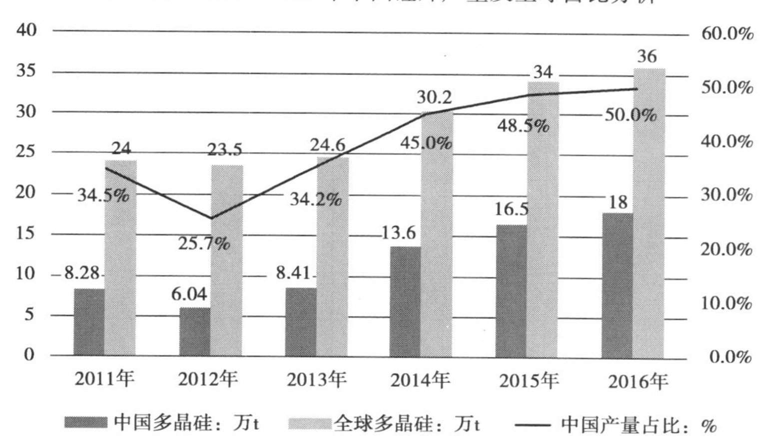


图3.9　2011—2016年中国多晶硅产量及全球占比分析

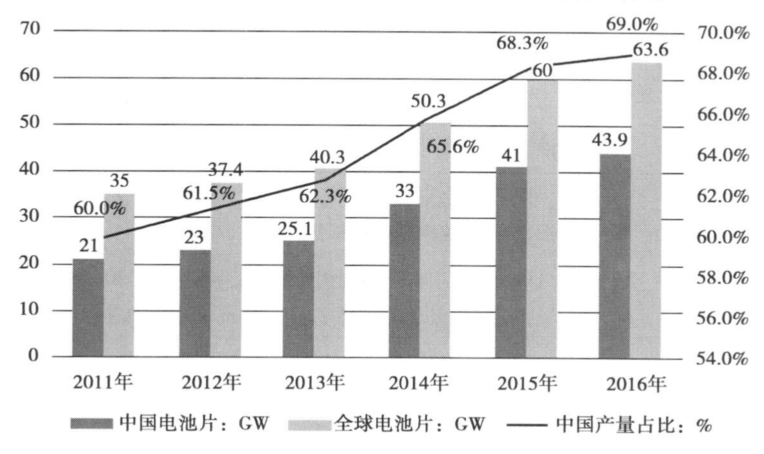


图3.10　2011—2016年中国电池片产量及全球占比分析

太阳能电池的历史可追溯到1954年Bell实验室的发明。2002年以来，世界太阳能电池产业一直保持着高速增长的态势。在我国，太阳能电池产业及相关技术的研发一直被广泛关注并受到高度重视,早在“七五”期间,国家重大课题已经将非晶硅半导体的研究开发列入其中;“八五”和“九五”期间,研发的重点转移到大面积太阳能电池的研发方面。2003 年,科技部联合国家发改委制订了未来 5 年太阳能资源开发计划,其中,发改委推出“光明工程”,提出筹资 100 亿元用于太阳能发电技术的研发和应用。自此以后,我国太阳能电池行业在光伏扶贫、能源转型、鼓励发展分布式光伏以及电价补贴等措施和政策的激励下,一直保持快速发展的态势。目前,太阳能电池已在工、农、商、通信、家电以及军事领域、航天领域和公用设施等领域广泛应用,甚至在边远地区、高山、沙漠、海岛和农村也在推广使用。从长远来看,伴随太阳能电池制造技术的革新,新光-电转换技术和装置的研发制造,再加上各国对环境保护和对新型清洁能源的巨大需求,太阳能电池仍是利用太阳辐射能可靠可行的办法,有望为人类大规模利用太阳能开辟广阔的思路和前景,并且越来越被各国重视。2011—2016 年,全球太阳能电池产能、产量状况见表 3.3,由表可知,2016 年全球太阳能电池产量接近 90 GW。近年来,我国太阳能电池企业在电池技术方面作了一系列有益的探索,电池技术取得了明显的进步,具体见表 3.4。

**表 3.3　2011—2016 年全球太阳能电池产能、产量状况**

| 时间/a | 电池产能/GW | 电池产量/GW |
|---|---|---|
| 2011 | 57 | 27.1 |
| 2012 | 59.7 | 33 |
| 2013 | 53.8 | 40.3 |
| 2014 | 56 | 45.3 |
| 2015 | 70 | 57 |
| 2016 | 88 | 72 |

**表 3.4　我国部分电池企业技术进步情况**

| 电池类型 | 企业名称 | 技术特点 |
|---|---|---|
| 晶硅电池 | 天合光能 | 与澳洲国立大学合作研发的全背电极接触晶硅太阳能电池(简称“IBC 电池”)的光电转换效率达到 24.4%。目前已独立研制出面向产业化的面积为 156 mm×156 mm、光电转换效率达到 22.9% 的 IBC 电池。正积极筹备建立低成本 IBC 电池的中试验示范线 |
| | 中电光伏 | 采用氧化铝钝化工艺的 PERC 电池单片光电转换效率达到 20.5%,批次平均效率 20.35% 以上 |
| | 晶澳 | Percium 单晶电池光电转换效率提升到 20.5%(背钝化和局部铝背场技术,即 PERT 技术);Riecium 多晶电池提升至 18.3%(黑硅技术) |
| | 中电投西安 | 单晶电池转化效率达到 20.55%,多晶电池最高达 19.5%。采用此种高效单晶电池封装的 60 片 156-200 规格单晶组件功率超过 285 W,比常规组件高出 15 W 以上 |
| 钙钛矿太阳能电池 | 青岛储能产业技术研究院 | 光电转换效率达到 11.3% |
| | 惟华光能 | 光电转换效率达到 19.6% |

伴随着我国太阳能电池行业的进一步发展，预计未来几年，太阳能电池行业供给将呈现出逐年增长的态势，到 2022 年，太阳能电池行业产量将达到 95 GW，如图 3. 11 所示。伴随科学技术的不断发展，太阳能电池得到了广泛的应用和推广，需求量也呈现出逐年上升的趋势。预计到 2022 年，需求量将达到 49. 4 GW，具体如图 3. 12 所示。

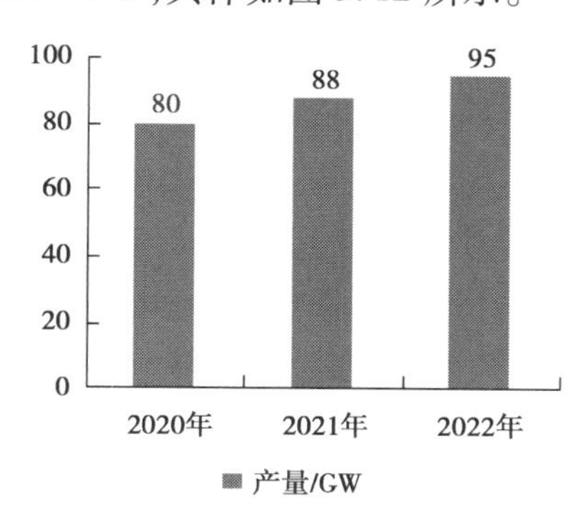


图 3. 11　2020—2022 年我国太阳能电池供给预测

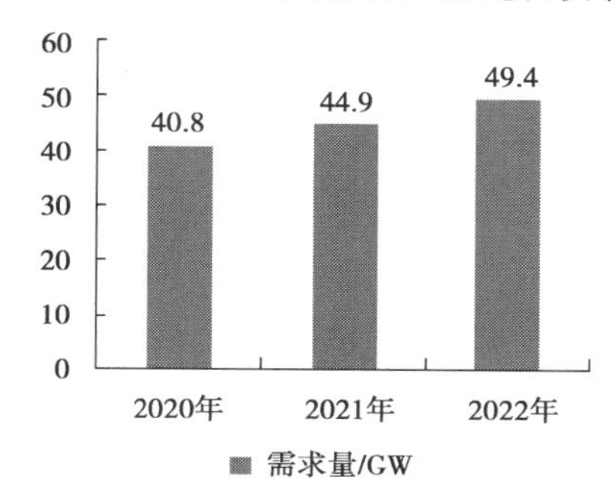


图 3. 12　2020—2022 年我国太阳能电池需求预测

总之，太阳能电池相关产业的飞速发展，为人们解决环境污染和能源危机带来了曙光，但目前太阳能电池的成本和价格仍是其广泛应用的一大障碍，太阳能电池产业的进一步推广和继续发展有赖于其能量转换效率的进一步提高、生产成本的降低及生产能耗的减少。而这些目标的实现有赖于新型薄膜太阳能电池特别是钙钛矿太阳能电池的研发、电池结构的创新。这是摆在人类面前的目标和挑战。

(2)**光伏发电产业**

光伏发电主要是利用太阳能电池元件，基于光生伏特效应，将太阳能直接转化为电能的技术。离网运行(独立太阳能光伏发电系统)、并网运行(与电网相连的太阳能光伏发电系统)和混合系统是目前太阳能光伏并网发电系统的 3 种主要运行方式，即人们常说的“全部自用、自发自用余量上网、全部上网”3 种模式。一般情况下，太阳能光伏并网发电系统主要由太阳电池板(组件)、控制器和逆变器 3 部分组成。其工作原理如图 3. 13 所示，具体解释为太阳电池组件在太阳辐射的刺激下产生直流电，该直流电经过并网逆变器进行转换，转换成符合电网要求的交流电并直接进入电网，或者由光伏电池阵列产生的电力除供应交流负载外，多余的电力并入电网。而在阴雨天或夜晚，太阳电池系统没有产生电能或产生的电能不足以供应负载需求，就改为由电网供电。太阳能并网系统是将太阳能多产生的电力直接并入电网，省去了配置蓄电池，也减少了蓄电池储能和释放过程，降低了能量的损耗，并大大降低了成本。

光伏产业是半导体技术与新能源需求相结合而衍生的产业，重视并加大光伏产业的发展对调整能源结构,推进能源生产和消费革命,促进生态文明建设具有重要意义。出于对保护环境和应对全球能源短缺现状的考虑,世界范围内的光伏发电产业均得到了快速发展。伴随光伏行业效率的提高和技术的进步,太阳能发电成本将会逐步降低,经济性上已经能和核电、水电展开竞争。近年来,世界各国表现出对光伏发电的极大热情。西班牙、德国、美国等均大力发展光伏产业,其中,德国是欧洲最大的光伏发电装机国,意大利、捷克、比利时、法国、西班牙等紧跟其后,是欧洲地区光伏发电装机较高的第二梯队国家。

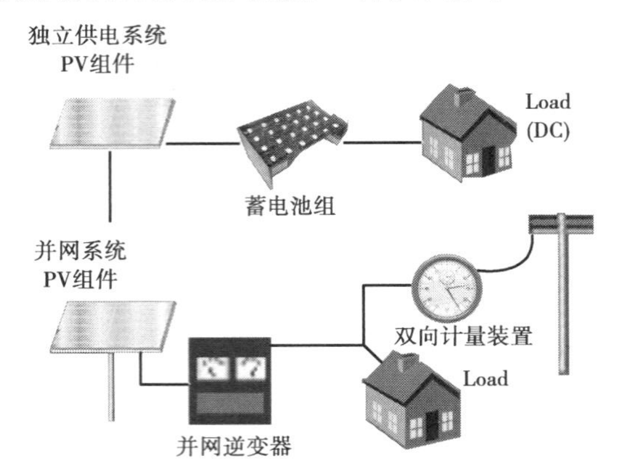


图 3.13　全部自用、自发自用余量上网的模式示意图

就我国而言,太阳能资源十分丰富,平均每年照到我国的太阳能能量相当于17 000 亿 t 标准煤,且具有储量丰富、长久性、普遍性、洁净安全等优点,同时也具有分散性(见图 3.14、图 3.15)、间断性、不稳定性、效率低等缺点。数据显示,我国仅现有屋顶安装的分布式光伏发电系统,其市场潜力就达到3 亿 kW 左右。使用和开发太阳能光伏发电,并结合用户需求实现分布式电力供应已成为调整能源格局的迫切需求。2016 年我国的光伏发电装机容量已达 7 742 万 kW,年平均增长率 103%(表 3.5)。2010 年和 2011 年是增长最快的年份,增长幅度超过了 200%,远大于其他发电方式的增速。

我国在《能源发展"十三五"规划》中明确指出,2020 年我国太阳能发电规模将超过 1.1 亿 kW,其中分布式光伏发电占有量为 6 000 万 kW。国家能源局统计数据表明,2016 年年底,我国分布式光伏累计装机容量为 1 032 万 kW。2017 年上半年,全国新增光伏发电装机容量为 2 440 万 kW,同比增长 9%。

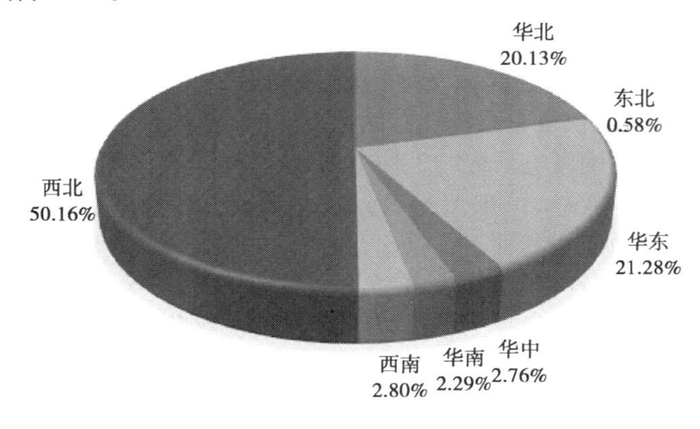


图 3.14　2015 年我国光伏累计装机容量分区域占比统计

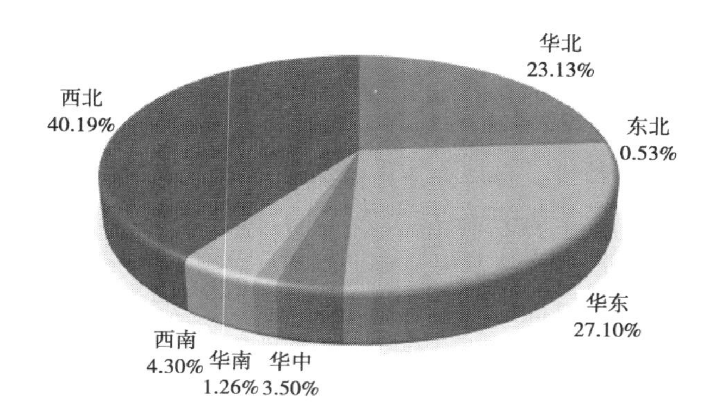


图 3.15　2015 年我国光伏新增装机容量分区域统计

**表 3.5　2007—2016 年我国光伏发电累计和新增装机容量**

| 年份 | 累计装机容量/万 kW | | 累计装机容量增加幅度/% | 新增装机容量/万 kW | |
|---|---|---|---|---|---|
| | 累计装机容量 | 其中:光伏电站 | | 新增装机容量 | 其中:光伏电站 |
| 2007 | 100 | | | 20 | |
| 2008 | 140 | | 40.00 | 40 | |
| 2009 | 284 | | 102.86 | 144 | |
| 2010 | 864 | | 203.87 | 579 | |
| 2011 | 2 934 | | 239.58 | 2 070 | |
| 2012 | 798.3 | 419.4 | 17.21 | 504.8 | 186.9 |
| 2013 | 1 745 | | 137.17 | 1 095 | |
| 2014 | 2 805 | 467 | 60.75 | 1 060 | 205 |
| 2015 | 4 318 | 3 712 | 53.94 | 1 513 | 1 374 |
| 2016 | 7 742 | 6 710 | 80.00 | 3 454 | 3 031 |

数据来源:国家能源局。

受光伏技术的提升、电池组件效率的提高、制造工艺的进步及原材料价格下降等因素的影响,光伏发电成本不断下降。中国光伏行业协会数据显示,2013—2016 年,我国硅材料成本下降了 44.4%,组件成本下降了 41.6%,逆变器成本下降了 57.1%。“十三五”期间,硅基太阳能电池组件的转化效率将保持每年 0.2% ~0.5% 的增速。发电成本的降低有利于实现光伏平价并网,提高其市场竞争力。预计到 2020 年,光伏发电成本可降至 0.3 ~0.7 元/(kW · h),部分地区可实现平价上网。成本降低还使光伏产业的利润大幅度提高,将增强其吸引资本投入的能力,推动光伏市场快速发展。现在,光伏产业已被列为我国战略性新兴产业,在产业政策引导和市场需求驱动的双重作用下,我国光伏产业发展迅速,已经成为可参与国际竞争并取得领先优势的产业。

我国光伏产业产能和产量虽然位居世界第一,但随着国内产能的增加,我国进口的光伏产品量也随之增加,这表明国内光伏产品的技术水平尚不能满足要求,生产效率较低。另外,因关键技术尚未掌握,我国的晶硅电池、薄膜电池生产线上的关键设备、辅佐材料等还依靠进口。虽然我国太阳能光伏产业正面临多种问题和挑战,却仍保持高速的发展势头,并可参与国际竞争,在某些领域有望达到国际先进水平。这些成绩能助力我国工业实现转型升级、调整能源结构、发展社会经济、推进节能减排。再加上作为清洁能源的太阳能得到了政府的政策支持,光伏发电也成为世界各国新能源发展的重点,光伏发电产业正面临前所未有的发展机遇,特别是光伏并网发电产业的推广应用为光伏发电行业的发展带来了巨大活力。

激光器,特别是超短脉冲高性能激光器,是生产薄膜太阳能电池模块的重要工具,它不仅有助于提高产量,还有助于优化加工工艺。激光器在未来光伏产业中会有更多的应用空间,如超短脉冲和高脉冲能量的激光器可以实现晶硅太阳能电池钝化层的选择烧蚀。随着太阳能电池生产成本面临的压力越来越大,促使高性能、高功率激光器被广泛应用在大规模生产中,且超短脉冲的新型激光技术也将催生更高效的生产工艺,将来激光技术的发展和进步,必能大幅降低太阳能电池的生产成本。太阳能电池与环保、节能、高效的半导体发光二极管(LED)技术相结合,开拓出太阳能与 LED 结合的新能源绿色照明方式。为保障太阳能电池输出的电力满足电网各项指标要求,太阳能并网发电系统需要专用的并网逆变器,光伏并网发电系统的进步必将促进逆变器技术的突破,并有助于逆变器拓扑、并网电流控制、软开关等诸多关键核心技术问题的进步。

太阳能光伏产业将占据未来世界能源消费的重要位置,不仅要实现替代部分常规能源,还将成为世界能源供应的主体。预计到 2040 年,清洁能源将占总能源消耗的 50% 以上,而光伏发电将占据总电力的 20% 以上。到 21 世纪末,清洁能源将占据总能耗的 80% 以上,而光伏发电将占到 60% 以上。这些相关规划充分证明光伏产业的良好前景及战略作用。要实现规划目标,必须基于技术基础需求,研发高效、低污染、低成本的太阳能电池技术,提高大规模光伏应用技术,加强光伏发电系统集成控制技术,布局太阳能产业链系统示范工程,研发太阳能光伏发电产业关键设备。只有统筹布局、刻苦攻关,才能高质量实现规划的宏伟目标。

在大型光伏并网发电领域,国家规划在西部建设兆瓦级集中式并网发电站。如青海省利用自身优势,建成世界上规模最大的龙羊峡 850 MW 水光互补并网光伏电站(见图 3.16)、7 MW分布式离网光伏电站及国内首座商业化运营的 10 MW 塔式太阳能热发电站。另外,在光伏建筑一体化方面,主要在北京、上海、江苏、山东、广东等发达地区进行城市建筑屋顶光伏发电试点(见图 3.17)。预计到 2020 年,全国将建成 2 万个屋顶光伏发电项目,总容量100 万 kW。

(a)

(b)

图 3.16　青海龙羊峡 850 MW 水光互补并网光伏电站

图 3.17　光伏一体化房屋效果图

另外,美国的电子工程师斯科特布尔萨提出,在路上铺上光伏器件建造太阳能公路。该公路的核心技术是把光伏电池结合发光二极管(LED)嵌入面板中,电池将产生足够的能量为企业、城市,最终为整个国家供电,LED 光源将使“智能”公路和停车场变得可行,而且由 LED 光源组成的道路引导线、交通标志符、停车线等可以通过智能终端控制,根据实时情况作出变化调整。

### 3.2.3　生物质能发展状况

生物质能(Biomass Energy)就是植物叶绿素将太阳能转化为化学能储存在生物质内部的能量。生物质能有多种利用方式,固体生物质通过热化学转换技术转换成可燃气体、焦油等;通过生物化学转换技术将生物质在微生物的发酵作用下转换成沼气、酒精等;通过压块细密成型技术将生物质压缩成高密度固体燃料等。生物质能的来源包括能源林木、能源作物、水生植物、各种有机的废弃物等,它们是通过植物的光合作用转化而成的可再生资源。生物质能是世界第四大能源,仅次于煤炭、石油和天然气。据估算,全球的陆地每年可生产 1 000 亿 ~ 1 250 亿 t 生物质;海洋每年可生产 500 亿 t 生物质。生物质能的年产量远超全世界对能源的总需求量,相当于目前世界年总能耗的 10 倍。

20 世纪末以来,欧美等国纷纷采取财政补贴、税收优惠、农户补助等激励政策,引导生物质能产业化发展,已取得了一定的成效。经济合作与发展组织和联合国粮食与农业组织共同发布的《2013—2022 年农业展望》曾预测:到 2022 年,生物柴油的比例将占欧盟能源的 45%,而燃料乙醇的比例也将占据美国能源的 48%。美国生物质能的开发与利用处于世界领先地位,生物质能利用占一次能源消耗总量的 4% 左右。美国从 1979 年就开始使用生物质燃料燃烧发电,为了更好地发展生物质能技术,美国国会于 2002 年通过了《发展和推进生物质产品和生物能源报告》与《生物质技术路线图》法案,并提高科研经费,同时还提出减免生物质能税收的政策。欧洲生物质能开发利用多以丰富的森林资源为基础,具有起步早、政府重视、市场运作和企业带动双重刺激等特点,主要用于供暖、发电和生物柴油等。欧盟提出,到 2020 年将实现 20% 的燃料用生物质能代替。为了应对石油危机,减少石油进口量,巴西等国大力发展生物质能技术。目前,巴西已经成为世界上最大的乙醇生产和消费国,也是世界上最大的乙醇出口国。与此同时,日本、新加坡、加拿大等国也在较早时期开始了生物质能的研发工作。

我国生物质能资源非常丰富,农作物秸秆、农业加工剩余物、林业木质剩余物资源量非常丰富。目前,我国可利用生物资源量约相当于5亿t标准煤,随着经济社会的发展和造林面积的扩大,我国生物质资源转换为能源的潜力可达到10亿t标准煤,占我国能源消耗总量的28%。现在我国生物质能技术研发水平总体上与国际处于同一水平,在生物质气化及燃烧利用技术、生物质发电、垃圾发电等方面居领先水平,但是存在生物质能产业结构不均衡、生物质成型燃料缺乏核心技术、燃料乙醇关键技术有待突破等问题。为实现生物质能的健康发展,《生物质能发展"十三五"规划》对我国可再生能源生物质能的发展作出具体规划,提出到2020年,生物质能基本实现商业化和规模化利用。生物质能年利用量约5 800万t标准煤。生物质发电总装机容量达到1 500万kW,年发电量900亿kW·h,其中,农林生物质直燃发电700万kW,城镇生活垃圾焚烧发电750万kW,沼气发电50万kW;生物天然气年利用量80亿$m^3$;生物液体燃料年利用量600万t;生物质成型燃料年利用量3 000万t。

作为一种清洁可再生能源,生物质能对加快建设生态型经济社会和满足我国能源需求具有重要意义。经过多年的科技研发和技术积累,我国在生物质能的开发和利用领域均取得了一定成就。随着政府对清洁可再生能源的日益重视,相关的法律法规及政策也日益完善,有利于推动生物质能的健康发展。但目前我国生物质能的发展还未实现产业化的规模生产,不仅有技术方面的原因,还有市场方面的原因和政策方面的原因。例如,我国纤维乙醇的产业化发展主要受低成本技术瓶颈的限制,而生物柴油的产业化发展则主要受市场及政策的影响。为此,"十三五"期间,我国生物质能的发展除了加强科技创新平台建设外,在生物质能低成本开发利用关键技术领域也力争取得突破性进展,同时,政府需要指定或采取有利于生物质能发展的政策、标准和法规,以推进生物质能产业健康、有序、快速发展。

世界各国对生物质能源的利用主要包括生物质发电、生物质液体燃料、沼气利用、生物质成型燃料等方式。生物质发电是目前技术最成熟、发展规模最大、最完善的现代化生物质能利用技术。国际上,生物质发电自20世纪后期以来取得较快发展,在欧美等国形成产业化应用,成为生物质能利用的重要领域。

生物质发电是通过化学方法把生物质能转化成为可以直接利用的能源形式,然后再转化成电能的发电技术。其发电机可以根据燃料的不同、温度的高低、功率的大小分别采用煤气发动机、斯特林发动机、燃气轮机和汽轮机等。生物质能的发电形式主要有以下5种:

**(1)直接燃烧发电技术**

直接燃烧发电技术是指用生物质能代替常规能源进行燃烧发电的一种技术,是一种最简单、最直接的方法。生物燃料密度较低,其燃料效率和发热量都不如化石燃料,通常应用于大量工、农、林业生物废弃物需要处理的场所,并且大多与化石燃料混合或互补燃烧。为了提高热效率,也可以采取各种回热、再热措施和各种联合循环方式。目前,在一些发达国家中,生物质燃烧发电量占可再生能源(不含水电)发电量的70%。我国生物质发电也具有一定的规模,主要集中在南方地区。

**(2)甲醇发电技术**

甲醇作为发电燃料,是当前生物能源研发利用的重要课题。日本专家采用甲醇气化-水蒸气反应产生氢气的工艺流程,开发了以氢气作为燃料的燃气轮机带动发电机组发电的技术。甲醇发电的优点除了低污染外,其成本也低于石油发电和天然气发电,很具有吸引力。利用甲醇的主要问题是燃烧甲醇时会产生大量的甲醛(比石油燃烧多5倍),一般认为甲醛是致癌物质,且有毒,会刺激眼睛。目前对甲醇的开发利用存在分歧,应对其危害性作进一步研究观察。

**(3)城市垃圾发电技术**

垃圾发电是指通过特殊的焚烧锅炉燃烧城市固体垃圾,再通过蒸汽轮机发电机组发电的一种发电形式。垃圾发电分为垃圾焚烧发电和垃圾填埋气发电。其中,垃圾焚烧发电最符合垃圾处理的减量化、无害化、资源化原则。此外还有一些其他方式。例如,1992 年加拿大建成的下水道淤泥处理工厂,把干燥后的淤泥在无氧条件下加热到 450 ℃,使 50% 的淤泥气化,并与水蒸气混合转变成为饱和碳氢化合物,作为燃料供低速发动机、锅炉、电厂使用。

**(4)生物质燃气发电技术**

生物质燃气发电系统主要由气化炉、冷却过滤装置、煤气发动机、发电机 4 大主机构成,其工作流程为:将冷却过滤的生物燃气送入煤气发动机,发动机将燃气的热能转化为机械能,机械能再带动发电机发电。生物质燃气发电的实现,首先需要得到生物质经过气化或发酵而产生的氢气、甲烷等可燃气体,然后将其作为燃料输入内燃机或燃气轮机中,使发电装置得到充足的运转动力进行发电。生物质气化发电对燃料的要求较高,气体必须达到很高的净化程度,且该技术的整机容量小,大多此类发电机组多设在木材加工企业或粮食加工单位周边,不宜大规模建造和推广。而秸秆气化热值偏低,很难提供足够的热量进行持续发电,还会带来严重的污染,特别是对焦油的消除技术和气体净化技术仍需要进一步的改进和革新。

**(5)沼气发电技术**

在一些发达国家,沼气发电技术已经得到了广泛应用,且被列为重要的能源。沼气主要源于动物粪便和有机物含量丰富的废水,这些原料经过厌氧发酵生成甲烷和二氧化碳气体。在我国农村地区,沼气发电技术已得到有效推广,且收益颇丰,不仅解决了我国农村秸秆过剩的问题,还净化了农村的生活环境。但沼气发电技术稳定性差,并有一定的危险性,很难实现系统化管理。20 世纪 70 年代,沼气发电技术开始在我国农村普及,目前已在农场家庭中广泛应用,使得农户很大程度上做到了用电自给,但该技术不适合作为公用电源进行大面积建设。目前的沼气发电系统主要有纯沼气电站和沼气-柴油混烧发电站两种。

以植物秸秆、废物垃圾等为原料实现发电,不仅净化了生活环境,还实现了充分利用资源的目的。目前,我国沼气的开发利用技术处于世界领先水平,发展规模也名列前茅。随着政府对生物质能发电的日益重视,很多省份均建设了生物质能发电的应用项目,收到了良好的效益。

此外,生物质液体燃料产品包括燃料乙醇、生物柴油、生物质裂解油(即生物质直接液化产品)和生物合成燃料(即生物质间接液化产品,如生物甲醚、二甲醚和费托合成燃料等)。近年来,利用甘蔗和玉米等糖和淀粉原料抽取燃料乙醇、利用生物油脂抽取生物柴油的技术已经逐步实现商业化应用,处于稳定发展阶段。一些国家和企业开始探索利用纤维素生物质原料生产燃料乙醇和生物质合成燃料。

### 3.2.4　世界海洋能发展状况

海洋覆盖了地球 70% 的面积,蕴含着无穷的能量。海洋能主要包括潮汐能、波浪能、温差能、海流能、盐差能等,具有能量密度低、蕴藏量大和可再生等特点。全球海洋能储量非常丰富,据估算,约有 27 亿 kW 潮汐能、25 亿 kW 波浪能、20 亿 kW 温差能、50 亿 kW 海流能、

26 亿 kW盐差能。我国的海洋能源十分丰富，其中，潮汐能约为 1.9 亿 kW、波浪能约为 1.3 亿 kW、海流能为 0.5 亿 kW、海洋温差能和盐差能分别为 1.5 亿 kW 和 1.1 亿 kW。

**(1)潮汐能**

潮汐能(Tide Energy)是海水周期性涨落所具有的能量，是人类最早认识和利用的海洋能。在月球和太阳引力作用下，海水做周期性运动，这种运动包括海面周期性的垂直升降运动和海水周期性的水平流动。海水垂直升降运动所具有的能量是潮汐能中的位能，称为潮差能；海水水平流动所具有的能量是潮汐能中的动能，称为潮动能。在海水的各种运动中潮汐最具规律性，容易预测，又涨落于岸边，其最早为人们所认识和利用，在各种海洋能的利用中，潮汐能的利用也是最成熟的。

潮汐能能量密度较低，世界上仅少数国家具备理想的开发潮汐能的条件。英国的潮汐能开发技术在世界上处于领先水平。利用潮汐能的主要方式有两种：一种是利用潮汐能的水平运动所产生的前冲力来推动水车、水泵或水轮机发电；另一种是利用潮流所产生的水头和潮流量，利用电站上下游的落差引水发电。

潮汐发电源于欧洲。1912 年德国建成最早的布苏姆潮汐电站，而法国 1966 年在希列塔尼米岛建成的朗斯河口潮汐电站是最具代表性的潮汐电站，这是第一个商业性电站，至今已运行 50 多年，充分证明了潮汐发电技术的可靠性和经济效益。朗斯河口电站成功运营后，潮汐发电技术逐步发展，开始寻求大规模商业开发的机会。然而，在二三十年的发展中，许多问题仍未解决，限制了潮汐能发电的快速发展。一方面，潮汐能发电的回报率不高。潮汐能电站的正常运行，需要足够的能量支撑，即用较大的流量来补偿潮汐能能量密度低的缺陷，这就要投入大量费用和大型设备来构建较大规模的海湾截流坝，使电站的造价远高于常规电站。而且，电站基建条件差、施工环境恶劣、施工周期长、初始投资量大、投资周期长等，严重降低了电站的投资回报率，这造成私营公司对潮汐能发电开发热情不高，政府投入的积极性也不高。另一方面，人们对潮汐发电引发的生态环境的负面影响争论较大，阻碍了潮汐能发展。其一是建立潮汐能发电站的大坝会影响生物作息，使生物的自由游动与繁衍受阻，造成某些生物的死亡、灭绝，破坏了生物多样性；其二是潮汐发电站会改变潮差和潮流，并引起水质的改变，恶化海洋生态环境。

目前，潮汐发电是海洋能中技术最成熟、利用规模最大的一种利用形式。从事潮汐发电研发和生产的国家主要有法国、加拿大、俄罗斯、中国和英国等。世界上有二十几处适合建设潮汐电站，主要有美国阿拉斯加州的库克湾、英国的塞文河口、加拿大的芬地湾、澳大利亚的达尔文范迪门湾、阿根廷的圣约瑟湾、中国的乐清湾等。随着潮汐发电技术的进步，发电成本不断降低，会有更多大型现代潮汐电站建成并投入使用。

**(2)波浪能**

波浪能(Wave Energy)是海洋表面波浪所具有的动能和势能。波浪能的能量密度高，分布广泛，全球波浪能的潜力估值约在 $10^9$ kW 量级。美国、英国、日本、德国等都在研究开发波浪能发电，其中，日本、英国等开发利用水平较高。目前，历经装置发明、实验室试验研究、实海况应用示范等阶段，波浪能发电技术已趋于成熟，并开始向商业化、规模化利用方向发展。但波浪能发电技术成本高，发电装置转换效率低，设备易因波浪冲击而引起故障，且发电不稳定。

世界上第一个成功的波浪能发电装置是1910年法国人布索·白拉塞克在其海滨住宅附近建的一座为其住宅供电的气动式波浪发电站，容量为1 kW。20世纪60年代以来，波浪能发电技术逐渐走向商业领域，具有代表性的是1964年日本开发的世界上第一台用于航标灯的小型气动式波浪能发电装置，随后该装置被投入商业化生产，产品除日本在其本国自用外还出口国外，标志着波浪能利用进入商业化阶段。

为实现波浪发电有效上网，早期设想是在海岸、近海放置众多转换装置列阵以将波浪能转化为电能，并把产生的电能供给电网。但是，波浪能很不规律，发电装置浮于水面，受波浪冲击发电，对设备质量和工作运行条件要求高，且大规模列阵投资大、风险高、收益低。20世纪80年代以后，波浪发电的应用方式发生了改变，以实用性、商业化为主的小中型装置，供应边远沿海和海岛的电力。典型的案例是日本的"海明号"发电船和挪威的两个波浪能电站。日本的"海明号"船型波浪发电装置由日本、美国、英国、加拿大、爱尔兰5国合作，因成本过高，未能进入商业阶段。1985年，挪威在卑根市附近的奥依加登岛上建成装机容量为250 kW和500 kW的波浪能发电站，标志着波浪能发电站实用化和商业化的开始。从未来发展来看，波浪能发电需要开发高效率、低成本和环保的发电技术，发展脱网独立供电技术和海上供电技术，提高偏远海岛地区和海洋油气开发等对波浪能的利用水平，以及提高发电设备对波浪冲击的抵抗能力，保证电力的有效转换。

**(3)温差能**

温差能(Thermal Energy)是指利用海洋中受太阳能加热的暖和的表层水与较冷的深层水之间的温差而获得的能量。一般通过海洋表面的温海水加热某些工质并使之汽化，驱动汽轮机而获得能量，同时，利用从海底取得的冷海水将做功后的废气冷凝，使之重新变成液体。温差能具有存储能量高、能量稳定等特点，全球的温差能的潜力估值约在$10^9$ kW量级。虽然各国都十分重视开发温差能，研发经费投入较大，但直到20世纪70年代后温差能的利用才取得实质性进展。目前，美国和日本在温差能利用上取得较大进展，发电技术日趋成熟，但尚未达到商业化水平。海洋温差能转换(OTEC)不仅可以提供电力，还具有海水淡化、水产养殖、海洋化工、海洋采矿等综合利用效益。OTEC发电需要借助海水介质，即将大量深海海水在海面上释放，这一过程把维持深海浮游生物生长的物质带到海面，影响深海生物的繁衍。温差能发电的设想最早由法国物理学家阿松瓦尔于1881年提出，其后法国科学院建立了实验温差发电站，1930年，阿松瓦尔的学生克洛德在古巴附近的海域建造了世界上第一座温差能发电站，该电站的功率为10 kW。

从未来发展来看，OTEC技术必须解决以下问题：一是能量的高效转换问题，开发高效的热能转换器；二是提高发电装置防腐和抗台风等性能，保证运行稳定；三是创新海洋工程施工方法，克服恶劣施工环境。此外，还需注重综合利用，将发电与海水淡化、化工、采矿等相结合，提高规模收益。

最近，美国、日本和法国等对海水温差能的开发利用取得了丰硕成果，已实现了从小型试验研究转向大型商用化方向发展。目前，全球已建成了多座海水温差能发电站。但总体来说，对温差能发电的利用目前仍处于研究阶段。

**(4)国际海洋能产业及技术**

当前，全球已有30多个国家参与海洋能的开发。国外海洋能发电技术主要集中在欧洲，以英国为主，亚洲以日本为主，其关键技术领先，并掌握了大量专利和知识产权。

在潮汐能应用方面,在2015年之前有关潮汐能机组并网运行的信息很少,多数是有关英国EMEC、加拿大FORCE等海洋能试验场进行并网测试的信息。目前,人们已实现单机百千瓦级机组并网发电,并有单机兆瓦级机组也实现了并网发电,从技术的工程实现来看,小装机容量潮汐能技术在浅水海域安装,以降低开发成本和风险,促进累积技术和获取工程经验,并为大功率机组开发奠定基础。总体上,随着兆瓦级潮汐能技术商业化进程的加快,潮汐能将很快实现其发电成本降至有竞争力的水平。荷兰1.2 MW潮汐能发电阵列和英国MeyGen的6 MW潮汐能发电阵列成功实现并网发电,标志着潮汐能技术进入商业化应用阶段。2015年9月,荷兰在防风暴桥相邻两根桥桩上,布放了由5台T2涡轮机组集成在单一结构上的潮汐能发电阵列(见图3.18),该装置总装机1.25 MW,已为1 000户居民提供电力,成为世界首个并网运行的潮汐能发电阵列。2016年,美国GE公司收购Alstom公司的能源业务,并在Alstom原有技术基础上发展了1.4 MW的Oceade-18技术(见图3.19),输出电压高达33 kV。另外,2016年,加拿大Cape Sharp Tidal公司在FORCE布放了一台2 MW的Open-Centre机组,并实现并网发电(见图3.20)。

图3.18 T2涡轮机阵列布放到Eastern Scheldt防风暴桥

图3.19 Oceade-18机组及水下电力节点

图3.20 Open-Centre在FORCE布放及并网

波浪能技术近年发展迅速,但技术种类分散,尚未进入技术收敛期。虽然全球许多波浪能发电装置经历了长期海试,但波浪能发电装置在恶劣环境下的生存性、工作稳定性和可靠性、能量高效转换等关键技术问题仍未获得突破。例如,2004年在EMEC实现并网的英国Pelamis波浪能装置,以及2009年在EMEC实现并网的英国Oyster波浪能装置,由于技术迟迟无法商业化,分别于2014年和2015年年底破产。最近,许多国家的波浪能开发利用取得了较大进展。2011年,西班牙EVE能源公司的Mutriku振荡水柱式波浪能并网电站建成并成功运行(见图3.21)。2014年,在欧盟区域发展基金支持下,EVE公司与英属直布罗陀政府签署了5 MW波浪能发电电力购买协议,以满足直布罗陀15%的电力需求。2016年,该发电场一期100 kW工程建成并实现并网(见图3.22)。另外,澳大利亚成功研制"CETO"波浪能装置,该装置采用大型水下浮子驱动,除了发电,该装置还可利用波浪能实现海水淡化(见图3.23)。

图 3.21　Mutriku 电站及其 WELLS 透平机组

图 3.22　直布罗陀 100 kW 波浪能电站

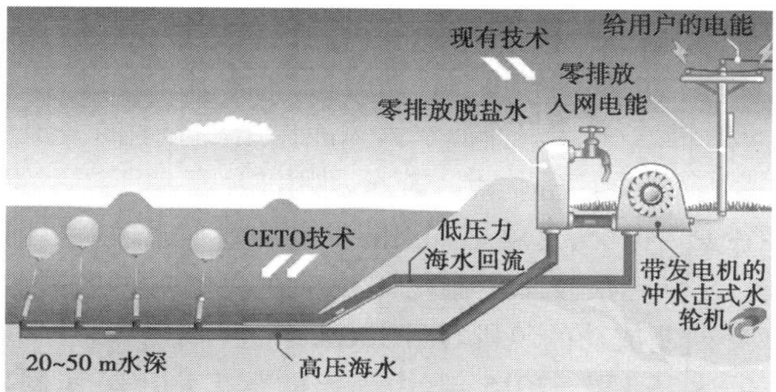


图 3.23　CETO 的外观及工作原理示意

在温差能开发应用方面，日本、美国、印度等近年来建造了百千瓦级温差能发电系统和综合利用示范电站，运行效果良好，为建造兆瓦级电站积累了宝贵经验。法国、美国、韩国随后启动了兆瓦级温差能电站建设。2015 年，美国 Makai 海洋工程公司建造了 100 kW 闭式循环海洋温差能转换装置，该装置在夏威夷自然能源实验室投入使用（见图 3.24），是美国第一个并网的温差能电站，除满足 120 户夏威夷家庭的年用电需求外，余下电量出售的收益可用于温差能技术的研发。2013 年，日本在冲绳岛建成 50 kW 示范电站（见图 3.25），为温差能技术商业化奠定了基础。

图 3.24　Makai 100 kW 温差能电站

图 3.25　冲绳 50 kW 温差能电站

**（5）我国海洋能产业概况**

我国拥有漫长的海岸线和广阔的海域，蕴藏着丰富的海洋可再生能源，海洋潮汐能、波浪能、温差能、盐差能、海流能、化学能均占世界总储量的前列。我国自 20 世纪 70 年代就着手应用海洋能的探索工作，但进展缓慢。目前，我国海洋能产业总体上仍处于发展初期，除潮汐能开发利用相对成熟外,其他形式能源的开发利用尚处于技术研究和示范试验阶段。潮汐能发电在我国海洋能开发利用中基础最好,发电技术较成熟,其中具有代表性的是江厦电站,所用技术属世界领先水平,并已实现并网运行和商业化运作。

1955 年,我国开始建设小型潮汐电站,先后建成白沙口、沙山、江厦等 70 多座潮汐电站,使我国成为建成现代潮汐电站最多的国家。其中,浙江省温岭市的江厦潮汐电站是我国最大的潮汐电站,仅次于韩国始华潮汐电站、法国朗斯潮汐电站和加拿大安纳波利斯潮汐电站。

20 世纪 80 年代,国家电网尚未通到偏僻沿海和海岛,我国当时的 8 座潮汐电站长期(10~30 年)运行发电,为当地居民的农、渔、副产品加工和灌溉,照明等供电,对当地社会经济的发展起到了重要作用。连通国家电网后,潮汐能的经济效益下降严重,再加上受到上网电价的限制,潮汐电站经营困难,并逐渐停止运行。此后,虽然我国对浙江和福建沿海地区进行了潮汐电站选址规划和可行性研究,但均未开工建设。

波浪能是海洋表面海水因风能作用后产生的波浪所储存的动能和势能的总称,具有能量密度高、分布面广等优点。充分利用波浪运动所产生的能量带动发电机,将波浪所含的动能和势能转变为电能,这就是波浪能发电的基本原理。目前,波浪能技术主要有振荡体技术、振荡水柱技术和越浪技术。振荡体技术在我国探索实践较多,并研制出了不同振荡体装置。如 2013 年研制成功的装机容量 100 kW 的“鸭式三号”(见图 3.26)。该发电装置实际最大输出功率可达 25 kW。2015 年,中国船舶重工集团公司制造的“海龙Ⅰ号”波浪发电装置(见图 3.27)通过测试并成功运行,该装置在波高接近 4 m 的海况下,可产生 100 kW 的电能。另外,经优化后设计的鹰式装置“万山号”(见图 3.28)对称安装了 4 个鹰式吸波浮体,并共用半潜船体、液压发电系统和锚泊系统。在海上既可漂浮,也可下潜至设定深度。装置配备了大容量蓄电池、逆变器、数据采集与监控设备、卫星传输设备,既可通过海底电缆向海岛供电,也可为搭载在其上的各种仪器、设备提供标准电力,同时,能通过卫星天线实现海上设备与陆上控制中心的双向数据传输。目前,“万山号”已满足在其顶部平台上安装仪器开展海洋环境测量工作,或搭载通信设备作为海上移动基站使用。

图 3.26　鸭式波浪能发电装置

图 3.27　“海龙Ⅰ号”筏式液压波浪能发电装置

图 3.28　“万山号”鹰式波浪能发电装置

潮流能发电水轮机是将从潮流能中获得的水流动能转换为电能的转换装置，它是潮流能发电系统的核心组成部分之一。潮流能发电水轮机转换能力的强弱是评价整个发电系统性能优劣的重要指标。目前，潮流能水轮机开发的主流方式为水平轴和垂直轴形式，此外，还有振荡水翼式、涡激振动式等新型技术。近年来，我国在科技计划专项和多方资金的资助下，成功研发了10多种潮流能发电装置，部分潮流能发电技术已进入海试阶段，潮流发电的关键技术基本得到解决，关键零部件也基本实现了国产化。2016年，300 kW潮流能发电装置平台（海能Ⅲ潮流电站）投入使用，并成功发电。“海能Ⅲ”（见图3.29）采用哈尔滨工程大学研发的总容量为2×300 kW的双机组十字叉型水轮机专利技术和漂浮式双体船载体设计。潮流能装置能实现自启动运行，发出的电力通过500 m长的海底电缆送电上岸，可供官山岛上30余户人家日常用电。2016年8月，模块化大型海洋潮流能发电机组总成平台——岱山“海底风车”（见图3.30）在浙江舟山下海，装机容量为3.4 MW，是我国首台自主研发生产的装机功率最大的潮流能发电机组。另外，2015年6月，中国海洋大学研制的轴流式潮流能发电装置“海川号”（见图3.31），在青岛斋堂岛水道安装运行。该装置装机功率为20 kW，实现了跨年度正常运行。

图3.29　“海能Ⅲ”潮流电站装置

图3.30　“海底风车”发电机组运行

(a)

(b)

图3.31　“海川号”20 kW轴流式潮流能发电装置

我国对海洋能的利用在可再生能源领域中发展较晚，但其在深远海开发中最具竞争优势。潮汐能当前在我国尚不具备大规模开发的条件，温差能和盐差能基础较弱，也未达到实用化阶段。波浪能和潮流能成为我国当前海洋能开发的主流。虽然海洋能必将占据越来越重要的地位，但就其目前的发展状态来看，远未体现其先进性，如理论研究不足，能量摄取机理模糊；系统研究不完备，能量传递配合低下；风险估计不清，结构安全无法保障；开发模式单一，能量用途有欠灵活等。为满足海岛及深远海开发等用电需求，加快提升海洋能技术自主创新能力，2017年国家海洋局发布《海洋可再生能源发展“十三五”规划》，规划提出提高基础研究与公共服务能力,突破关键技术,提升技术成熟度,强化示范效果,推进海岛海洋能应用等,以促进我国海洋能及其应用的可持续发展。

## 3.3 国外新能源产业发展战略

### 3.3.1 美国

自20世纪六七十年代以来,美国一直非常重视可再生新能源的开发和利用,具备了完备的法律体系和财政补贴政策,有力促进了新能源产业的健康发展。1992年,美国颁布《能源政策法》,明确提出了可再生能源发展要求,对可再生能源的开发和利用给予投资税额减免政策,如对太阳能和地热能项目永久减税10%,对新的可再生能源、发电系统其所属州政府和市政府给予为期10年的减税政策,税额减少的多少将随着社会物价水平变化而变化,并且取决于国会年度拨款水平。1990年,美国制定《清洁空气法》,该法规定联邦能源管理委员会将建立一个管理激励机制来促进和鼓励太阳能和可再生能源发展,并创建一个激励的返还费用基金,承担太阳能和可再生能源的潜在风险,允许一个10年到20年的分期偿还期来回收太阳能和可再生能源技术的资金成本。

目前,美国的新能源利用已全面铺开,其产业发展的主要特征为学术为先导、科技为核心、行动为保障。具体来讲,学术为先导是指在政府的大力支持和推动下,美国的各类智库将与新能源相关的关键问题作为研发重点,并不断推出新的研究报告,协助政府进行战略规划和战术分析,及时化解各类矛盾。美国核能研究所2002年提出《美国2020年核能发展计划草案》;"重建美国——一个投资节能改造的政策框架"的报告提出,2020年将完成500万座建筑物的节能改造,约占美国建筑总量的40%。调查结果表明,可再生能源的开发和利用不仅能创造许多新的工作岗位,而且像俄亥俄、宾夕法尼亚、密歇根、印第安纳等传统制造业大州也可以从范围广阔的绿色技术增长中获利。

科技为核心是指开发新能源的终极要素,美国拥有世界上最强大的科技创新能力。如目前太阳能电池的平均转化效率仅有15%左右,而由美国劳伦斯-伯克利国家实验室最新发明的新型半导体材料,可将太阳能的利用率提高到45%~50%。美国太平洋煤电公司与太阳人公司计划将太阳能电池阵列送入太空,所产生的电能再利用先进技术将其转化为微波,微波被发送到地球后再转化为电能使用。美国能源部还与相关企业合作推出诸如"半导体照明技术竞赛""太阳能利用设计大赛"的科技创新活动,用于激发和鼓励青少年参与科技竞赛来实现科技创新和可持续发展。

行动为保障是指美国的相关政策和规定制定得非常具体,操作性强,这给具体实施和实践提供了极大的便利。如《2005国家能源政策法案》中对做什么,谁来做,怎么做,违反了如何处置等细节都作了明确规定。再如,美国环保署的新规则详细规定了每种可再生燃料需达到的年产量,提出汽油中必须加入特定含量的可再生燃料,并要实现逐年递增,到2022年,实现年燃油消耗中约210亿加仑应该来自生物质柴油、纤维素其他生物燃料。众议院通过的《清洁能源安全法》规定,到2020年,所有电力公司要以可再生能源或能效改进的方式满足其电力供应的20%。

### 3.3.2　欧盟

欧盟作为世界电力改革的积极推动者，也是环境保护和抑制气候变化的主要倡导者。自 20 世纪 70 年代石油危机以来，在可再生能源、能源供给安全、能源技术、能源税、市场自由化、能源效率和能源战略储备等方面，欧盟各国均制订了大量激励政策。这些法规条例虽然推动了欧盟能源政策向共同体层面的方向发展，但由于欧盟在能源领域干预权力有限，使这些法规的顺利实施遇到了许多障碍。实际上，欧盟的能源政策仍处于各成员国各自为政的状态。随着能源压力的日益增大，各国都将新能源产业作为发展的重中之重，并逐步在新能源政策上形成了共同行动计划。

近几年来，欧盟新能源政策体现了各国在制订新能源目标和具体措施上的一体化色彩，确定了保障能源供给安全、提高欧盟竞争力、实现经济和社会的可持续发展 3 个目标，并制订了相应的实施方案和实施计划。在欧盟新能源政策的驱动下，各成员国在对外能源事务上采取了一致立场，借助集体力量加强能源出口国与能源消费国之间的对话协作，在确保能源供给稳定的基础上积极抢占新兴能源市场，确保实现供给来源和供给线路的多样化。通过设立共同的能源储备和应急机制，共同应对外部供给危机，在团结互补的基础上保障能源供给安全。同时，欧盟各成员国都在不断加强其内部能源市场的建设，并通过能源共同体等方式将能源市场开拓至周边国家，最终实现建立以欧盟为中心的跨国能源大市场。此外，欧盟各国推行"开源节流"工作，要求加强非化石清洁能源开发的同时力争实现提高能效，减少能耗。为达到此目标，实行加大研发投入，加强对生物质能、氢能等新兴能源的研发，减少对传统能源污染技术的投入，同时加强各国的交流与合作。根据共同行动计划，到 2020 年，欧盟实现可再生能源占总能源耗费的 20%，温室气体排放量比 1990 年减少 20% 以上。

2014 年年初，欧盟委员会正式启动新的 7 年期（2014—2020 年）研发创新框架计划，即欧盟"地平线 2020（Horizon 2020）"计划。其中，应对气候变化被定为"地平线 2020"计划的重中之重，欧盟将集中资源加大研发投入力度，通过研发创新确保欧盟工业企业战略新兴技术的世界竞争力和领先水平。最近，该计划发布了首批研发资助创新项目，宣布决定资助远景能源主导研发的 EcoSwing 超导风机项目 1 亿元人民币。欧盟专家表示，EcoSwing 是一项颠覆性的技术，它将极大地降低风机质量和成本，风电成本有望下降 30% 以上，这意味风电技术将迎来革命性转折，此前所有的技术路线或将成为历史。

### 3.3.3　国外新能源产业发展的经验借鉴

**（1）制订科学、合理、全面的新能源发展规划**

在发展新能源产业时，世界各国均以能源规划作为产业发展的重要指导。如欧洲颁布了《可再生能源发展》白皮书，制订了 2050 年可再生能源在能源构成中达到 50% 的目标。德国确定了将清洁电能的使用率由 2004 年的 12% 提高到 2020 年的 25% ~30% 的目标等。发展目标可以有效规划新能源产业发展，有利于相关政策的出台和执行，是促进新能源产业规模增加的重要措施。然而，在实际执行中，要注意中央与地方政府的协调，注意发电与电网之间的协调，避免出现各地方争相超额完成计划，发电厂建设过度引发并网困难等问题。为此，科学合理的规划必须是充分考虑新能源发展的资源条件、地理条件、电网条件和能源分布等因素，协调中央与地方两级政府，新能源产、供、需多方利益，协调新能源与其他能源关系的全面规划。

**(2)把技术研发作为新能源发展的原动力**

技术研发作为新能源发展的原动力,是各国最为重视的能源发展环节。为此,我国政府必须在新能源制造技术、能量转化技术、提高效能等方面加大研发投入,成立由“产学研”共同支撑的技术研发队伍,吸纳多方资金支持新能源产业研发,提供多角度、全方位的政策优惠和支持,切实保障知识产权所有者的利益,确保技术研发人员的权益,促进科研成果的顺利转化和使用。

**(3)提供持续的优惠政策支持**

国外新能源的快速发展与政府持续提供的政策支持有关,如美国的《能源政策法案》,该法案对可再生能源政策补贴作了长期补贴的规定。我国也推出了多项政策以补贴电价,但要确保补贴政策落到实处,确保新能源发电企业顺利获利,保证新能源上网不增加用户的用电负担,还需制订配套的政策法规细则。同时,坚决严惩弄虚作假、骗补行为和低效经营的状况,奖惩结合,合理、有效地推行优惠政策。

**(4)通过政府协调市场机制**

一般情况下,在新能源发展中,政府在解决新能源并网问题上起着关键作用,如建立电力交易体系、成立智能调度中心、实施上网电价法等,这些措施能有效协调供需双方的利益冲突。特别是充分利用市场机制,寻求新能源接入问题的解决方法,如为平抑不同供应商的电源差异问题,普遍采用绿色证书交易。此外,政府充分发挥其立法和统筹协调职能,并组织发电企业、供电企业及其他相关研究机构等共同探讨可行的并网规范标准。

**(5)采取强制上网或收购政策**

上网电价法和强制上网政策是刺激新能源迅速发展的有效措施。近年来,我国也在积极讨论强制上网政策,并考虑试点推行相关政策。据了解,采用配额制的办法,要求发电企业在其电源结构中必须使用一定比例的可再生能源,以促进新能源的并网进程。

**(6)鼓励多方投资者投入,打破垄断**

从欧洲大规模新能源入网问题的研究成果来看,新能源产业中的垄断行为不利于新能源的顺利上网和规模增加。其有效解决办法就是吸引多元投资者引入竞争,打破垄断。欧洲风能委员会明确提出要降低市场垄断,防止滥用垄断地位的行为。在电力行业实施有效的竞争机制,实现“输电/配电—发电—售电”活动在法律和所有权方面的完全分离。

## 3.4 新能源重点细分行业发展现状及前景分析

当前,全球新能源产业发展势头强劲,其新增装机规模已超过传统化石能源,标志着新旧能源交替的“拐点”正式来临。新能源产业未来发展空间巨大,风能、太阳能、生物质能、核能与汽车新能源发展将获得利好。我国新能源的市场规模均保持着正增长态势,且稳定增长着,增长率保持在20%左右。新能源作为国家战略性发展新兴产业,可为新能源大规模开发利用提供坚实的产业基础和技术支撑。国家已推出一系列政策法规,为新能源的发展注入动力。随着投资新能源产业的资金、企业不断增加,市场运行机制不断完善,新能源企业的不断加速整合,新能源产业发展前景值得期待。

### 3.4.1　我国新能源行业发展现状

**(1)太阳能**

由于太阳能具备环保、效率高、无枯竭危险特性,对使用的地理位置要求较低,因此,光伏产业获得了快速的发展。应用分布方面,光伏发电的36%集中在通信和工业,51%应用在农村边远山区,少部分应用在太阳能便携设备,如计算器、手表等。此外,光伏应用发展具有多样化特色,且多与扶贫、农业、环境等相结合。最近,光伏农业大棚正在快速发展中,成为光伏在农业应用的主要形式。在政策扶持和国内市场需求的双重激发下,光伏发电产业也增长迅速,现在制约我国光伏产业快速发展的主要因素是我国的光伏技术仍处于下游水平,市场需求主要集中在国外。

**(2)生物质能**

生物质能总量丰富、分布广泛、污染低、应用范围广,近几年获得了快速发展。生物质能的应用方式目前仍以直接燃烧为主。生物质能发电和制造乙醇汽油燃料获得了较快发展。生物质能作为新能源的后起之秀,发展势头迅猛,成为资本市场的新宠。在我国,对生物质能认识普及程度不足,再加上政府补贴门槛过高,资源分布相对分散,收集技术相对落后等,使得生物质能的推广应用进展缓慢。但随着生态文明建设日益受到重视,生物质能的地位将逐渐提升。

**(3)风能**

风能对面积要求较高,并受到地理环境的限制。我国的风能没有太阳能和生物质能应用广泛。风能具有发电成本低的优势,在条件优厚地区利用风能发电可为当地新能源产业的发展提供有力的依托和保障。随着我国风电装机实现国产化,风能发电实现规模化,风电成本继续降低,加上补贴和扶持结合的优惠政策,我国风能行业呈现出良好的逐步发展态势。

**(4)核能**

尽管核能是不可再生资源,但其具备干净、无污染以及几乎零排放的优势,促使核能发电在能源利用领域备受关注。我国目前正在运营的核电站有13座。核电对行业技术要求较高,我国核电的发展主要依靠国家政策扶持,并以国企为主导。广核和中核是我国核电行业的两个龙头企业,最近,两个企业协作联合推出新核电技术,该技术标志着我国已拥有成熟的三代核电技术。

### 3.4.2　新能源行业的发展趋势及前景

**(1)新能源行业的发展趋势**

21世纪以来,受到伊拉克战争和能源需求大幅增长的影响,国际油价一路狂飙,促使新能源产业的发展和大规模应用的加速实现。世界各国均意识到化石燃料愈加缺乏,而新能源逐渐成为能源转型和新技术革命的发动机。美国等西方国家纷纷开始大力支持新能源产业的发展,并给予大量的资金补贴,同时制订了系统的发展战略规划。

金融危机的影响和国际油价的回落,使得形势大好的新能源发展受挫。2011年以后,美国政府曾重点资助的新能源公司相继倒闭,如2012年美国政府曾重金资助的新能源电池制造商A123破产。美国的新能源行业出现哀鸿遍野的形势,奥巴马政府实行的新能源振兴计划受到重创。金融危机对欧洲新能源的发展也产生了较大影响,特别是2011年以来,部分欧洲国家财政赤字加剧,被迫消减了部分新能源产业补贴,特别是对光伏产业的补贴政策进行了较大调整，这一形势对欧洲新能源产业产生了巨大冲击。中国的新能源发展也受到金融危机的影响，美欧各国为了保护本国新能源产业，对中国新能源产品展开了反倾销，使中国的新能源产业受到较大影响。全球新能源的发展似乎遭遇了四面楚歌。

在当今全球经济形势下，要立足于全球的沟通与合作，以此促进新能源产业的快速发展。这主要包括两方面的合作内容：一方面是资金合作。发达国家新能源的产业发展受市场环境影响大，易出现资金短缺，而中国能提供充足的资金，两者合作必会获得双赢。另一方面是技术合作。新能源领域的高端、关键技术主要掌握在发达国家手中，而中国的新能源技术相对落后，在资金合作实现双赢的基础上获得双方满意的技术传递也是目前急需解决的问题。

**（2）具有发展前景的新能源分析**

1）太阳能

一般情况下，太阳能是指太阳的辐射能。广义的太阳能是指地球上许多能量的来源，如风能、化学能、水的势能等。太阳能的主要利用形式有光电转换、光热转换和光化学转换 3 种。太阳能的利用方法有太阳能电池、太阳能热水器等。太阳能清洁环保、无污染、利用价值高、无枯竭忧虑，这些优点决定了太阳能在能源转型中的重要地位。

太阳能光电转换：光伏电池板组件是一种暴露在阳光下便会产生直流电的发电装置。一般是以半导体材料（如硅）制成的薄膜固体光伏电池组成，可以长时间工作且损耗小。简单微小的光伏电池可为便携装置如手表、计算机等提供能源，稍大型、复杂的光伏系统可为房屋提供照明，并可实现为电网供电。光伏电池板组件可以做成不同形状，组件之间可以连接，以生产更多电力。天台及建筑物表面均可使用光伏电池板组件，有些还被用作天窗、窗户，甚至窗帘等的一部分，这些设施被称为附设于建筑物的光伏系统。

过去，欧洲曾是世界光伏发电的重心。如 2009 年，德国、西班牙、意大利和捷克的新增装机容量超过 420 万 kW，占全球 60% 上。我国太阳能电池产业在发展过程中曾遭遇过“阴雨天”。我国 95% 以上的产能需要出口，且对欧洲市场过分倚重，致使国内太阳能电池企业连续受到欧元急跌、欧洲债务危机、欧洲削减太阳能补贴形势的影响，国内太阳能电池厂商损失严重，并尝试从成本和需求两个层面来应对经营风险。

太阳能光热转换：是借助现代太阳热能科技将太阳光聚合，用其热量产生热水、蒸汽和电力。除了运用现代科技收集太阳能外，也可借助建筑物利用太阳的光和热能，具体方法为在设计时加入合适的装置，如使用巨型的向南窗户，使用快吸收慢释放太阳热的建筑材料。

太阳能光化学转换：也称为太阳光合转换，即依据植物吸收太阳光后进行光合作用合成有机物的原理，人为模拟植物的光合作用，合成大量人类需要的有机物，提高太阳能的利用效率。

2）风能

风能是大气在太阳辐射下流动形成的。与其他能源相比，风能优势明显，蕴藏量巨大，约相当于水能的 10 倍，且分布广泛，永不枯竭，在交通不便、远离主干电网的边远地区和岛屿尤其重要。风力发电是风能最常见的利用形式。风力发电机有水平轴风机和垂直轴风机两种。其中，水平轴风机应用广泛，为主流机型。

风力发电是人们利用风能的主要形式。19 世纪末丹麦开发风力发电机以来，人类已意识到石化能源会枯竭，风能的发展需要受到重视。联邦德国 1977 年在布隆坡特尔建造了当时世界上最大的发电风车。从目前累计装机容量看，美国稳居榜首，中国位列全球第二。

3）核能

核能是指将原子的质量转化为从原子核释放的能量，符合爱因斯坦质能方程：

$$E = mc^2$$

其中，$E$ 为能量，$m$ 为元素原子质量，$c$ 为光速。核能的释放形式主要有核裂变、核聚变和核衰变3种。

核裂变能是指通过一些重原子的原子核（如铀-235、钚-239等）的裂变反应所释放出的能量。

核聚变能是指由两个或两个以上氢原子核（如氘和氚）结合成一个较重的原子核，结合时因质量亏损释放出巨大能量，这样的反应称为核聚变反应，所释放出的能量称为核聚变能。

核衰变能是指一种自然发生的，非常缓慢的裂变形式，所释放的能量缓慢且能量密度小，很难加以利用。

当然，核能还存在诸多缺陷，如对反应堆的安全必须不断地进行监控和改进；反应后产生的核废料对生物圈有潜在危害，人类尚未掌握核废料的最终处理技术；资源利用率低；核电建设投资费用高，高于现有常规能源发电，且投资风险大。

国务院颁布的《能源发展战略行动计划（2014—2020年）》明确提出，2020年我国核电装机容量要达到5 800万kW，在建容量达到3 000万kW以上。目前，我国在核能的开发和利用方面，进行着形式各样的国际交流与合作，如与英国、俄罗斯和法国等国展开了深层次的国际交流合作。

中英核能合作：英国核能发展水平世界领先，是商务与技术合作的理想伙伴。英国的核能产业发展得到了政府各部门的支持、政策扶持上的支持，且拥有巨大的消费市场。同时，英国拥有核能成套的产业链及完备的配套服务体系，其核能产业还拥有世界领先的技术经验和人才基地，这些条件为核能行业的发展创造了健康稳定的环境。

2008年，英国通过《气候变化法案》，该法案规定了能源的长期发展目标：到2050年，英国温室气体的排放量要比1990年减少80%。为实现这一目标，英国掀开了一场巨大的能源重组计划，该计划拟将传统发电厂退役，启动包括核能在内的新能源发电项目。由英国国家核实验室、能源研究合作组织和能源技术研究所等机构组成的项目联盟，共同推出了《英国核裂变能技术路线图：初步报告》。报告明确指出，英国需制订明确具体的核能产业中长期发展规划的战略路线图，提出英国若要在2050年前拥有安全、低碳的能源结构，核电必将发挥更大的作用。

2013年10月15日，中英两国政府签署了《关于加强民用核能领域合作的谅解备忘录》，为我国核电企业参与英国核电建设作了铺垫。同年10月21日，英国政府批准了中国广核集团与中国核工业集团参与投资当地新核电站的计划，标志着我国核电终于登陆西方发达国家。英国的民用核电历史最悠久，而中国的民用核电发展最快，拥有全球最大的核电装备制造能力，拥有全球最为充沛的资金，合作会使双方共同受益。

中俄能源合作：作为世界上主要的能源资源富集国，俄罗斯天然气的储量和出口量，以及煤、铀、铁、铝等资源的储量均居世界前列。俄罗斯与我国不仅政治关系成熟牢固，在能源合作方面具有天然地缘优势和资源互补的特点，俄罗斯是我国维护能源安全和实现可持续发展可借重的合作伙伴。随着中俄关系的快速发展，能源合作规模不断扩大。目前，两国在石油、天然气、核能及其他新能源等领域已展开全面的合作。中俄合作建设的田湾核电站目前处于安全高效的运营状态。

中法核能合作:2013 年 4 月,中广核集团、法国阿海珐集团、法国电力集团共同签署了长期合作协议,联合研制先进反应堆,提升核电工业整体安全水平。这是我国核电自发展以来的第三次重大技术合作,中法有 30 年的核电合作基础,两国有必要加强深层次的核电交流与合作,实现互利双赢。

### 3.4.3 我国新能源发展前景

**(1)太阳能**

太阳能光伏发电将来会占据世界能源消费的重要位置,不仅会替代部分常规能源,还将成为世界能源供应的主体。理论上,光伏发电可用于任何需要电源的场合,如航天器、家用电器与便携设备,大到兆瓦级电站,小到玩具,光伏电源均可使用。美国 First Solar 太阳能电池厂商出版的《第一太阳能 2015 年可持续性报告》中指出,目前该公司的光伏发电成本,“已达到可与化石燃料等发电成本竞争的水平”。我国《太阳能利用“十三五”发展规划》明确提出要提高光伏发电的规模和比例,单个光伏基地外送规模达 100 万 kW 以上,总规模达 1 220 万 kW。在太阳能资源丰富,可大规模开发的青海、新疆、甘肃、内蒙古等地区,规划建设以外送清洁能源为目的、规模在 200 万 kW 以上的大型光伏发电基地,结合太阳能热电和光热项目,并配套建设特高压外送通道。2020 年,我国太阳能年利用规模达到 1.5 亿 t 标准煤,其年发电量可节约 5 000 万 t 标准煤,共计减排二氧化碳 2.8 亿 t,减排硫化物 690 万 t。“十三五”时期,太阳能发电产业对 GDP 的贡献将达 10 000 亿元,太阳能热利用产业将达 8 000 亿元。太阳能相关产业从业人数可达到 1 200 万人。

**(2)风能**

近 10 年来,我国能源转型升级不断加快,风电产业取得瞩目成就,未来发展也备受关注。当然,我国风电产业的健康发展也面临着诸多挑战。中国的风电市场全球最大,近几年每年的新增装机量占全球新增装机总容量的 40% 左右。中国风能资源最好、最早开发风电的“三北”地区,风电总装机规模水平高,限电比例也是世界最高。另外,风电价格高,今后必须花大力气解决关键技术和机制问题,以此降低风电价格,缓解弃风状况。现在风电是价格最低的新能源,其发电成本还在继续降低,未来可能成为成本最低的能源。将来,风电需要分类型、分领域、分区域逐步退出补贴,预计 2020—2022 年,风电产业基本实现不依赖补贴发展。

2015 年 2 月底,我国并网风电装机容量达到 10 004 万 kW,稳居世界风电装机首位。未来 5 年我国风电将继续保持增长势头,且将引领世界,并有望实现《国家应对气候变化规划(2014—2020 年)》提出的 2020 年风电装机容量达到 2 亿 kW 的目标。我国的《风电发展“十三五”规划》也明确提出,到 2020 年年底,我国风电累计并网装机将达 2.1 亿 kW 以上,年发电量达 4 200 亿 kW · h,风电行业发展前景广阔。目前,国家推进“互联网 +”战略,通过创新和提高技术、管理和制造水平,推进装备研发,加强产能合作,提高整个风电行业水平,为风电的转型升级奠定基础。如图 3.32 所示预测了中国未来 40 年的能源结构。

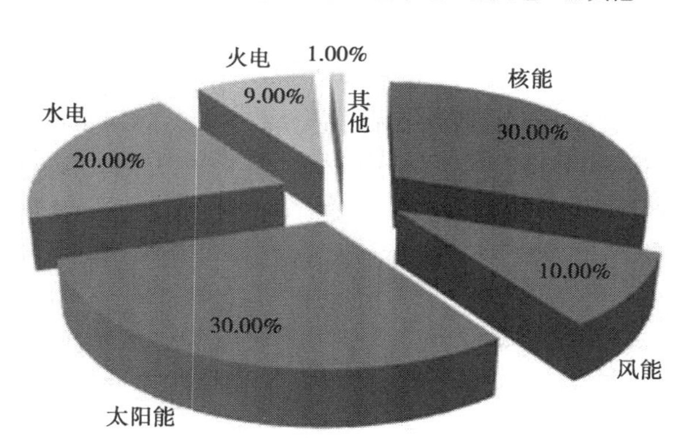


图3.32　未来40年的能源结构

（3）核能

核能对我国经济的发展有着战略性的意义，不仅可以保证能源的安全性，还可以带动我国其他产业的发展，有效改进环境污染问题。从长远角度来看，核能不仅可以应用在发电中，还可以为工业、交通业提供热源，取代传统的石油资源。我国核能产业经过30多年的发展，已取得一定成就，但与发达国家相比，还存在一些差距。我国关于《2050年我国能源需求》研究报告中明确指出，截至2050年，我国核电占一次能源比重将达到12.5%，装机容量达到240 GW。面对目前的格局，在下一阶段，我国要注重专门性人才的培养，并要加强宣传，合理引导，提升民众对核能的正确认知，促进我国核电事业的良性发展。

（4）氢能

在氢能领域，我国着重要解决的是燃料电池发动机的关键技术。虽然这方面的技术已有突破，但还需要进一步对燃料电池产业化技术进行改进、提升，使产业化技术成熟。我国将加大对氢能研发的投入，以提高我国在燃料电池发动机关键技术方面的水平。

作为国家战略性新兴能源的重要组成部分，我国正在加快推动氢能开发和产业应用。在未来，我国氢能将在交通运输减排、电能替代等方面发挥重要作用。一是与电动汽车互为补充，共同推动交通运输领域碳减排。国家规划明确2030年实现百万辆氢燃料电池汽车的商业化应用，建成1 000座加氢站。二是建设氢能源发电系统。根据美国拉扎德咨询公司统计，2016年氢燃料电池发电系统成本为0.74～1.16元/（kW·h），已经具备一定的市场竞争力。未来在用户侧推广应用小型氢燃料电池分布式发电系统，满足家用热电联供的需要，推动家庭电气化进程，促进电能替代。

（5）水电

目前，中国不但是世界水电装机第一大国，也是世界上在建规模最大、发展速度最快的国家，已逐步成为世界水电创新的中心。随着中国经济进入新的发展时期，加快西部水力资源开发、实现西电东送，对解决国民经济发展中的能源短缺问题、改善生态环境、促进区域经济的协调和可持续发展，将会发挥极其重要的作用。

(6)**生物质能**

随着国民经济的快速发展,我国的能源需求量也将大幅提高。我国将通过合理布局生物质发电项目、推广应用生物质成型燃料、稳步发展非粮生物液体燃料、积极推进生物质气化工程。随着生物质能源的普及利用,生物质发电也将成为重点的发展对象,特别是现阶段直接燃烧发电技术已基本发展成熟,并广泛应用于商业领域;生物质气化发电技术的发电效率已达到较高水平;生物质与煤混合燃烧发电作为一种新兴的发电技术,发电过程简易且对环境污染小,具有很大的发展潜力。

# 第4章 新能源的现状及应用

能源是推动社会经济发展的动力之源，是连接世界各国社会经济发展、民众生活的重要纽带。当前，能源消费飞速增长，供需矛盾恶化加剧，化石能源仍是世界能源消费的主体，且由西方发达国家掌握话语权。虽然其他形式的能源特别是新能源发展迅速，但要取得实质性进展仍需时日。国际油价的价格波动给能源生产国和消费国带来了严峻挑战。

进入21世纪后，能源需求越来越大。虽然世界范围内石油供需整体上保持平衡，但这一平衡非常脆弱，往往受到气候变化、自然灾害、社会动乱、局部战争、恐怖活动等因素的干扰。在有些国家和地区，石油曾出现断档，致使这些国家和地区出现油荒、电荒等能源供应紧张的局面。总体上，传统能源生产能力增长缓慢，而能源需求却飞速增长。近年来，因此，全球气候和环境问题，化石能源的有限性、枯竭的危险性和对化石能源供应安全性的担忧，发展清洁、可再生能源的呼声日渐高涨。

## 4.1 新能源开发现状及趋势

能源是整个世界社会发展和经济增长的基本驱动力，是人类赖以生存的基础。世界能源最先经历了以柴薪为主的时代，而后发展到以煤为主和以石油、天然气为主的时代，同时，全球的水能、核能、太阳能等清洁的可再生能源也正在得到广泛的利用，能源结构调整正在经历进一步的调整，新的能源结构正在逐步形成。新能源主要包括各种可再生能源和核能，相比传统能源，新能源具有污染小、储量大、无枯竭的特点。新能源对缓解当今全球的环境污染问题、化解资源(特别是化石能源)枯竭问题具有重要意义。

### 4.1.1 新能源开发现状

从趋势上来看，人类近几年在太阳能、风能、生物质能、新型核能等各品种新能源开发利用方面取得了一些突破性的进展，新能源和可再生能源发电装机容量持续快速增长(见图4.1、图4.2)，新能源和可再生能源发电装机所占比重也持续增长。电力供应结构不断优化，水电、风电设备利用时间(h)回升，核电、太阳能发电成本持续下降，但全球弃风、弃光现象依然严重。从并网运行角度来看，新能源发电受限原因主要包括：新能源分布较为分散，电网调峰能力有限,外送通道与电网建设不匹配,电网输出能力有限,存在诸多关键技术问题和薄弱环节,还有一些地区受网架约束影响等。

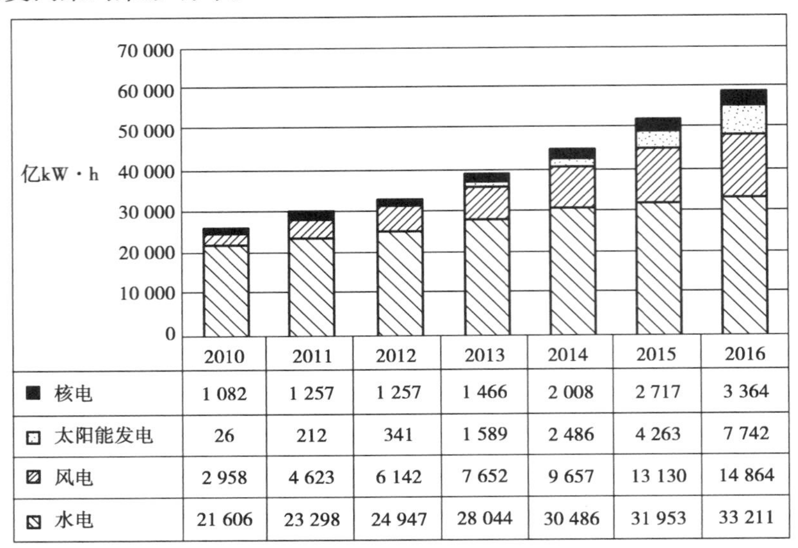


| | 2010 | 2011 | 2012 | 2013 | 2014 | 2015 | 2016 |
|---|---|---|---|---|---|---|---|
| ■ 核电 | 1 082 | 1 257 | 1 257 | 1 466 | 2 008 | 2 717 | 3 364 |
| □ 太阳能发电 | 26 | 212 | 341 | 1 589 | 2 486 | 4 263 | 7 742 |
| ▨ 风电 | 2 958 | 4 623 | 6 142 | 7 652 | 9 657 | 13 130 | 14 864 |
| ▧ 水电 | 21 606 | 23 298 | 24 947 | 28 044 | 30 486 | 31 953 | 33 211 |

图 4.1　2010—2016 年新能源和可再生能源发电累计装机容量(单位:万 kW)

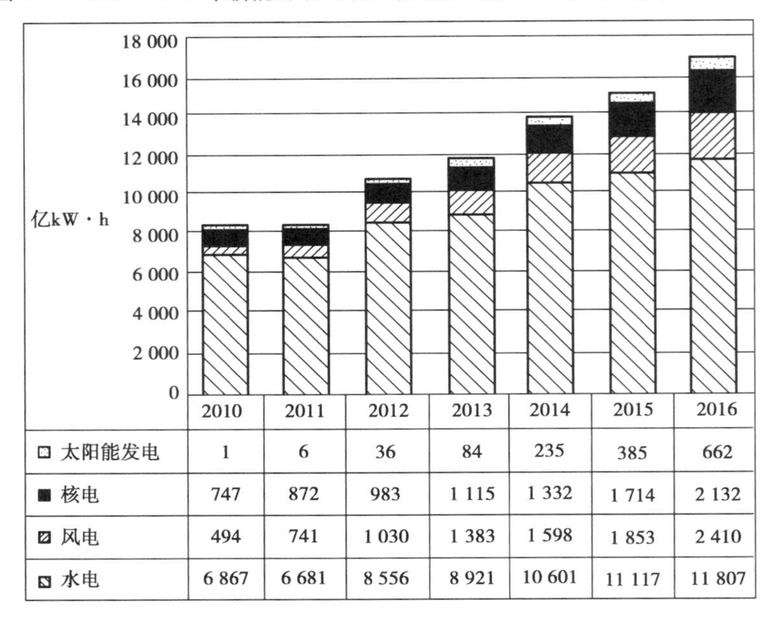


| | 2010 | 2011 | 2012 | 2013 | 2014 | 2015 | 2016 |
|---|---|---|---|---|---|---|---|
| □ 太阳能发电 | 1 | 6 | 36 | 84 | 235 | 385 | 662 |
| ■ 核电 | 747 | 872 | 983 | 1 115 | 1 332 | 1 714 | 2 132 |
| ▨ 风电 | 494 | 741 | 1 030 | 1 383 | 1 598 | 1 853 | 2 410 |
| ▧ 水电 | 6 867 | 6 681 | 8 556 | 8 921 | 10 601 | 11 117 | 11 807 |

图 4.2　2010—2016 年各种新能源发电量(单位:万 kW)

经过近几年的发展,我国部分新能源开发利用技术水平已迈入世界前列,新能源装备制造业实现跨越式发展。这得益于能源体制改革、电力结构优化升级、节能减排务实推进,我国新能源行业蓬勃发展,投资潜力巨大。与此同时,我国新能源发展面临诸多现实问题,如风电和光伏发电仍存在电热和电网配套送出、规划建设不同步、建立消纳困难、补贴资金不能及时到位的问题。新能源产业面临标准规范不健全、产能相对过剩、低水平重复等问题。

(1)水电

目前,我国水电装机增速趋缓,发电量保持平稳增长,具体如图4.3和表4.1所示。我国水电资源主要分布在四川、云南为代表的西南地区,近年来,在水电装机迅速增长和用电增速持续低迷的双重压力下,四川、云南等水电大省连续多年弃水。电力供给的阶段性过剩,直接导致了西南水电弃水现象逐年扩大、愈演愈烈。

弃水由阶段性电力供需失衡直接引发,但其背后却是清洁能源跨区配置的能力与机制存在的诸多矛盾。第一,发电装机增长较快,省内用电和外送负荷小于装机规模,电力电量供大于求矛盾突出;第二,水电外送面临"价格陷阱",水电企业电价普遍低于原上网电价,不能充分体现水电等清洁能源价值;第三,西南水电外送通道严重不足且推进缓慢;第四,在供需失衡与外送受阻的情况下,电力本地消纳也存在困难;第五,中东部地区接纳西南水电意愿有所减弱。

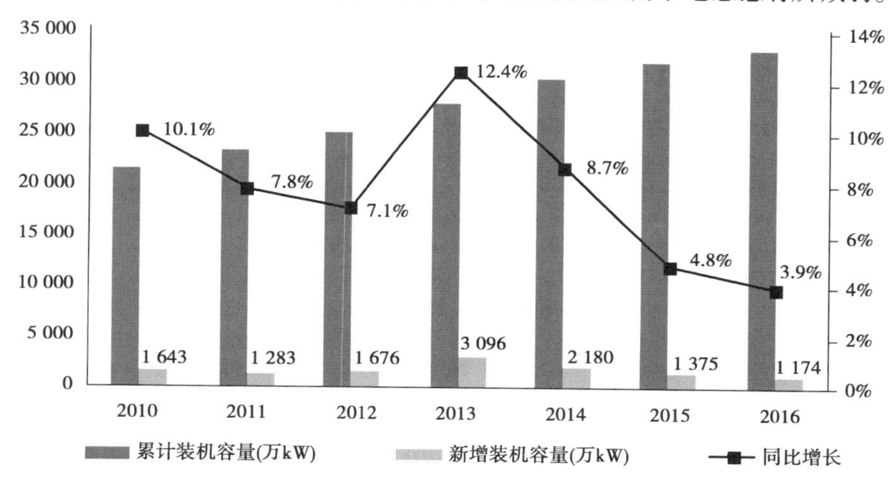


图4.3　2010—2016年水电装机情况(数据来源:中国电力企业联合会网)

**表4.1　2010—2016年水电发展情况**

| 装机及发电状况＼年份 | 2010年 | 2011年 | 2012年 | 2013年 | 2014年 | 2015年 | 2016年 |
|---|---|---|---|---|---|---|---|
| 水电累计装机量/万kW | 21 606 | 23 298 | 24 947 | 28 044 | 30 486 | 31 953 | 33 211 |
| 水电新增装机量/万kW | 1 643 | 1 283 | 1 676 | 3 096 | 2 180 | 1 375 | 1 174 |
| 水电发电量/亿kW·h | 6 867 | 6 681 | 8 556 | 8 921 | 10 601 | 11 117 | 11 807 |
| 水电设备利用时间/h | 3 404 | 3 019 | 3 591 | 3 359 | 3 669 | 3 590 | 3 621 |
| 水电电源投资/亿元 | 819 | 971 | 1 239 | 1 223 | 943 | 789 | 612 |

数据来源:中国电力企业联合会网。

(2)核电

我国核电装机及发电量快速增长(表4.2),核电装机布局不断扩大。目前,中国核电主要分布在浙江、江苏、广东、广西、福建、海南、辽宁和山东等省区。根据中国核能行业协会历年的统计,我国核电设备平均利用率已经连续3年下降。由于经济增长放缓等因素,我国部分省份的电力需求有所下降。从2015年上半年开始,有一些以往满负荷运行的核电机组渐渐出现电力过剩的情况，即时常“窝电”，被电网要求降功率运行甚至停堆备用，以配合电网调峰。

**表4.2　2010—2016年核电发展情况**

| 装机及发电状况 \ 年份 | 2010年 | 2011年 | 2012年 | 2013年 | 2014年 | 2015年 | 2016年 |
|---|---|---|---|---|---|---|---|
| 核电累计装机量/万kW | 1 082 | 1 257 | 1 257 | 1 466 | 2 008 | 2 717 | 3 364 |
| 核电新增装机量/万kW | 174 | 175 | — | 221 | 547 | 612 | 720 |
| 核电发电量/(亿kW·h) | 747 | 872 | 983 | 1 115 | 1 332 | 1 714 | 2 132 |
| 核电设备利用时间/h | 7 840 | 7 759 | 7 855 | 7 874 | 7 787 | 7 403 | 7 042 |
| 核电电源投资/亿元 | 648 | 764 | 784 | 660 | 533 | 565 | 506 |

数据来源：中国电力企业联合会网。

(3)**风电**

我国风电总装机量持续大幅提高(表4.3)，东中部新增装机占半数，但西北、东北风电新增装机减少。风电弃风电量继续大幅增加，弃风问题进一步恶化(见图4.4)。弃风现象多发生在新疆、甘肃、内蒙古、吉林、黑龙江、辽宁、宁夏等11个地区。

**表4.3　2010—2016年风电发展情况**

| 装机及发电状况 \ 年份 | 2010年 | 2011年 | 2012年 | 2013年 | 2014年 | 2015年 | 2016年 |
|---|---|---|---|---|---|---|---|
| 风电累计装机量/万kW | 2 958 | 4 623 | 6 142 | 7 652 | 9 657 | 13 130 | 14 864 |
| 风电新增装机量/万kW | 1 457 | 1 528 | 1 296 | 1 487 | 2 101 | 3 139 | 1 930 |
| 风电发电量/(亿kW·h) | 494 | 741 | 1 030 | 1 383 | 1 598 | 1 853 | 2 410 |
| 风电设备利用时间/h | 2 047 | 1 875 | 1 929 | 2 025 | 1 900 | 1 724 | 1 742 |
| 风电电源投资/亿元 | 1 038 | 902 | 607 | 650 | 915 | 1 200 | 896 |

数据来源：中国电力企业联合会网。

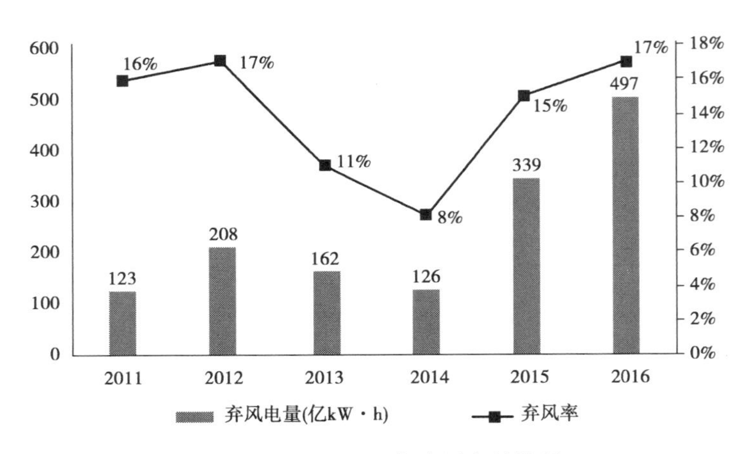


图4.4　2011—2016年全国弃风情况

(4)**太阳能发电**

近年来，我国的光伏发电设备及发电量整体上显著增加(见表4.4)。具体情况是西北4

省装机量高，太阳能发电向中东部转移。以累计装机量来看，新疆、甘肃、青海、内蒙古为前 4 大省（自治区），装机量均超过 650 万 kW。其中，新疆的累计装机量更是高达 862 万 kW。分布式光伏发电装机容量发展提速明显。根据国家能源局数据，2016 年新增的 3 454 万 kW 光伏装机容量中，有 424 万 kW 为分布式系统，较 2015 年增长 200%。西北地区弃光问题尚未缓解，新疆、青海全年弃光电量增量较大，主要在于当地消纳能力不足，而装机规模增幅较大。

**表 4.4　2013—2016 年太阳能发电发展情况**

| 年份<br>装机及发电状况 | 2013 年 | 2014 年 | 2015 年 | 2016 年 |
| --- | --- | --- | --- | --- |
| 太阳能发电累计装机量/万 kW | 1 589 | 2 486 | 4 263 | 7 742 |
| 太阳能发电新增装机量/万 kW | 1 243 | 825 | 1 380 | 3 459 |
| 太阳能发电发电量/（亿 kW · h） | 84 | 235 | 385 | 662 |
| 太阳能发电设备利用时间/h | 1 342 | 1 235 | 1 224 | 1 125 |

数据来源：中国电力企业联合会网。

### 4.1.2　开发新能源的意义

无论是要保护人类赖以生存的地球及其生态环境，还是要实现经济社会的可持续发展，能源战略均是发展的前提和保障，而新能源的发展意义更为重大。

**（1）新能源是未来能源的基石，是化石能源的优秀替代能源**

在当今世界的能源结构中，人类主要利用的是石油、天然气和煤炭等化石能源。伴随经济社会的发展、人口的增加、生活水平的提高，世界能源消费需求正在飞速增长，预计到 2020 年世界能源消费总量将达到 195 亿 t 标准煤当量。据预测，按照现在的使用速度，全球石油资源将在 40 年内枯竭，天然气将在 60 年内耗尽，煤炭资源也仅能使用 220 年。可见，以化石能源为主的社会经济发展期，只是一段不长的发展阶段，化石能源将最终走向枯竭，被新能源取代。人类必须未雨绸缪，尽快寻求新的优秀替代能源。新能源因其含量丰富、分布广泛、可以再生、清洁无污染，成为国际社会公认的理想替代能源。根据预测，到 21 世纪 60 年代，全球新能源的比例，将会占到世界能源构成的 50% 以上，并逐渐成为未来人类社会能源的基石、世界能源舞台的主角。

**（2）新能源清洁干净、与地球生态环境相协调**

化石能源的大规模开发利用，造成了严重的大气、水质和其他类型环境污染，引发了生态环境的破坏。如何实现在保护人类赖以生存环境的基础上，使用与开发能源，已成为全球性的重大课题。全球环境变化和气候变化是当前国际社会普遍关注的重大环境问题，造成这些问题主要是由工业化发展中燃烧的大量化石燃料所产生的 $CO_2$ 等温室气体、有毒气体的排放造成的。限制和减少使用化石燃料，已成为国际社会缓解和解决全球气候变化的重要组成部分。

工业革命以后，约 80% 温室气体所引发的气候变化是由人类活动造成的，而化石燃料的燃烧是 $CO_2$ 的主要排放源。观测结果表明，在过去 100 年中，全球平均气温上升了 0.3 ~ 0.6 ℃，海平面平均上升了 10 ~ 25 cm。如不采取对温室气体的减排措施，未来几十年内，每 10 年全球平均气温将升高 0.2 ℃，到 2100 年全球平均气温将升高 1 ~ 3.5 ℃。近年来，城市汽车拥有量的大幅度增加,汽车燃油所产生的尾气已成为城市环境的重要污染源,而可再生的新能源污染排放很少,属清洁能源,大力发展新能源产业,逐步减少并替代化石能源,已成为保护人类赖以生存的生态环境、实现经济社会的可持续发展的重要举措。

**(3)新能源是世界无电人口和特殊用途解决供电问题的现实能源**

迄今为止,全球不发达国家和地区尚有20多亿人口尚无电力可用。这些人大多生活贫困,远离现代文明生活。虽然这些地方缺乏常规能源,但自然资源非常丰富,且因为人口稀少,用电负荷不大,所以使用新能源发电是解决这些地区供电问题的有效途径。另外,海上航标、地震测报台、高山气象站、森林火警监视站、微波通信中继站、光缆通信中继站、边防哨所、输油输气管道、阴极保护站等设施,在远离电网并无常规电源的环境下,由新能源或可再生能源提供电力,不消耗燃料,无须值守,且技术先进、使用安全、经济可靠。

### 4.1.3 新能源发展趋势与前景

整体上,能源的转型升级是世界各国能源发展的大趋势。世界各国都在积极探索和尝试未来能源转型的发展路线,并将开发和利用新能源和可再生能源作为推动未来能源转型的重点路径。利用太阳能实现光伏发电在将来会占据世界能源消费的重要位置,将成为世界能源供应的主体。随着生物质发电的稳步增长,特别是由沼气转换得到的生物天然气发展势头迅猛,已成为"变废为宝"处理有机废弃物甚至污染物的利器。另外,生物质热化学转化实现了重大突破,预示着生物能源产业的发展具有光明的前景。在世界地热领域,中国地热的直接利用数十年来稳居世界第一,而且呈现进一步增长的态势。

当前我国能源产业仍存在诸多问题。

①雾霾污染严重,清洁电力浪费(弃水、弃风、弃光)日益严重。近几年,虽然我国新增用电需求完全可用再生能源来满足,但惊人的弃风、弃水、弃光等现象造成了严重的资源浪费,浪费程度令人吃惊。2016年,仅川滇两省已投运的水电站的弃水电量就高达800亿kW·h,"三北"地区的弃风和弃光电量高达500多亿kW·h。更为糟糕的是,目前这种惊人的浪费还远未"见顶"。

②在国家严控产能过剩的背景下,已严重过剩的煤电装机仍在扩大生产。这主要是因为我国火电项目核准权下放,致使全国煤电建设不仅没有减缓,反而呈现出前所未有的高潮态势。

③在电网通道具备的情况下,用电端宁可选用当地煤电,也不选用便宜清洁的水电。如2013年建成的连接四川德阳至陕西宝鸡的德宝直流输电线路,德阳有比火电便宜的水电,但陕西却因当地火电装机大量过剩,不愿接受便宜的水电,致使德宝输电线路在2016年丰水期几乎处于闲置状态。

④在"风光"补贴负担越来越重的背景下,无须补贴的水电却无法优先消纳。虽然《可再生能源法》明确规定水电也是可再生能源,但水电却一直未能享受风电、光电等再生能源的主要优惠政策。

在将来的新能源发展中,要尽早规划火电和煤炭行业的转型出路,能源结构调整不能因为有阵痛就止步;打破壁垒,尽快建立健全可再生清洁能源全国消纳机制,"简政放权"的同时确保能源国家战略的有效顺利实施;科学确定可再生能源的开发顺序;推动储能技术的发展,加速储能商业化进程。

## 4.2　新能源汽车概况

所谓新能源汽车，是指采用非化石能源为车用燃料作为动力来源（使用非常规的车用燃料或采用新型车载动力装置），综合车辆驱动和动力控制的先进技术形成的含有新技术、新结构的汽车。目前，新能源汽车主要有纯电动汽车（BEV，包括太阳能汽车）、混合动力电动汽车（HEV）、燃料电池电动汽车（FCEV）和其他类型的新能源（如超级电容器、飞轮等高效储能器）汽车等。非常规的车用燃料是指除汽油、柴油之外的燃料，如液化石油气（LPG）、乙醇汽油（EG）、天然气（NG）、甲醇、二甲醚等。

近年来，传统能源的有限性使世界各国感受到能源危机的严重性，再加上环境污染日益严重，各国在陆续出台限制汽车尾气排放的相关政策的同时，也在积极支持并开展新能源汽车相关技术的研发工作。目前，全球80%～90%的新能源汽车为燃气汽车，该类型汽车的生产理论和实际应用体系已非常完善。为推动新能源汽车的健康发展，多种能源形式的新能源汽车研发和生产都在向前推进。在我国，新能源汽车的制造和研发不像传统汽车制造落后于发达国家，我国新能源汽车的研发和制造技术已获得了很好的研究和应用，为新能源汽车行业发展作出了巨大贡献。

### 4.2.1　新能源汽车的产销现状

2001年，我国启动了“863计划”，首次将新能源汽车产业上升到国家战略层面。从2009年起，在25个示范城市开展新能源汽车的示范推广，初步完成了前期市场的培育。2012年，我国发布《节能与新能源汽车产业发展规划（2012—2020年）》，加速了新能源汽车产业化进程。2016年，地方新能源的补贴标准、推广政策以及电动汽车充电相关基础设施的建设规划等政策纷纷出台，加大了新能源汽车研发和推广的步伐。从2014年开始，我国新能源汽车产业呈现出爆发式增长趋势，2016年新能源汽车的产销量均超过50万辆，在全球的占比达50%。2014—2016年，纯电动汽车是新能源汽车的主力军，占新能源汽车总量的73%。

### 4.2.2　新能源汽车的产业体系基本形成

在国家政策的大力支持下，新能源汽车呈现出良好的研发格局。目前，全国有220多家整车及零部件研发和生产企业、高校和科研院所，拥有3 000多名科技人员直接参与电动汽车专项研发，建成了30多个电动汽车国家重点实验室和国家技术创新平台，制订电动汽车相关技术和产品标准40多项，基本形成了从原材料供应、关键零部件生产、整车制造和售后增值服务4大环节的完整产业链。

### 4.2.3　我国发展新能源汽车的战略意义

**（1）国家实现节能减排的迫切需要**

①石油作为一种战略资源，对一个国家能源安全至关重要。据统计，2015年，中国石油净进口量3.28亿t，对外依存度达到60.6%。从全球来看，交通是能源消费的主要领域，仅交通领域消耗的石油就占总消耗量的61%。要想摆脱石油对外依存的现状，实现能源安全，发展

和推广新能源汽车是最为有效的途径。

②联合国环保组织的有关调查显示，目前城市空气污染中50%都来自燃油汽车的废气排放，而对汽车拥有量最集中的一些欧美国家城市，约60%的城市空气污染源自汽车废气。据测定，以汽油、柴油为动力的汽车所排放的废气中含有害物质达160多种，如一辆家用轿车每年排放的有毒有害废气比自身质量还大3倍。英国的空气洁净和环境保护协会发表的研究报告指出，英国每年死于空气污染的人数要比交通事故遇难者多10倍。

③能源与国家安全休戚相关，传统燃油汽车废气对空气的污染严重威胁着环境的发展和人类的健康和生存。在如此严峻的形势下，发展零排放（或低排放）、低噪声的新能源汽车已成为现代城市健康发展的迫切需要。

**（2）发展新能源汽车是产业转型升级的必然要求**

发展新能源汽车已成为汽车产业转型升级的方向和趋势。2015年，我国政府明确指出：加快发展节能与新能源汽车，有效促进产业转型升级。国家“十三五”规划明确提出了要实施制造强国的战略，推动传统产业的升级改造和支持并推动战略新兴产业发展是其中两个重要的内容，这将为汽车产业的研发、推广和产业战略转型提供强劲支持。

另外，在技术方面，我国在传统汽车的工业制造方面基础薄弱，技术创新能力低，许多核心关键技术受制于人，与汽车工业发达国家间的差距较大。想要实现“弯道超车”，必须在传统汽车技术快速追赶的同时，把新能源汽车相关技术的研究开发作为突破口，实现汽车产业的转型升级。

**（3）实现汽车强国的必由之路**

新能源汽车产业的快速发展对其他相关产业具有强大的推动作用。据统计，新能源产业每增加1人就业，即会增加相关产业的8个就业机会。在新能源汽车的产业链中，如产品研发、器件设计、零部件生产与采购、组装制造和销售服务等环节，整个产业链涉及诸多行业，可带动100多个相关产业的发展。

我国政府在2014年强调：发展新能源汽车是我国从汽车大国迈向汽车强国的必由之路。生态环境和能源安全是关系国家未来和可持续发展的重大战略问题，世界上主要的汽车制造强国都在国家层面支持和推动新能源汽车或节能汽车的发展，以便抢占经济增长制高点。中国大力发展新能源汽车，在推进产业技术提高和变革的基础上实现产品结构的转型，为实现建设汽车强国之梦乃至制造强国之梦奠定基础。

### 4.2.4 新能源汽车技术现状

我国新能源汽车主要发展方向为纯电动汽车、混合动力汽车和燃料电池车。在良好政策环境和新能源汽车企业的自主研发下，新能源汽车技术取得了长足进展。

**（1）纯电动汽车**

纯电动汽车具有零排放的优点，是当前新能源汽车的主要发展方向。蓄电池、驱动电机及控制器是其核心部件。

蓄电池是纯电动汽车唯一的动力源，其主要性能指标是能量密度、循环寿命和成本。铅酸电池技术成熟，但能量密度低，易造成铅污染。镍铬电池和镍氢电池能量和功率密度较高，能满足电动汽车的动力性，但成本较高，废弃后回收复杂，致其应用受限。锂电池储电能力强，工作电压较高，循环寿命长，但其安全性低、成本高等缺点限制了其快速发展。我国纯电动汽车市场倾向于磷酸铁锂和三元锂电池。我国主要车用动力电池的主要性能见表 4.5。

**表 4.5　我国主要车用动力电池性能参数**

| 电池类型 | 能量密度/(Wh·kg$^{-1}$) | 循环寿命/次 | 成本 | 行业生命周期 |
|---|---|---|---|---|
| 铅酸电池 | 小于 30 | 300 左右 | 较低 | 成熟期 |
| 镍氢电池 | 50 | 500 左右 | 较高 | 衰退期 |
| 镍镉电池 | 60～80 | 500 左右 | 较高 | 成熟期 |
| 锂离子电池 | 100～200 | 大于 1 000 次 | 高 | 快速成长期 |

纯电动新能源汽车一经推出,就展现了其在环保节能方面的优势,但是与传统的汽车对比,纯电动的新能源汽车的续航能力比较差。新能源汽车的电池组会相互影响,在很大程度上降低了电池的使用寿命。新能源汽车更换一次电池组,需要花费大量的费用,新能源汽车的电池问题对新能源汽车的推广和发展造成了巨大的障碍。另外,新能源汽车中的电气设备也会消耗掉很多的电能,如果用户需要使用新能源汽车进行长途旅行,那么新能源汽车可能不具备强大的续航能力。

纯电动新能源汽车要想得到广泛的推广和应用,就要拥有数量足够的充电设施。截至 2016 年年底,我国新能源汽车的总产销量接近 100 万辆,但是在全国范围内,建设完成的公共充电站仅有不到 5 000 座,充电桩不到 8 万个,车桩的比例严重失衡,根本不能满足新能源汽车的充电需求,这在很大程度上限制了新能源汽车在我国的推广和发展。

就我国现有的充电桩来看,存在着严重的分布不均衡问题,很多充电桩都设置在酒店、医院或者商场等建筑的公共停车场中,私家车车主希望把充电桩的设置地点设置在小区的停车场,但是由于私家车车位会受到物业的限制,很多小区都没有设置充电桩,这就导致建成的充电桩使用率低,而需要建设充电桩的区域却没有充电桩的现象,从而降低了消费者的购买积极性,限制了新能源汽车的推广和发展。

驱动电机的功率和性能直接影响纯电动汽车的加速度和速度控制,汽车对驱动电机的要求是转速高、调速范围广、体积小和制动迅速等。当前主要使用的电机有感应电动机、永磁无刷电动机和开关磁阻电动机。感应电动机具有效率高、体积小、坚固耐用等特点,整个驱动系统调速范围宽,可实现再生制动,但驱动控制器是通过 DC-AC 控制器进行调频调压和控制调速,其线路复杂,价格高。永磁无刷电动机采用永久磁铁励磁,体积小、惯性低、响应快、能量转换效率高,适用电动汽车的驱动系统,但成本高、功率受限,可靠性需改进。开关磁阻电动机的结构简单、价格低、控制灵活、响应各项指标快速,但使用中存在诸多问题,应用较少。

控制器对能量利用效率和整车性能有重要影响。控制器要求对能量的转化、利用及回收进行控制,同时进行实时信息采集、检测、诊断、跟踪处理,保证行驶的安全性和可靠性。我国大多数控制器是由电池生产企业生产,其原理简单、功能单一,而专业的整车控制系统生产企业规模较小,实力较弱。

**(2)混合动力汽车**

混合动力汽车上装有两种动力源作为动力装置。采用高功率储能装置提供能量缓冲功能,可有效减小发动机的尺寸、提高效率、降低排放。根据驱动系统的配置和组合方式可以分为串联式、并联式和混联式。串联式结构简单、控制难度低。并联式能有效地降低油耗和排放。采用小功率电动机和小容量蓄电池组的并联式混合动力汽车能显著地降低自重和成本，目前应用最为广泛。混联式理论上易实现最优的燃油经济性和排放性，但其结构复杂，成本较高。

**(3)燃料电池车**

燃料电池车动力是由氢气、氧气和电解质反应驱动电动马达提供的，唯一的反应生成物是水。燃料电池车在我国还处于初级阶段，目前燃料电池系统的可靠性、耐久性不能满足应用的需求。此外，燃料电池低温启动系统仍然存在问题，核心部件要靠进口，成本高。

### 4.2.5　新能源汽车发展中存在的问题

**(1)核心技术提升缓慢**

目前，新能源汽车普遍存在核心技术提升缓慢的问题。对电动汽车来说，动力电池是其核心部件，但动力电池的技术发展存在瓶颈，导致目前电动汽车存在以下4个方面的问题：

①电池续航能力不够。从目前市售的电动汽车来看，除昂贵的豪华品牌(如美国特斯拉)外，电动汽车的实际续航里程较短，与传统汽车的续航里程标准存在一定的差距，若再考虑空调、音乐、频繁刹车、起停等因素，实际续航里程仅能达到标定里程的80%左右。

②电池成本昂贵。电池的成本占纯电动汽车全车成本的30%～50%，致使市面上家用纯电动汽车的销售价格在减去购置税和政府的补贴后仍然比同类型的传统燃油车高。

③电池寿命偏短。一般电动汽车电池的寿命为3～5年，更换电池的费用很高，又增加了电动汽车的维护成本。

④电池的充电所需时间偏长。目前电动汽车电池的充电方式有两种：一种是慢充，需要6～8 h；另一种是快充，需要20～30 min。这个时间与燃油车的加油时间相比，显得较为漫长。此外，我国在电机驱动系统的研制、燃料电池核心电堆技术的开发、整车的节能效率及可靠性探索方面跟国际先进水平还存在较大差距。

**(2)过度依赖政府补贴**

目前，我国新能源汽车产销量连创新高，主要是因为政府补贴政策的驱动，但是如果一味地依赖补贴政策，甚至把补贴政策当作产业发展的唯一凭仗，中国的自主品牌将可能失去在新能源汽车领域崛起和超越外资品牌的机会。我国自主品牌的新能源汽车价格居高不下，若中央与地方的财政补贴减少或撤销，对我国新能源汽车将带来很大的冲击，应尽快加大研发力度，突破技术瓶颈，降低自主品牌新能源汽车的价位。2015年12月，我国新能源汽车销量达到高峰，很大程度是为了拿到2015年补贴而采用的促销手段，并出现了弄虚作假、骗补现象。"政策热、市场冷"成为新能源汽车发展路上出现的尴尬状况，过重依赖政府补贴已变成制约新能源汽车健康发展的政策瓶颈。为促进新能源汽车产业可持续发展，政府应调整补贴措施，把更多的补贴用在核心技术研发、性能提高、质量改进、成本降低等方面，大幅提高新能源汽车的性价比，进而提高用户购车的积极性。

**(3)基础设施严重不足**

传统汽车拥有庞大、成熟、便捷的加油网络，而电动汽车的公共充电设施非常稀少，充电桩的缺口较大。若以充电接口与新能源汽车数量比例不低于1∶1的标准来衡量，我国充电设施建设明显滞后，根本无法形成有效的服务体系。造成这种现象主要有两个原因：一是充电桩的安装涉及很多层面的协调统一，如政府的规划部门、电网公司、车企、充电设备厂家、设备安装公司、房管部门、小区物业公司等;二是充电设施不匹配的问题,目前国标充电设施具体参数标准模糊,致使已建成的充电设施存在不兼容的现象,这给车企和用户带来了极大的不便。

(4)**存在地方保护顽疾**

地方保护也是制约新能源汽车进一步发展的关键原因。我国各省市、各地区在新能源汽车推广应用方面均存在一些隐性的地方保护措施,这一壁垒使得外地新能源汽车很难进入本地市场,新能源汽车健康持续发展严重受阻。针对这一问题,国家应出台相应政策,规定必须严格执行国家统一的新能源汽车推广目录,不允许设置或变相设置阻碍采购外地品牌车辆、限制外地充电设施建设、限制运营企业进入本地市场;必须严格执行全国统一的新能源汽车生产、充电设施建设的国家标准和行业标准,不允许自行制订地方标准;不允许对新能源汽车实施重复检测,不允许强制要求车企采购本地生产的电机、电池等零部件,不允许强制要求车企在本地设厂。营造市场公平竞争氛围,推进新能源汽车的健康发展。

## 4.3 新能源汽车的发展历史及前景

### 4.3.1 新能源汽车的发展历史

100多年前,汽车的出现改变了世界,促进了全球经济和社会的发展,世界上第一辆机动车就是电动汽车,最古老的新能源汽车。

19世纪末到20世纪初,是电动汽车的黄金时期。当时,电动汽车是金融巨头的代步工具和财富象征。与此同时,虽然美国汽车的普及比欧洲晚,但有其自身优势,特别是在电力技术发展和普及上领先欧洲。发明电灯、留声机的著名发明家托马斯·爱迪生是电动汽车的坚定支持者,他在1911年的《纽约时报》上曾评价电动车:“它经济、不排放废气,是理想的交通工具。”舆论与名人效应对电动汽车在美国的推广与普及起到了推波助澜的作用。到1922年,美国已拥有34 000辆电动汽车。19世纪末,英国、法国、美国开始量产电动汽车,如最早的由Morris和Salmon拥有的电动客车和货运公司。法国生产电池的BGS公司生产的电动汽车,在1900年之前保持着电动汽车续航里程290 km的最长纪录。

伴随石油的大量开采,燃油汽车技术的快速进步,以及电动汽车在电池技术和续航里程上未能取得突破进展,1920年后电动汽车逐渐失去了发展优势,进入了漫长的沉寂期,汽车市场也渐渐被内燃机驱动的燃油汽车控制。

20世纪初,福特公司开始大量生产T型车,开创了汽车工业新时代,推动了汽车的普及,把人类社会推进到一个新的文明时代。当时,传统燃油汽车的续航里程是电动汽车的2~3倍,其制造成本比电动汽车低,这一状况使得电动汽车制造商很难占领市场份额。到20世纪30年代时,电动汽车几乎在市场上消失。

进入20世纪下半叶,以美国为主的全球最大汽车市场在接连经历两次石油危机之后,车企和公众开始重新聚焦以电动汽车为首的新能源汽车。20世纪90年代初,因糟糕的空气质量,美国加利福尼亚空气资源管理委员会号召各车企减少新车型的平均排放。于是排放更低,甚至零排放的新产品纷纷上市。伴随着SUV这种低燃油经济性车型的走红,电动汽车、混动汽车也成为北美市场的宠儿。

2010 年,在全球石油价格持续走高、保护环境的呼声日益高涨、消费者对低碳生活的积极需求等诸多因素的影响下,电动汽车再度成为低碳经济大幕下的必然选择。世界各大车企都在大力发展纯电动车为主的新能源汽车,一个电动汽车发展的新时代就此来临。

现在,电动汽车在世界各地蓬勃发展。未来,新能源汽车将是人们日常生活中必不可少的交通工具。人们使用汽车组装自助系统对自己喜欢的车型进行装配、喷绘,用少量的时间即可制造出一辆自己喜爱的、充满个性化的新能源汽车。在行驶过程中,利用车内的自动化系统,直接选择想去的地点,系统可自行选择最便捷的路线,可以通过无人驾驶在轻松的氛围中抵达目的地,同时屏幕上显示的各类信息,可为驾驶者提供便利。毫无疑问,新能源汽车的未来与人们紧密相连,电动车的快速发展将让人们的生活更加美好。

中国新能源汽车产业起步较晚。2001 年,我国将新能源汽车研制项目列入国家“十五”期间的“863”重大课题,并规划要以汽油车为研究起点,逐步向氢动力车迈进的战略。“十一五”期间,我国又提出“节能和新能源汽车”的发展战略,政府高度重视新能源汽车的研究和产业化。2008 年,新能源汽车快速发展,呈现全面发展的势头。2010 年,我国政府加大了对新能源汽车的扶持力度,对新能源汽车产业进入全面政策扶持阶段。2011—2015 年,新能源汽车进入产业化阶段,开始在全社会推广使用新能源城市客车、混合动力轿车和小型电动车等。今后,我国将进一步扩大普及新能源汽车的步伐,更快地使高性能的多能源混合动力车、插电式电动轿车和氢燃料电池轿车等逐步进入普通家庭。

### 4.3.2 新能源汽车的发展阶段

第一阶段是 2006 年以前,新能源汽车的发展处于摇摆不定阶段。在这个阶段,各国对新能源汽车的动力源没有信心,研发重心放在了氢燃料电池。美国对纯电动汽车的发展不积极,研发重心放在了氢燃料电池方面;日本的新能源汽车发展势头较好,对氢动力投入较多;欧盟的研发重心是生物燃料与氢燃料电池;当时的中国仍处于摸索阶段。

第二阶段是 2007—2011 年的大力扶持发展阶段。在这个阶段,各国纷纷确定自己的新能源汽车战略,确立了以锂电池为主,并加大研发和基础设施投入,政府给予一定的消费补贴,对新能源汽车产业的发展起到了积极的作用,市场规模逐渐扩大,美国购买电动汽车最高可享受 7 500 美元的所得税优惠。预计到 2025 年,汽车制造商每年至少出售 15.4% 的零排放车辆。日本保证购车者享受免除多种税负的优惠政策,到 2020 年将实现电动汽车在整体乘用车销售中占比 50%。在法国,购买电动汽车者最高可获得 5 000 欧元的补贴。在英国,购买电动汽车可获得 2 000 ~ 5 000 英镑的奖励。在中国购买电动汽车可以获得最高 6 万元的补贴。

第三阶段是 2012 年至今,是继续扶持、逐渐进入收获阶段。在这个阶段,各国持续维持新能源汽车的战略地位,仍然发展以锂电池为主的电动汽车,并维持消费补贴政策,同时加大对常规汽车二氧化碳排放的控制力度。如美国规定每个汽车制造商每年至少出售一定量的零排放汽车,否则要缴纳高额的碳税。在这个阶段,TESLA 等企业开始实现盈利,全球的新能源汽车逐渐进入收获期。

纵观新能源汽车的发展阶段,与对光伏行业的扶持补贴政策作用类似,各国对新能源汽车产业的扶持补贴政策发挥了关键作用。随着各国的持续性投入,以及扶持补贴政策效果的逐渐显现,全球的新能源汽车产业逐渐进入硕果累累的收获期。

### 4.3.3　新能源汽车的发展概况

《节能与新能源汽车示范推广财政补助资金管理暂行办法》确认了补贴标准和补贴范围，此举将推动我国发展节能与新能源汽车迈上新台阶。财政部、国家税务总局、工业和信息化部《关于节约能源使用新能源车船车船税政策的通知》及财政部、国家税务总局、工业和信息化部《关于节约能源、使用新能源车辆减免车船税的车型目录（第一批）的公告》下发，明确自2012年1月1日起，对节约能源的车船减半征收车船税，对使用新能源的车船免征车船税。

随着国家越来越重视新能源汽车的推广，如新购的新能源汽车不用交车辆购置费，这让消费者的购车成本减少很多，从而带动了新能源汽车的销量。2014年7月30日，发改委下发了关于调整汽车用电价格问题的通知，降低汽车用电电价，按照工业电价的标准，且在2020年之前可以免收基本电费。2014年11月25日又下发通知，要在京津冀污染较为严重的城市增加新能源汽车的推广数量，根据推广的数量来分配、安排充电设施奖励资金，对一些建设成本较高的充电桩，会加大奖励扶持力度。

### 4.3.4　新能源汽车的发展前景

伴随各国对汽车排放标准的要求越来越高，发展新能源汽车成为必由之路，新能源汽车产业必将迎来大发展。混合动力汽车作为过渡车型，因其具备长途行驶的优势，未来仍具有较大市场，纯电动、燃料电池、氢发动机汽车将成为未来新能源汽车的发展方向。

《“十三五”国家科技创新规划》中将新能源汽车产业列为重点规划产业，规划指出：实施“纯电驱动”技术转型战略，并根据“三纵三横”的研发体系，尽快突破电池与电池管理、电机驱动与电力电子、电动汽车智能化技术、燃料电池动力系统、插电/增程式混合动力系统、纯电动力系统等基础前沿和核心关键技术，完善新能源汽车能耗标准与安全性相关标准体系，形成完善的电动汽车动力系统技术体系和产业链，实现各类电动汽车的产业化。根据《中国制造2025》规划，明确了到2025年，中国新能源汽车年销量将占到汽车市场需求总量的20%。其中，自主的新能源汽车市场将占比80%以上。

**（1）新能源汽车的质量发展**

新能源汽车技术会越来越环保，而减少能源消耗的首要条件就是要减小汽车的质量。新能源汽车会逐渐实现轻量化，进而提高新能源汽车的续航能力和动力性能。新能源汽车的轻量化不仅是指汽车的车身，还包括汽车的电池以及汽车的传动设备等方面。新能源汽车制造企业在进行汽车制造的时候，需要使用新型的轻质材料，如高性能钢、铝合金或者其他的复合材料等。另外，企业也需要做好新能源汽车的结构设计，在保障汽车的结构性能以及强度的前提下，尽量做到轻量化。这也能提高新能源汽车的生产效率，为企业创造更高的经济效益。

**（2）新能源汽车的电池**

电池作为新能源汽车的核心，新能源汽车的动力全部来源于电池。电池制造企业在新能源汽车电池制造方面的工艺和成本有很大的区别，市场竞争很大。在众多电池中，锂电池凭借其体积小、污染小、使用寿命长及安全性高的优势脱颖而出。相关数据显示，动力锂电池的市场规模在2020年将超过200亿美元，年增长率高达50%。最近几年大热的超级电容也有可能成为新能源汽车的电池。超级电容具有比较特殊的电极结构，这种结构能够使电极的表面积呈指数形式增加，在很大程度上提高了超级电容的电容量。与此同时，超级电容具有极化作用，能够快速地存储或者释放电荷，超级电容的电荷输出功率为普通蓄电池的近百倍。将超级电容应用于新能源汽车中，可以通过恒定电压、电流及功率这 3 种方法进行快速充电，从而提高新能源汽车的续航能力。

另外，电池的组装方式也会影响新能源汽车的发展，串并联相结合的方式进行电池的组装能够增加电池的容量，从而提高新能源汽车的动力性能。这种组装方式能够有效降低单个锂电池之间的性能差异，从而延长整个电池组的使用寿命。

（3）**新能源汽车的电机发展**

新能源汽车技术要求电机具有较高的性能。新能源汽车在使用过程中，会不断进行启动、停止、加速以及减速等操作，使得新能源汽车的驱动电机经常出现过载现象。为了保护驱动电机在新能源汽车的不同行驶环境中正常运行，驱动电机需要具备较高的转矩控制能力。当新能源汽车的速度比较慢的时候，驱动电机需要具备较高的转矩；当新能源汽车的速度比较快的时候，驱动电机需要具备较低的转矩。我国的新能源汽车技术发展较慢，仍处于起步阶段，驱动电机的选择比较少，一般使用直流电机或者永磁电机等，而发达国家使用的驱动电机有稀土永磁同步电机或者钕铁硼制作的永磁电机，这类电机的性能更加优异，工作效率也较高，消耗的能源少，具备较长的使用寿命。这是我国未来新能源汽车电机的发展方向。

综上，为了改善环境污染并节约能源，新能源汽车制造企业需要从新能源汽车的质量、电池及电机等方面入手，研发出适用于新能源汽车的新部件，提高汽车性能，进而促进我国汽车行业的健康发展，保护我国环境，维持人和自然之间的和谐关系。随着技术进一步提高，新能源汽车未来的发展空间十分广阔。

# 第 5 章 资源利用与环境问题的产生

## 5.1 相关基本概念

### 5.1.1 环境的概念及其基本类型

**(1)环境的基本含义和性质**

从哲学的角度来理解,环境(Environment)总是相对于某一中心事物而言的,它是指围绕着某一事物(通常称其为主体)并对该事物产生影响的所有外界事物(通常称其为客体),即环境是指相对并相关于某项中心事物的周围事物。

我国环保法对环境作了定义,指出环境是指影响人类生存和发展的各种天然的和经过人工改造的自然因素的总体,包括大气、水、海洋、土地、矿藏、森林、草原、野生生物、自然遗迹、人文遗迹、自然保护区、风景名胜区、城市和乡村等。

环境的重要性不可估量,一旦环境被破坏或受到污染,便会对与它赖以生存的事物产生影响,如大气污染、水污染、光污染及"土地沙漠化"等。一旦污染超标,将会引起生态平衡失调等严重的环境问题。也就是说,周边的环境随时可能向人们敲响警钟,并呼吁人类保护和善待人们赖以生存的环境。

**(2)环境的基本类型**

环境会因中心事物的不同而不同,并随中心事物的变化而变化。一般来说,围绕中心事物的外部空间、条件和状况,称为中心事物的环境。环境的基本类型有以下 6 种:

①宇宙环境(Space Environment)。它是人类环境的极限,也是人类能够继续发展的最宏观的制约条件。

②地球环境(或自然地理环境)(Global Environment)。它是人类赖以生存的环境要素的总和,主要包括空气、水、阳光、土壤、矿物、岩石和生物等。这些要素在时空上呈现出圈层结构,即大气圈、水圈、土壤圈、岩石圈和生物圈。

③自然生态环境(Natural Environment)。它是人类在地球上赖以生存的生态系统。人类是地球这一大生态系统的重要组成部分,人类无法离开地球而生存,也无法脱离其赖以生存的

生态系统(自然生态环境)。

④区域环境(Regional Environment)。它是指占有某一特定地域空间的自然环境,一般是由地球表面不同地区的5个自然圈层相互配合而形成的。不同的地区,会形成各不相同的区域环境特点,会形成不同分布的生物群落。

⑤微环境(Micro-Environment)。它是指在区域环境中,因某一个(或几个)圈层的微小变化所形成的小环境,如生物群落的镶嵌就是微环境作用的结果。

⑥内环境(Inner Environment)。它主要是指生物体内组织或细胞间的环境,对生物的生长和繁育具有直接的影响。例如,在叶片内部和叶肉细胞接触的气腔、气室、通气系统,都是形成内环境的场所。内环境对植物有直接的影响,且不能为外环境所代替。

按照环境的属性,通常可将环境分为自然环境和人文环境。

自然环境一般是指天然存在的,未经过人为加工或人为改造的环境,是客观存在的各种自然因素的总和。根据人类生存的自然环境中的环境要素,又可将其分为大气环境、水环境、土壤环境、生物环境和地质环境等,即主要指地球的5大圈——大气圈、水圈、土圈、生物圈和岩石圈。其中,生物圈和人类生活关系最为密切。自人类出现以来,原始人主要依靠生物圈来获取食物来源,在狩猎和采集获取食物阶段,人类与其他动物基本一样,均在整个生态系统中占有一定的位置。但人类具有使用工具的本领,会有意识地节约食物。人类逐渐占有优越的地位,并可以用有限的食物发展日益壮大的种群。在畜牧业和农业阶段,人类已经可以改造生物圈,能创造围绕人类自己的人工生态系统,进而破坏原来的自然生态系统。随着人类不断发展,人口数量不断增加,人类正在不断地扩大人工生态系统范围,但地球的生态系统范围是固定的,这致使自然生态系统不断缩小,许多野生生物濒临灭绝甚至不断灭绝。

人文环境是指由人类创造的物质的、非物质的成果总和。一般物质成果主要是指文物古迹、建筑部落、绿地园林、器具设施等;而非物质成果主要是指社会风俗、文化艺术、语言文字、教育法律及各种法规制度等。这些成果都是由人类创造的,具有明显的文化烙印,渗透着人文精神。人文环境不仅能反映一个民族的历史积淀,反映社会的历史与文化,还能对人的素质提高起到培育和熏陶作用。

自然环境和人文环境共同构成了人类生存、繁衍和发展的摇篮。根据科学、可持续发展的要求,保护并改善环境,建造环境友好型社会,维护人类自身生存与发展的需要。

### 5.1.2 环境污染与环境问题

#### (1)环境污染的概念

环境污染(Environment Pollution)主要是指由于自然的或人为的破坏,向环境中添加的某种物质因超过环境的自净能力而产生危害的行为。引起环境污染的因素总体上有人为因素和自然因素两大类,其中,人为因素是主要的和可控的。环境污染又可以理解为由于人为因素,环境因受到有害物质的污染,使生物的生长繁殖和人类的正常生活受到有害影响。

#### (2)环境问题及其产生

环境问题(Environmental Problems)是指人类为其自身生存和发展,在利用和改造自然界的过程中,对自然环境造成的破坏和污染,以及由此产生的危害人类生存和社会发展的各种不利效应。

人类在改造自然环境和创建社会环境的过程中,自然环境仍以其固有的自然规律变化着。

社会环境一方面受自然环境的制约,也以其固有的规律运动着。人类与环境不断地相互影响和作用,产生了环境问题。随着人口的增加,人类改造自然能力的增强,生态问题开始出现。随着科学技术的迅速发展,工业革命的浪潮席卷全球,环境污染也随之出现。

根据环境问题产生的原因,环境问题分为原生环境问题和次生环境问题。前者是自然演变和自然灾害引起的,也称为第一环境问题,如地震、洪涝、干旱、台风、崩塌、滑坡、泥石流等。次生环境问题是人类活动引起的,也称为第二环境问题。

为了社会经济的发展,由于资源的利用不当,20 世纪出现了震惊世界的八大与环境相关的公害事件(见表 5.1)。

**表 5.1　20 世纪世界八大环境污染公害事件**

| 公害名称 | 发生时间 | 发生地点 | 主要污染物 | 致害原因 | 危害情况 |
|---|---|---|---|---|---|
| 马斯河谷事件 | 1930 年 | 比利时马斯河谷 | 烟尘及二氧化硫 | 二氧化硫进入肺部 | 几千人中毒,60 人死亡 |
| 洛杉矶光化学烟雾事件 | 1943 年 5—10 月 | 美国洛杉矶市 | 光化学烟雾 | 石油工业的废气和汽车尾气反应形成光化学烟雾 | 65 岁以上老人死亡 400 人 |
| 多诺拉烟雾事件 | 1948 年 10 月 | 美国多诺拉镇 | 烟雾及二氧化硫 | 二氧化硫、三氧化硫等硫化物附着在烟尘上,吸入肺部 | 4 天内 43% 的居民患病,20 余人死亡 |
| 伦敦烟雾事件 | 1952 年 12 月 | 英国伦敦 | 烟尘及二氧化硫 | 硫化物和烟尘生成气溶胶被人吸入肺部 | 4 天内死亡 4 000 人 |
| 水俣事件 | 1953—1961 年 | 日本水俣镇 | 甲基汞 | 含甲基汞的工业废水排入水俣湾,使海鱼体内含甲基汞,居民食鱼而中毒 | 至 1972 年有近 200 人患病,50 余人死亡,20 多个婴儿出生就神经受损 |
| 四日事件 | 1955 年 | 日本四日市 | 二氧化硫、煤尘等 | 烟尘及二氧化硫被人吸入肺部 | 500 多人患哮喘病,有 30 余人死亡 |
| 米糠油事件 | 1968 年 | 日本九州 | 多氯联苯 | 食用含多氯联苯的米糠油 | 受害者达万人以上,死亡近 20 人 |
| 富山事件(骨痛病) | 1931—1975 年 | 日本富山 | 镉 | 食用含镉的米和水 | 截至 1968 年有 300 人患病,100 多人死亡 |

## 5.2　全球性环境问题

全球环境问题,也称国际环境问题或地球环境问题,是指超越主权国国界和管辖范围的全球性的环境污染和生态平衡破坏问题。一般是指对全球环境产生直接影响的,或者说具有普遍性质的,在全球范围内造成危害的环境问题。

人类经济社会的发展,不仅引发了大规模的生态破坏和区域性的环境污染,而且还引起了温室效应、全球气候变化、臭氧层破坏、土地沙漠化、酸雨、森林锐减、土壤侵蚀、物种灭绝、越境污染、海洋污染、热带雨林减少等大范围的全球性环境问题，致使人类赖以生存的地球环境正处于严重的危机边缘（见图5.1）。

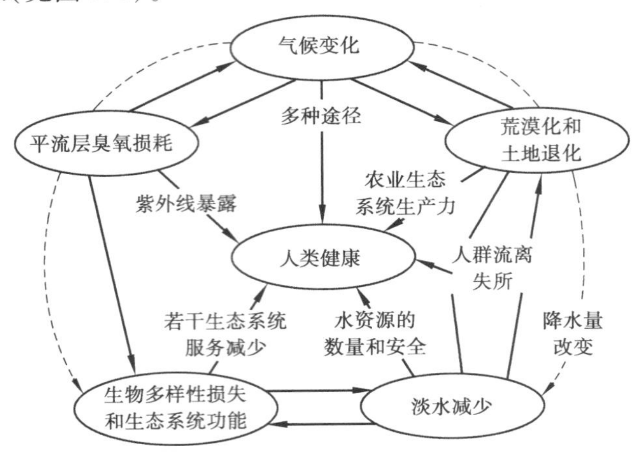


图5.1　全球环境问题及其对人类健康的影响

### 5.2.1　温室效应和全球气候变化

#### (1)温室效应及其产生原因

温室效应是大气保温效应的俗称，又称“花房效应”，主要是指透射阳光的空间缺乏与外界的热交换而形成的保温效应，就是太阳的短波辐射可以穿过大气射入地面，而地面增暖后放出的长波辐射却被大气中的二氧化碳等物质所吸收，从而产生大气变暖的效应。大气中的二氧化碳就像一层厚厚的玻璃，使地球变成一个大暖房，造成地表与低层大气的作用类似于栽培农作物的温室，因此被称为温室效应，其基本原理如图5.2所示。如果没有大气，地表平均温度就会下降到-23 ℃，而实际地表平均温度为15 ℃，这就是说温室效应使地表温度提高了38 ℃。

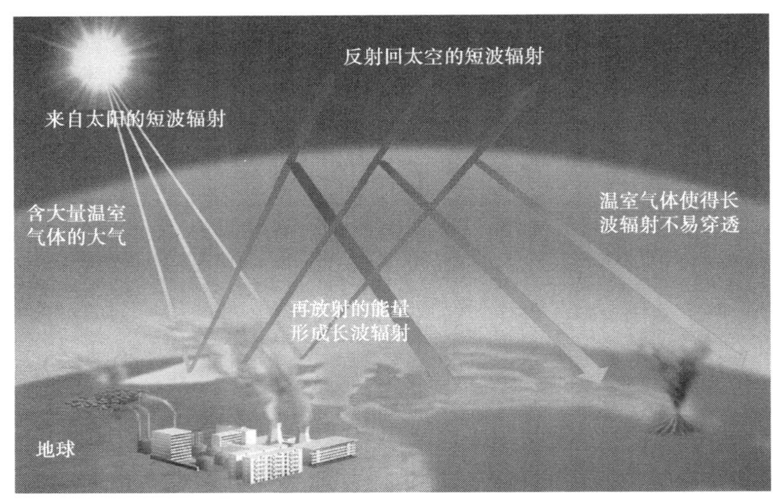


图5.2　温室效应原理示意图

无论地球表面和大气空间的物理过程如何复杂,进入与离开大气的辐射能量必须保持平衡。一旦这种平衡被破坏,温室气体就可以帮助地球升高表面温度来恢复平衡。而目前,温室气体成了造成这种辐射平衡的破坏因子,这主要是由于人类社会经济发展以及生产、生活引起大气中温室气体急剧增加,并由此造成地表温度进一步增加,这一现象被称为增强的温室效应。实际上,增强的温室效应是由人类活动引起的,是附加在自然温室效应基础上的增强温室效应,虽然这种效应量值比自然温室效应小得多,但其增温、增暖作用的意义却不容忽视。

温室气体是大气中起温室作用的气体的总称,占大气层不足1%。大气层中主要的温室气体有二氧化碳、氯氟碳化合物、甲烷、氮氧化合物及臭氧。虽然大气中的水气($H_2O$)是“天然温室效应”的主因,但一般认为水气的成分并不直接受人类社会经济活动的影响。

①二氧化碳($CO_2$)。大量燃烧煤、石油、天然气等石化能源,使全球 $CO_2$ 正以每年约60亿 t的量在增加,它是温室效应的主要气体,主要吸收红外线辐射,并影响大气平流层中 $O_3$ 的浓度。

②氟氯碳化合物(CFCs)。以 CFC-11、CFC-12、CFC-113 为主。多用作冷气机和冰箱的冷媒、发泡剂和电子零件清洁剂,也是造成温室效应的气体。CFCs 能吸收红外辐射,是影响 $O_3$ 浓度的主要气体。

③甲烷($CH_4$)。某些物质的不完全燃烧的过程及有机体发酵都会产生 $CH_4$,$CH_4$ 的主要来源是天然湿地(沼泽、苔原等)、煤炭开采、水稻田、反刍动物、海洋湖泊和其他生物活动场所以及 $CH_4$ 水合物的失稳分解等。$CH_4$ 能吸收红外线辐射,不仅能影响对流层中 $O_3$ 及羟自由基的浓度,还影响平流层中 $O_3$ 和 $H_2O$ 的浓度,且能产生 $CO_2$,其单位质量的温室效应比 $CO_2$ 强得多。

④氮氧化合物($N_2O$)。$N_2O$ 主要来源于化石燃料的燃烧、化学肥料分解和微生物。$N_2O$ 主要吸收红外辐射,并影响平流层 $O_3$ 的浓度。

⑤臭氧($O_3$)。$O_3$ 主要来自汽车尾气排放的碳氢化合物和氮氧化物经光化学作用而产生的气体。它主要吸收紫外光及红外线辐射。

大气中并非每种气体都能强烈吸收地面长波辐射,实际上仅温室气体就能吸收地面所发出的几乎全部长波辐射,仅有一个很窄的“窗区”吸收很少,而地球表面主要通过这个“窗区”把地球从太阳获得的热量的70%又以长波辐射的形式返回到宇宙空间,借此来维持较为恒定的地面温度,现在常说的“温室效应”主要是由于人类社会经济活动增加了温室气体的种类和数量,使返回宇宙空间的长波辐射的数值(70%)有所下降,而多留下的热量使得地球变暖,并产生了温室效应。

**(2)温室效应的影响**

1)导致全球气候变暖

人类社会经济活动使温室效应日益加剧,导致气候随之变化。工业革命以来,资源与能源消耗加剧,特别是煤、石油和天然气等化石燃料燃烧排放的 $CO_2$ 量急剧上升,导致了气候的变化和全球变暖。温室气体如 $CO_2$、$CH_4$ 和氮氧化合物等,可以让太阳光中的可见光透过,但却阻碍地球向宇宙释放长波辐射,如红外线部分,并将之吸收后转化为热量,促使地表温度上升,引发所谓的温室效应。

$CO_2$ 是最主要的温室气体,约占60%。一般情况下,温室气体浓度越高,近地表的温度就越高。如果没有温室气体,地表温度会降到很低。亿万年来,温室效应为地球创造了一个适宜生物栖息的良好环境,使地球一直受益于温室效应。然而,随着人类社会经济活动的加剧,温室效应也在日益增强,对气候造成了影响。特别是自工业革命以来,随着越来越多的资源与能源被大量消耗,越来越多的化石燃料的燃烧使得排放的 $CO_2$ 也急剧增加。伴随温室气体浓度的急剧增加,红外辐射到达太空外的部分就会随之减少,从而使吸收和释放辐射的能量达到新的平衡,造成了地球气候因此转变。这种转变不仅包括"全球性"的地球表面变暖,还包括大气低层变暖。而地球表面温度的微小上升就可能引发其他诸如大气层云量变动,环流转变。某些转变可使气候变暖加剧(正反馈),某些转变则可使气候变暖过程减缓(负反馈)。

国际能源机构(International Energy Agency)公布的数据显示,碳排放量经过 2014—2016 年近 3 年发展没有增加之后,2017 年全球二氧化碳的水平比 2016 年增加了 1.4%,相当于32.5 亿 t。目前全球每年 $CO_2$ 的排放量超过 300 亿 t。另外,根据联合国政府间气候变化专门委员会(Intergovernmental Panel Climate Change, IPCC)提供的2013 年评估报告显示,全球目前的平均温度比 1 000 年前上升了 0.3 ~0.6 ℃,而在此之前的一万年间,地球平均温度的变化不到 2 ℃。联合国机构还预测,因为能源需求的不断增加,预计到 2050 年,全球 $CO_2$ 的排放量将增至 700 亿 t,而全球的平均气温将继续上升 1.5 ~4.5 ℃。

2)使地球上的病虫害增加

温室效应可造成史前致命病毒威胁人类。最近,美国科学家也发出警告,全球变暖,气温的上升使北极的冰层融化,已被冰封了十几万年的史前致命病毒可能会重见天日,致使全球陷入疫症恐慌,人类的生命和生存将会受到严重威胁。纽约锡拉丘兹大学的科学家指出,他们发现了早前的一种植物病毒 TOMV(Tomato Masaic Virus 番茄花叶病毒),TOMV 病毒在大气中广泛扩散,由此推断在北极冰层也会有 TOMV 病毒的踪迹。于是他们从格陵兰抽取了 4 块年龄由 14 万 ~500 万年的冰块,通过对这些冰块的检测发现,这些冰层中确实存在 TOMV 病毒,并指出该病毒的表层被坚固的蛋白质层所包围,可以在逆境中长期生存。这项研究的发现使得研究者相信,一系列流行性感冒病毒、小儿麻痹症病毒和天花疫症病毒都有可能藏在冰块深处,而人类对这些原始病毒尚无抵抗能力,若全球变暖、气温上升令冰层融化,这些藏于冰层千年甚至万年的病毒有可能会复活,造成疫症大规模暴发。科学家们表示,他们虽然不知道这些病毒是否还存活,或者是否能再次适应地面环境,但目前肯定不能忽视病毒卷土重来的可能性。

3)对生物多样性的影响

环境、气候是制约生物生长、繁衍和分布的主要因素。全球气候变暖、温度升高的加剧,将会对生物多样性造成严重威胁。主要是因为大多生命体根本无法承受快速相加的气候变化,导致某些物种会因此灭绝,也将导致某些物种的种群结构的变化,从而造成全球生物多样性的改变。

值得关注的是,人类活动改变环境的速度,已经远远超过了自然界的正常水平。如人为因素造成的全球气候变暖比以往的自然波动要迅速得多,这种温度变化对生物多样性的影响将是非常巨大的,生物灭绝的速度远远超过了人们的预期(见图 5.3)。

毫无疑问,很多物种会在反复的冷暖变化中走向灭绝,现存的物种基本上是反复冷暖变化后生存下来的物种。虽然在过去的 200 万年中,地球曾经历 10 个暖、冷交替循环,全球气候变暖不只是地球气候变化的新现象。在暖期,处在两极的冰川融化,海平面比现在还要高,物种分布逐步向极地延伸,并向高海拔地区迁移。而在变冷过程中,冰帽、冰川扩大,海平面下降,

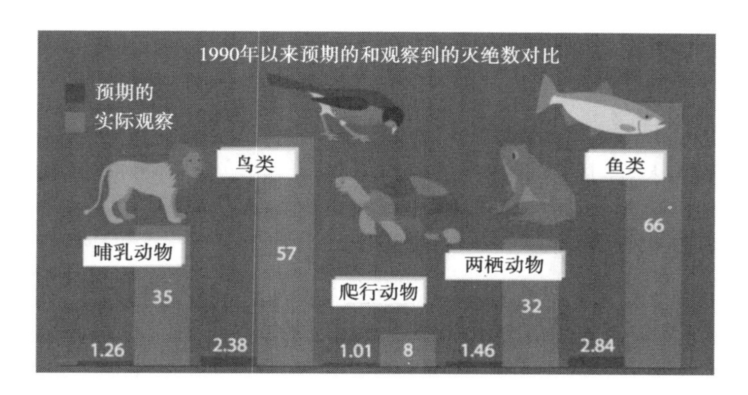


图5.3 现代生物灭绝的速度远超过人们的预期

物种朝着赤道方向和低海拔区域移动。

①对温带生物多样性的影响

气温持续升高，致使北温带和南温带气候区正向两极扩展。全球的气候变化定会导致物种的迁移。但根据物种的自然扩散的速度，很多物种并不能实现高速迁移，或者说其迁移的速度难以跟上气候的变化速度。以北美东部的落叶阔叶林为例，当最近的冰期过后，气温迅速回升，树木也以每世纪 10～40 km 的速度向北美迁移。而据预测，21 世纪气温将升高 1.5～4.5 ℃，根据这个变化，树木则会向北迁移5 000～10 000 km。要使生物以自然迁移速度的数十倍进行迁移显然是不现实的。人类各类活动造成了一些生物环境片断，这些片断的存在只会造成物种的迁移率降低。一些分布上有局限和扩散能力差的物种在迁移过程中会面临灭绝的危险。只有分布广泛、易扩散的种类才能快速在新的生境里建立起自己的群落。

【实例5.1】白鳖豚(见图5.4)是中国特有的淡水鲸类，被列为国家一级野生保护动物，被誉为“水中的大熊猫”，仅在长江中下游有活动踪迹，在世界上也是独一无二的。成熟个体背部呈浅青灰色，腹面呈洁白色，在长江游泳时就像是一位洁白的女神。20 世纪 80 年代，人类为了农田灌溉，大规模建坝建闸，破坏了白鳖豚生活的生态系统；人们开着电捕鱼船驶过长江水面，经过的地方大大小小的鱼都被电死；轮船的螺旋桨把白鳖豚的头打得稀巴烂，一斩两段。白鳖豚种群数量锐减。2007 年 8 月 8 日，《皇家学会生物信笺》期刊发表报告，正式公布白鳖豚功能性灭绝。

图5.4 长江里的白鳖豚

②对热带雨林生物多样性的影响

一般情况下，具有最大物种多样性的热带雨林，在全球变暖、温度升高的环境下，其影响和变化远比温带小。但气候变暖、温度升高仍将导致热带雨林地区的降雨量及降雨时间的变化，另外，还会造成森林大火、飓风等自然灾害变得更加频繁。这些影响对物种组成、植物繁殖产生了较大影响，造成热带雨林中物种结构的改变。

③对沿海湿地和珊瑚礁生物多样性的影响

湿地和珊瑚礁是具有多样性最丰富的生物生态系统，气候变暖会对湿地和珊瑚礁造成严重威胁。温度升高将造成高山冰川的融化，南极冰层的收缩。在未来 50 ~ 100 年中，海平面至少会升高 0.2 ~ 0.9 m。海平面的升高不仅会导致沿海地区的湿地群落被海水淹没，还会使许多种类根本来不及迁移而陷入物种灭绝的命运。此外，建造在湿地附近的道路、住房、防洪大坝等也会给物种的迁移造成直接障碍。

此外，海平面升高对珊瑚礁种类也有极大的危害，因为珊瑚的生存和生长对海水、光照、水流组合等有严格要求。若海水按预算的速度升高，即使生长最快的珊瑚也无法适应这种变化，造成物种的灭绝。更严重的是海水温度的升高对珊瑚的生存和生长会产生巨大危害，会导致珊瑚的大量沉没或死亡（见图 5.5）。

图 5.5　由于气温升高，大堡礁蜥蜴岛北部的珊瑚有八成已白化

④对鸟类种群的影响

鸟类学家认为气候变暖、温度升高导致恶劣气候的频繁出现，会影响候鸟类的迁徙路线、迁徙时间、群落分布和组成。此外，气候的变化、温度的升高也会造成各种生态群落结构的改变，并间接影响鸟类种群。

【实例 5.2】生活在夏威夷考艾岛的欧鸥鸟非常可爱，一生只有一个伴侣。一般雄鸟在鸣叫的时候雌鸟会应和，但当世界上最后一只雄性欧鸥鸟孤独鸣叫的时候，它并不知道，它永远也不可能等来那只雌鸟了……

⑤温室气体直接影响生物种群变化

$CO_2$ 是一种重要的温室气体，又是植物光合作用的主要原料。随着 $CO_2$ 在大气中的浓度升高，植物光合作用的强度将随之上升。但每种植物都有自己的 $CO_2$ 饱和点，当 $CO_2$ 的浓度超过植物的饱和点时，无论 $CO_2$ 的浓度如何升高，光合作用的强度也不会随之增强。一般情况下，$CO_2$ 饱和点高的植物容易适应大气中 $CO_2$ 浓度的升高，进而进行快速生长；$CO_2$ 饱和点低的植物则很难适应高浓度的 $CO_2$，这会影响植物的正常生长，甚至会出现 $CO_2$ 中毒现象，严重时会导致种群衰退。种群变化会引起植食性昆虫种群结构的变化，而不可能预测的植物种群和昆虫种群的波动会导致许多稀有物种灭绝。

4）海平面升高

“全球变暖”的两种过程会造成海平面升高（见图5.6）：一是海水受热膨胀使海平面上升；二是冰川和南极冰块融化，海洋水量增加使海平面上升。最新研究结果显示，2100年地球的平均海平面将上升0.15～0.95 m。海水将淹没农业、畜牧业等生产的土地，盐水的入侵还将污染淡水资源，海平面上升还将引起洪涝和风暴潮灾害的增加，造成海岸线和海岸生态系统的变化，直接威胁沿海地区以及广大岛屿国家人民的生存环境及社会经济发展。

图5.6　美国艺术家尼科雷·拉姆通过概念图向人们展示海平面升高后被水淹没的美国

5）对人类生活的影响

①对经济的影响。超过一半的全球人口都居住在沿海100 km的范围内，且大部分聚集在海港附近的城市。海平面上升会引起沿岸低洼地区、海岛等严重的经济损害，如海平面的升高、海水的冲蚀会加速沿岸沙滩、地下淡水向更远的内陆方向迁移。

②对农业的影响。“全球变暖”会对大气环流产生影响，进而造成全球雨量分布的改变以及对各大洲表面土壤含水量造成影响。而对植物生态所造成的影响尚在研究和确定中。

③对水循环的影响。气候的变化对地区降雨量的改变仍无法准确预测。一般情况下，温度的升高会增加水分的蒸发，会给地面水源的利用带来压力。

④对人类健康的影响。研究表明，气温与人的死亡率之间呈“U”形关系，过冷和过热的气温都会使死亡率急剧增加，16～25 ℃的温度范围内死亡率最低。由此可以推测，人类为适应气候变化、全球变暖将会付出巨大代价。

**（3）控制对策**

毫无疑问，温室效应的恶化进程将对生物多样性造成巨大影响。控制温室效应、保护湿地、减缓全球气候变暖，是世界各国人民面临的重大课题。

1）控制$CO_2$的排放量

控制$CO_2$向大气的排放是减缓全球气候变暖的根本对策。目前，全球各国在国际上已达成共识，从政策上、技术上和方法上等控制$CO_2$的排放量。

①政策上

通过制订各种政策和国际规定，签订各种国际公约来限制 $CO_2$ 排放。如 1992 年在巴西里约热内卢举行的联合国环境与发展大会上通过的《联合国气候变化框架公约》（United Nations Framework Convention on Climate Change，UNFCCC），是世界首个为全面控制 $CO_2$ 等温室气体排放，应对全球气候变暖给人类经济和社会带来不利影响的国际公约。1997 年的《京都议定书》（全称《联合国气候变化框架公约的京都议定书》）是它的补充条款，主要内容是规定各个国家 $CO_2$ 的排放量及其他相关问题。2015 年 12 月 12 日在巴黎气候变化大会上通过的《巴黎协定》，是继《京都议定书》后第二份有法律约束力的气候协议，为 2020 年后全球应对气候变化行动作出安排。

②技术上

第一，努力提高能源的生产和使用效率。采取有效措施刺激节能技术的开发及进一步普及，扩大新能源利用领域，推进物资的再循环、延长产品的寿命、完善公共体系等。第二，改善能源结构。通过扩大天然气、液化石油气使用比例，减缓甲烷、$CO_2$ 等温室气体排放的增加。第三，鼓励加速研发、发展、使用清洁的可再生能源。发展利用高效价廉、应用性广的除尘、脱硫、洁净煤技术，大力发展水能、太阳能、风能及生物质能等可再生能源。第四，有步骤地停止使用并开发回收氟氯化碳（CFCs）的生产。对已投用的 CFCs，允许生产企业依据现有技术、工艺和装备以及国际合作背景、产供销渠道等实际条件，选择采用不同替代方案。第五，植树造林，降低森林砍伐，改良农业生产方法。森林是生态环境的根本，森林对 $CO_2$ 的吸收能力很强。加强天然林的保护措施，实施退耕还林，着力发展生态农业。第六，人工处理 $CO_2$。在有些工业生产过程中，利用人工方法吸收处理 $CO_2$。例如，日本学者提出，用物理吸收技术将沸石加入吸收剂发电排出的 $CO_2$ 进行吸收，或者用氨化学溶剂对 $CO_2$ 进行化学吸收。第七，向海中施铁。该措施由美国学者提出，向海中施铁，可刺激海生植物大量繁殖，进而达到大量吸收 $CO_2$ 的目的。

③方法上

秉承从源头抓起，减少 $CO_2$ 的产生量。除海洋和土壤自然释放 $CO_2$ 等天然来源外，人为来源包括交通动力、电力生产、工业生产、住宅和商业能源 4 个方面。为减少 $CO_2$ 排放，根据人为产排 $CO_2$ 来源的不同，应从以下 4 个方面着手：a. 对来自交通动力产生的 $CO_2$，主要应着眼于开发高动力、高效率能源的技术，以减少能源消耗和 $CO_2$ 的排放。例如，开发先进的发动机、复合车辆技术、燃料电池车辆等。另外，鼓励人们多乘用公共交通设施，减少私家车的使用等。b. 对来自电力生产的 $CO_2$，主要应从开发新能源如核能、水能、风能、太阳能、生物质能等处着手，替代能源是解决能源危机和减少 $CO_2$ 及其他污染排放的有效途径。c. 对来自工业生产的 $CO_2$，应以建构资源节约型社会和低能耗、清洁性生产要求下的现代制造业发展为主导，以先进性技术的引进和自主创新为支持，在工业生产的每个环节，通过改良生产设备和工艺技术，以提高能源利用效率，实现清洁化生产。d. 对来自住宅和商业方面的 $CO_2$，应从改变用能结构、促进可再生能源利用着手。在生活用能结构方面，应加强城镇电力、天然气的保障供给和相应的炊事、取暖设施改进，以最大限度地减少燃煤的直接使用；对生活在农村的居民，应通过适当的财政补贴等措施，鼓励其施行炊事沼气化和积极开发利用可再生能源，促使清洁能源早日替代污染能源；在建筑方面，应树立全天候、全寿命、全方位、全过程、全系统的广义建筑节能观念和科学、适度的住房消费观，以最大限度地节约资源、能源和减少 $CO_2$ 等温室气体的排放,从技术方面可以通过提高材料绝缘性能,使用节能建材、节能照明、家用电器设备来实现。

2)加强湿地保护,减缓温室效应

湿地被誉为“地球之肾”,是人类最重要的环境资本之一,它与人类的生存、繁衍、发展等息息相关,是人类最重要的生存环境之一,也是自然界最富生物多样性的生态环境,它不仅为人类的生产、生活提供各种资源,同时还具有强大的环境功能和效益,在抵御洪水、蓄洪防旱、调节径流、调节气候、控制污染、除淤造陆、控制土壤侵蚀、美化环境等方面有不可替代的作用。保护湿地,就是保护生态环境,保护人类自己。

①加大保护的宣传力度,提高社会公众对湿地的保护意识。在保护湿地和合理利用湿地资源方面,社会公众对湿地重要性的认识起到了重要作用。在研究和保护湿地的基础上,加强对湿地保护意识、资源忧患意识的教育与宣传,加强在群众中开展湿地保护科普活动的力度,提高全社会的湿地保护意识。

②完善法制体系,把保护与利用湿地纳入法治轨道。完善有关湿地保护的法律法规、行政章程,健全执法体系,加强执法和监督,将保护和开发利用湿地纳入法制管理轨道。

③加强各部门协调合作,健全协调管理机制。湿地生态系统极其复杂,其管理涉及农林业、渔业、海洋、水利、环保等多个部门及相关企业,加强各部门的协调合作势在必行。总结历史经验,理顺当前湿地管理体制,建立适合我国湿地资源环境特点,具有宏观调控、统一监管、分工协作职能的湿地管理体制,实施统筹规划、整体综合开发,实现对我国湿地资源的生态保护。

④多方筹措资金,加大对湿地保护的资金投入。目前,保护和开发湿地的经费不足,成为湿地保护和利用的重大障碍。首先,以政府投资为主导,将湿地保护与开发纳入国民经济和社会发展规划;其次,加大资金投入和科学技术投入,加强对湿地生态环境保护管理;最后,筹措湿地生态环境保护基金,增加湿地保护的资金注入。

⑤加强研发,以科技为支撑保护湿地环境。加强开展有关湿地保护与利用服务的应用研究和应用基础研究,加深湿地认识,并为湿地保护和合理利用提供科学依据。

⑥加强环境监测,完善湿地生态监测体系。构建完善的全国湿地监测体系,全面、实时掌握全国湿地动态变化状况,不仅为湿地的管理、合理利用和科学研究提供及时、准确的参考资料,还有助于维持湿地生态功能。

### 5.2.2　臭氧层破坏与防治对策

臭氧层(Ozone Layer)是大气层的平流层中臭氧浓度高的层次。浓度最大的部分位于20~25 km的高处。若把臭氧层的臭氧校订到标准情况,则其厚度平均仅为3 mm左右。臭氧含量随纬度、季节和天气等变化而不同。紫外辐射在高空被臭氧吸收,对大气有增温作用,同时保护了地球上的生物免受远紫外辐射的伤害,透过的少量紫外辐射,有杀菌作用,对生物大有裨益。

**(1)臭氧层的作用**

在生活中,臭氧有净化、灭菌、保鲜、美容、除臭等众多功能,对人类生活有很大帮助。而大气中的臭氧层对人类非常重要,主要有以下3个方面的作用:

①保护作用。臭氧层能吸收太阳光中波长小于300 nm的紫外光,仅让长波紫外光UV-A和少量中波紫外光UV-B辐射到地面,长波紫外光对生物体的伤害比中波、短波紫外光小得

多。也就是说,臭氧层犹如防护服,保护人类、动植物免受短波紫外线的伤害,保护地球生物得以生存繁衍。

②加热作用。臭氧吸收太阳光中的紫外线并将其转换为热能使大气温度升高,使大气温度在高度为 50 km 左右有个峰值,地表 15 ~50 km 有个升温层。正因为有了臭氧,才有了平流层的存在。由于臭氧的高度分布,大气温度分布对大气循环有重要影响。

③温室气体的作用。臭氧也是重要的温室气体,在平流层底部和对流层上部,即使这一高度气温很低,臭氧的作用也非常重要。若这一高度臭氧减少,会使地面气温下降。

(2)**臭氧层被破坏**

臭氧是地球大气中的微量气体,它的形成原因是大气中氧分子受太阳辐射分解成氧原子后,氧原子又与周围的氧分子结合而形成的。90% 以上的臭氧存在于平流层。它吸收对 DNA 有害的紫外线,防止其到达地球,以屏蔽地球表面生物不受紫外线侵害。不过,随着人类活动,特别是氟氯碳化物(CFCs)等人造化学物质被大量使用,很容易破坏臭氧层,使大气中的臭氧总量减少。臭氧在南北两极上空的下降幅度最大。在南极上空,出现臭氧稀薄区,被科学家形象地称为“臭氧空洞”(见图 5.7)。

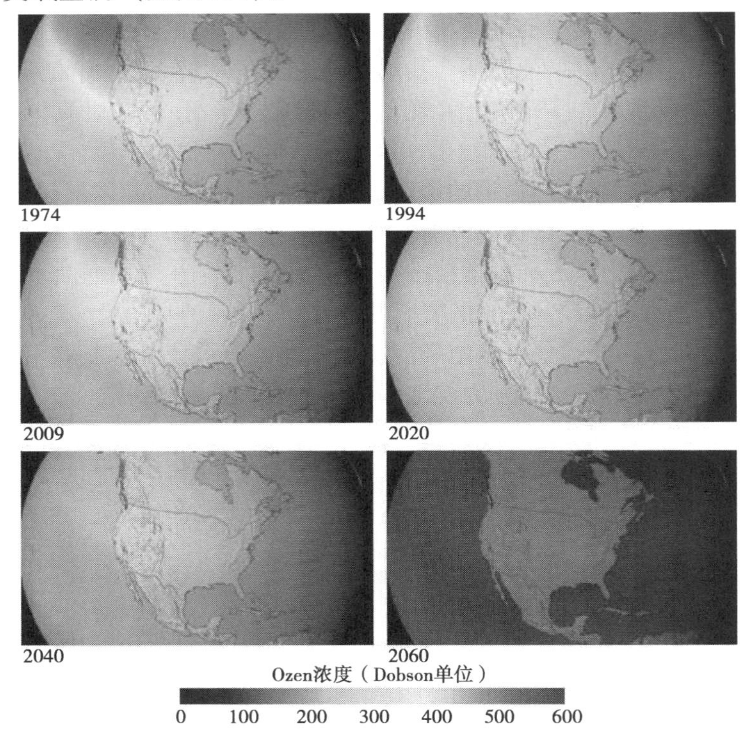


图 5.7 在不禁止生产氟利昂的情况下,NASA 对臭氧层被消耗的预测

最早正式公布南极臭氧层破洞的是英国南极勘测局的科学家在 1985 年 5 月的《自然》杂志上发表的文章,他们观测的破洞比以前估计的要大得多,在科学界引起了震惊。与此同时,卫星测量也显示出同样的结果。后来,英国的卫星“雨云 7 号”探测出该空洞的面积和美国的面积一般大。在北极和欧洲上空,科学家们也发现了臭氧层受到侵蚀的现象,形成了臭氧稀薄区域。

1985年，英国科学家在南极哈雷湾观测站发现：春天南极上空有近95%的臭氧被破坏，臭氧浓度减少约30%。从地面观测，高空的臭氧层已极其稀薄，就像形成一个“洞”，直径可达上千千米，命名为“臭氧洞”。卫星观测结果显示，此洞的面积有时比美国的国土面积还大。1998年“臭氧洞”的面积比1997年约增大15%，大约是3个澳大利亚的国土面积。

随着《蒙特利尔议定书》的严格执行，破坏臭氧层的气体释放趋势得到缓解。联合国环境署从1981年开始关于臭氧层的科学评价报告，主要依据卫星观测结果，2007年的报告显示，臭氧层破洞正在逐步萎缩（见图5.8）。2008年，氯原子等值气体（EECI，相当氯+45～60倍的溴）已经下降了10%；2015年，南极臭氧层破洞已明显减少，破洞全部恢复恐怕要到2050年才能实现，预计到2024年才可能测定出臭氧层的恢复情况，到2060—2075年才有可能恢复到1980年的水平。

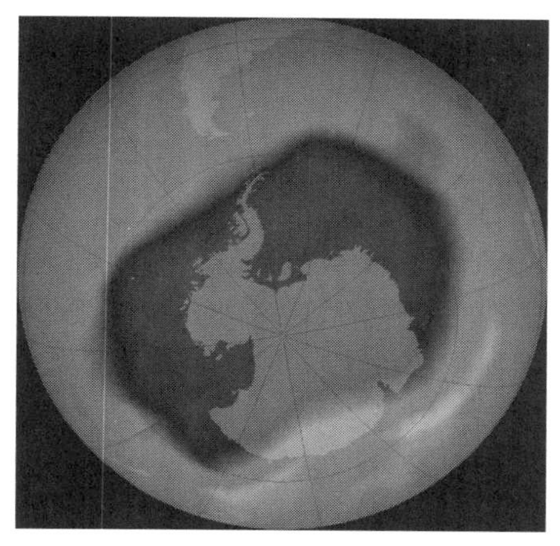

图5.8　2006年9月测定的南极上空已知最大的臭氧层空洞

（3）**臭氧层被破坏的原理**

臭氧层被破坏的原理如图5.9所示。臭氧层中有3种氧的同素异形体参与循环：氧原子（O）、氧气分子（$O_2$）和臭氧（$O_3$），氧气分子在吸收波长小于240 nm的紫外线后，被光解成两个氧原子，每个氧原子会和氧气分子重新组合成臭氧分子。臭氧分子会吸收波长为200～310 nm的紫外线，会分解为一个氧气分子和一个氧原子，最终氧原子和臭氧分子结合形成两个氧气分子。

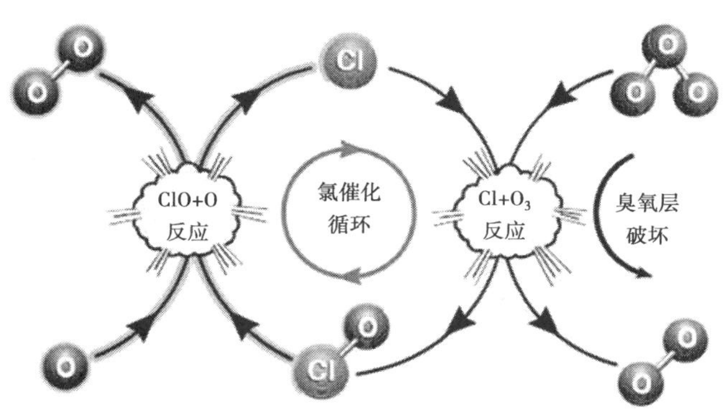


图5.9　臭氧被破坏的原理

$$O + O_3 \longrightarrow 2O_2$$

平流层中臭氧的总量取决于上述光化学的过程。臭氧会被一些游离基催化形成氧气而消失，主要的游离基有羟自由基（·OH）、一氧化氮游离基（NO·）、氯原子（Cl·）和溴原子（Br·）。这些游离基有自然生成的，也有人为造成的，其中，氢氧基和一氧化氮主要是自然产生的，而氯原子和溴原子则是由人类活动产生的，主要是一些人造物质，如氟氯烃和氟利昂。这些人造物质比较稳定，释放到大气中后，不会分解，而到平流层后在紫外线的作用下则会分解，成为游离状态。

$$CFCl_3 + h\nu \longrightarrow CFCl_2 + Cl$$

其中，$h$ 为普朗克常数，$\nu$ 为电磁波的频率。游离氯和溴原子通过催化作用，会消耗臭氧。一个氯原子会和一个臭氧分子作用，夺去其一个氧原子，形成 ClO，使其还原为氧气分子，而 ClO 会进一步和另外一个臭氧分子作用，产生两个氧气分子并还原成氯原子，然后继续和臭氧作用。

$$Cl + O_3 \longrightarrow ClO + O_2$$

$$ClO + O_3 \longrightarrow Cl + 2O_2$$

这种链式催化作用导致臭氧的进一步被消耗，直到氯原子重新回到对流层，形成其他化合物而被固定，如形成氯化氢或氮氯化合物等，这一过程大约持续两年时间。溴原子对臭氧的消耗甚至比氯原子更严重，好在溴原子的量比较少。其他卤素原子，如氟和碘也有类似的效应，不过氟原子比较活跃，很快就能和水以及甲烷作用形成不易分解的氢氟酸，碘原子甚至在低层大气中就被有机分子俘获，这两种元素对臭氧的消耗没有重要的作用。一个氯原子大约能和十万个臭氧分子作用，如果乘以每年人类向大气释放的氟利昂的量，可以想象其对臭氧层的破坏有多严重。

**（4）臭氧层被破坏的后果**

臭氧层被破坏或地球失去臭氧层，会造成严重危害，主要表现在以下 3 个方面：

①臭氧层的破坏会对人类健康产生影响。紫外线能促进合成维生素 D，对骨组织的生长、保护均起有益作用。但紫外线（200～400 nm）中的紫外线 B（即 UV-B，280～320 nm）的过量照射会诱发皮肤癌、白内障、免疫系统疾病等。据估计，平流层的 $O_3$ 减少 1%（即 UV-B 增加 2%），皮肤癌的发病率会增加 4%～6%，将会造成全球年死于皮肤癌的人数增加 5 000 人。在长期受太阳照射地区，50% 以上的浅色皮肤人群的皮肤病是阳光诱发的，且肤色浅的人比其他人群更易患阳光诱发的皮肤癌。此外，紫外线还会导致皮肤的过早老化。

②臭氧的破坏会对植物产生影响。最近，科学家开展了对 200 多种植物增加紫外线照射的实验，结果显示，秧苗比有营养机能组织（如叶片）对紫外线更敏感，试验所用 90% 的植物是农作物，有 2/3 的植物对紫外线表现出敏感性，其中，大豆、豌豆等豆类，南瓜、丝瓜等瓜类，西红柿、白菜等对紫外线特别敏感，而花生、小麦等作物具有较好的抵御能力。一般情况下，紫外辐射会导致植物的叶片变小，减少阳光捕获，减小光合作用的有效面积，会造成生成率下降。紫外辐射会使作物更易受杂草、病虫害的侵袭，导致产量降低。同时，UV-B 还会改变某些植物的再生能力和产物质量，这种变化的长期生物学意义（尤其是遗传基因的变化）是相当深远的。

③臭氧的破坏对水生系统产生影响。UV-B 的增加，对水生系统产生潜在危险。大多水

生植物贴近水面生长，这些小型浮游植物处于海洋生态食物链最底部，其光合作用最易被削弱（约60%）。增强的UV-B还可消灭水中微生物，杀死幼鱼、小虾和蟹，从而引起淡水生态系统的变化，并因此减弱水体的自然净化功能。研究结果表明，在 $O_3$ 量减少9%的情况下，约有8%的幼鱼死亡。

虽然表面上臭氧的破坏和温室效应没有直接关联，但有间接关系。温室效应主要是由温室气体产生的，如二氧化碳、甲烷。它们在太阳照射时，阳光可以穿透并照射进来，同时它们也吸收热量。在太阳无法照射到的时候，它们又释放热量，阻止地球的热量散发到太空中。

除了上述危害外，臭氧破坏所带来的其他危害仍在进一步的研究和探索中。地球生态系统是个环环相扣的整体，任何子系统的变化和破坏都会引发难以预料的连锁反应。广泛地来讲，若臭氧层全部被破坏，太阳紫外线将会杀死所有地球生命，人类也面临“灭顶之灾”，地球将成为没有任何生命的不毛之地。

**（5）人类的对策**

由以上分析可知，是人类自己的活动使人类陷入尴尬境地。正是人类为满足眼前的一时物质需求，不惜破坏赖以生存的自然环境，生产了诸如氟利昂、哈龙之类的有害物质，引起了严重的环境问题。最近，越来越多的人已经自发行动起来，为自身健康，为子孙后代不遗余力地努力着。

犹如中国古代神话传说“女娲补天”，人类已经开始了全球联动的“补天”行动。为了保护臭氧层免遭破坏，以更好地保护生态环境，自20世纪70年代以来，从欧洲的维也纳、北美洲的蒙特利尔，到亚洲的北京，为了一个坚定的目标——恢复臭氧层的原貌而共同努力，国际上保护臭氧层的行动已持续了30余年。

①建立国际间和各国的臭氧层保护法律约束机制，控制破坏臭氧层物质的排放。国际上先后通过了《关于臭氧层保护计划》《保护臭氧层维也纳公约》《关于消耗臭氧层物质的蒙特利尔议定书》（以下简称《议定书》）。根据公约“共担责任但又有区别”的原则，联合国对发达国家和发展中国家明确了消耗臭氧层使用的时间限制，并建立了意在帮助发展中国家履约的多边基金。由此，破坏臭氧层物质的生产和消费逐年减少，臭氧空洞正在得到有效控制。我国于1991年6月签署了《议定书》的伦敦修正案，目前《议定书》的缔约方已达168个。1994年第52次联合国大会决定，把每年的9月16日定为国际保护臭氧层日。我国正在为实现《议定书》规定的指标而努力，制定并实施了20余项有关保护臭氧层的政策。这对减少消耗臭氧层物质浓度及保护臭氧层具有重要意义。

②加强氟利昂代用品的研究开发力度。氟利昂替代品的开发得到了广泛的重视，目前主要包括含氢的氟利昂，其在到达臭氧层之前的对流圈被分解。或者用不含氯的氟利昂，如F32、F215、F134a和F143等，即使它们到达臭氧层也不会产生破坏作用。有的替代品则是不含F和Cl的有机物，如精制的石油气和二甲醚、烷烃、氮气、二氧化碳等。此外，回收和分解氟利昂的研究工作也正在进行。在我国，无氟冰箱、无氟空调正在走进千家万户，人们正以自己的行动推动人类社会生产步入良性循环。

③提高对保护臭氧层的认识，牢固树立环境意识。尽管人类企图寻找另一个与地球相近、可供人类生存的星球，但不得不承认地球仍然是人类的唯一家园，人离开地球将无法生存。人类必须善待地球、善待自然，不能以牺牲环境为代价，片面强调发展的速度与数量。相反，应强

调人与自然的和谐，强调资源的持续利用，认识臭氧层的作用，增强生态环境意识，共同维护地球。

### 5.2.3 酸雨的形成与防护

#### (1)酸雨概述

酸雨的概念由英国化学家RA史密斯于1872年提出。在环保署研究报告中，已统一将雨水的酸碱值在5.6以下时正式定义为“酸雨”，包括雨、雪、雹、雾等降水过程。一般地，从大气污染物沉降的角度来讲，又把“酸雨”称为“酸沉降”“酸性降水”；若考虑对环境的影响，更完整地表达“酸沉降”的环境问题，“酸雨”又被称为“环境酸化”。

酸雨是由多种因素综合构成的复杂过程(见图5.10)形成的，至今还有许多关键的问题没弄清楚。在酸雨化学组成中，较重要的物质包括$Cl^-$、$NO^{3-}$、$SO_4^{2-}$、NH4$^+$、$K^+$、$Na^+$、$Ca^{2+}$及$Mg^{2+}$等。其来源包括自然来源及人为来源。一般而言，$SO_4^{2-}$和$NO^{3-}$为主要的致酸物质，它们是由硫氧化物($SO_2$)与氮氧化物(NO、$NO_2$)转化而来。在人为污染排放方面，前者与使用化石燃料、火力发电厂、燃烧含硫有机物有关，后者主要来自工厂高温燃烧过程、交通工具排放等因素。$Ca^{2+}$和$NH_4^+$为主要的中和(致碱)物质。

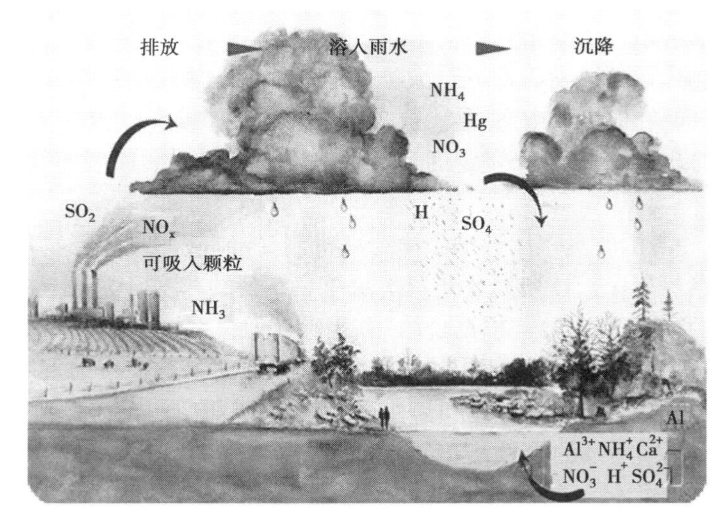


图5.10 酸雨的形成过程

#### (2)酸雨的危害

众所周知，酸雨会给环境带来严重危害，造成巨大经济损失。原中国国家环境保护局相关数据表明，目前每年因酸雨和二氧化硫污染造成的生态环境损害、人体健康危害，已造成经济损失约1 100亿元，并呈现不断增加的趋势。一般来讲，酸雨的危害有以下4个方面：

①对人体健康的危害。与$SO_2$相比，硫酸和硫酸烟雾的毒性要大得多，可以侵入肺部深部组织，引起干咳、哮喘、头痛以及鼻子、眼睛、喉咙的过敏。酸雨还会溶解水里的有毒金属，并可能被水果、蔬菜和动物组织吸收，人类吃下这些食物，会对健康造成严重损害。例如，汞累积在动物器官和组织中会造成脑损伤和神经混乱；动物器官中的铝与肾脏问题有关。

②使河流、湖泊的水体酸化，严重影响水生生物的生长。湖泊和河流是酸性降水的首先受害者，降落酸雨后的变化也最明显，敏感水体酸化后会带来各种不良生物后果。水体中某些有

机物的分解速度会降低，水体中的第一生产者的组成将发生变化。浮游生物的种类将会减少，但浮游生物的生物量与生产率不会因水体酸化而减少。草食类与肉食类微生物的生物量会减少。美国和加拿大已有几千条河流和湖泊中的水生动植物绝迹，处于“死亡”状态。

③对饮用水质的影响。水体酸化后可能从土壤和水的分配网中溶解某些有毒物和有害金属，如铅、汞、镉、铝与铜等，饮水中含有这些金属会引起人体一系列的疾病。

④破坏土壤、植被、森林。土壤中的钙、镁、钾等养分在酸雨的作用下大量流失，导致土壤逐渐酸化、贫瘠化，严重影响植物生长。同时，酸雨还会影响固氮菌的活动，导致土壤微生物群产生生态系统混乱，影响氮的固定，对植物的生长造成严重影响。

据报道，欧洲许多国家的森林正在以惊人的速度死亡，特别是德国已有约50%的森林受到了酸雨破坏，西部森林也受到了最为严重的损害。在我国南方，土壤原本多呈酸性，又受到酸雨影响，加速了其酸化过程。此外，土壤里含大量铝的氢氧化物，被酸化后，会加速土壤中含铝矿物风化，从而释放大量铝离子，形成可被植物吸收的铝化合物，若植物长期或过量地吸收铝，会引发中毒，甚至引起死亡。酸雨不仅能加速土壤矿物营养元素的流失，还能造成土壤结构的改变，导致土壤的贫瘠化，从而影响植物的正常发育，诱发植物病虫害，造成作物减产。

⑤腐蚀油漆、金属、皮革、纺织品和含碳酸钙的建筑材料。例如，有的完好保存了几百年的文物古迹或艺术珍品，几十年间已被酸雨腐蚀得面目全非。雅典作为地中海沿岸的历史名城，保存的很多古希腊遗留下来的金属像和石雕像，很多已被酸雨腐蚀得面目全非。杭州灵隐寺著名的“摩崖石刻”，经过近几年酸雨的侵蚀，佛像面部的眼睛、鼻子、耳朵等剥蚀严重，已面目全非，被现代人修补后，造成了古迹不“古”。碑林、石刻大多都是由石灰岩雕刻而成，遇到酸雨后会立即起酸碱中和的化学反应，将碑林、石刻腐蚀。酸雨还造成油漆泛白、褪色，给古建筑、仿古建筑带来许多麻烦。

**(3)酸雨的防治措施**

目前，人类主要采取通过减少燃烧化石燃料，进而降低其酸性氧化物的排放，并降低汽车排放的氮氧化物等来进行对酸雨的防治。具体来讲，采取的措施主要有以下5个方面：

①对钢铁、火电、水泥、电解铝等大气污染严重的重点行业实施排污许可证制度，明确各企业主要污染物的处理、排放许可和削减排放量问题，同时，强制安装在线监控装置，严格监督管理。

②划定高污染燃料禁燃区，禁止使用高污染燃料燃烧设备，大力推广清洁能源替代燃煤；大幅度提高城市气化率，减少城市燃煤量；限制高硫煤使用，加速城区空气质量的改善。

③进一步推动火电厂脱硫工程建设。研究制订、尽早实施有关控制和减排二氧化硫的经济政策，将火电机组脱硫成本纳入上网电价，并确保脱硫机组上网电量、实行环保发电折价标准，刺激多方面、多渠道脱硫资金投入，加强落实脱硫工程项目的补助政策等。

④控制燃煤污染大气综合防治工程，严格执行最新的火电污染物排放标准，超标电厂坚决限产甚至停产。

⑤依据《排污费征收使用管理条例》，有效实施排污总量收费，并继续提高二氧化硫排放收费标准，使其超过污染物治理成本，刺激企业治理污染排放。

### 5.2.4 雾霾的成因、危害与对策

**(1)雾霾的形成原因**

霾(Haze)或灰霾(Dust-haze)是一种由固体颗粒形成的空气污染现象,其核心物质是悬浮在空气中的灰尘颗粒,气象学称之为气溶胶颗粒。它主要是指悬浮在大气中的微小尘粒、烟粒、盐粒等集合体,如空气中悬浮的灰尘、硝酸、硫酸、有机碳氢化合物等,使大气混浊,导致能见度恶化。

雾霾是在大气污染背景下,秋冬季节常见的天气现象。虽然雾(Fog)和霾都被视为视程障碍物,但两者之间差别很大。雾是指空气中的水汽产生的凝结现象,属于自然天气现象,与污染没有必然联系;而霾是人为排放到大气中的尘粒、盐粒、烟粒等气溶胶集合体,是由大气污染造成的。可从空气湿度上对两者作出大致判断,一般情况下,相对湿度大于90%时多称为雾,而湿度小于80%时多称为霾,湿度为80% ~90%的则称为雾霾混合物。一天中雾和霾可以互换角色,也可能在同一区域内有些地方为霾,而有些地方为雾。雾、霾同时存在,且区域性能见度小于10 km的空气浑浊现象被称为"雾霾"天气。能见度降低不仅有"积极"云雾滴的参与作用,还存在气溶胶粒子的作用,这当中细粒子的作用主要源于人类活动的排放。雾霾不是单纯的自然现象,而是有人类活动参与的有害气象问题,更是环境问题(见图5.11)。

(a)

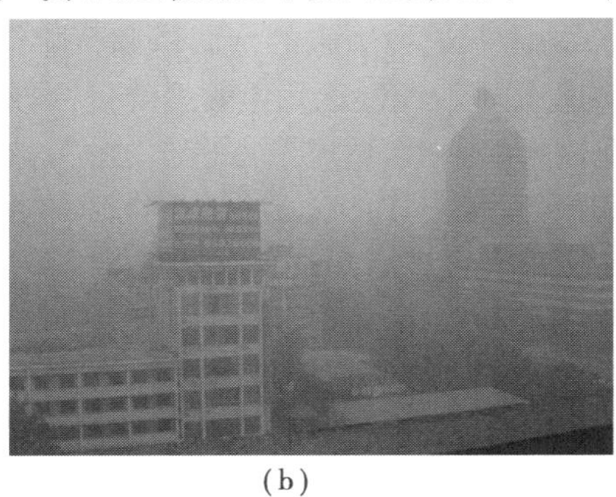

(b)

图5.11 饱受雾霾污染的北京对比

霾的成因与逆温层的出现有关。一般情况下,地面气温较半空温暖,空气会上升并在半空散开。但若上升的暖空气遇到逆温层的出现时,空气不能上升而引起高浓度污染的累积,再加上发生逆温现象,污染物无法对流至高空,就形成霾。霾来源多样,如汽车排放的废气、工业排放、道路扬尘、建筑施工扬尘、工业粉尘、垃圾焚烧,甚至火山喷发等。

燃煤可以用于个人居家取暖,或是电厂产电,但燃煤会导致烟雾弥漫,制造雾霾。英国中世纪就有以此为来源的空气污染。特别是伦敦在19世纪中因燃煤雾霾而臭名昭著,得名豆子汤(Pea-soupers)、伦敦烟雾(London smog、London fog)。2013年,中国东北雾霾事件(见图5.12、图5.13)导致公路、学校、机场、码头关闭。FY-2E气象卫星监测到2013年1月22日的图显示雾霾覆盖面积达222万 $km^2$,几乎覆盖了整个中东部地区;同年10月21日的监测图显示我国北方地区出现严重雾霾天气过程,内蒙古东部和东北地区影响范围约40.8万 $km^2$,大部地区都为雾霾所覆盖。

图 5.12　FY-2E 气象卫星于 2013 年 1 月 22 日的大雾监测图

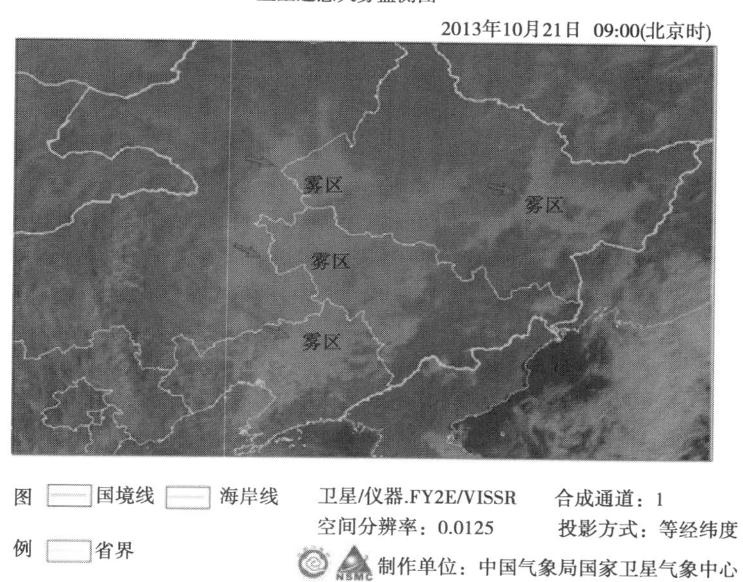


图 5.13　FY-2E 气象卫星 2013 年 10 月 21 日大雾监测图

卡车、巴士、汽车、摩托车等的排气系统副产品也会导致空气污染，是造成许多大城市雾霾的主要因素。交通污染主要因素有一氧化碳（CO）、氮氧化合物（NO 和 $NO_2$）、挥发性有机物、二氧化硫和烃类。这些分子与阳光、热气、氨水、雾水和其他物质混合，形成雾霾。

另外，光化学雾霾是一种淡红紫色的雾霾。在汽车尾气、工厂废气中含有大量的氮氧化物和碳氢化合物，这些气体化合物在阳光和紫外线的诱导下，会发生光化学反应，产生光化学烟雾。光化学烟雾主要成分是一系列氧化剂，如醛类、臭氧、酮等，其毒性大，对人体有强烈的刺激和危害，会导致人出现视力衰退、呼吸困难和手足抽搐等现象。

**（2）雾霾的危害**

霾的组成成分复杂，包括数百种大气颗粒物。其中，有害人类健康的主要是PM10，如矿物颗粒物、海盐、硫酸盐、硝酸盐、有机气溶胶粒子等，而PM2.5颗粒过于细微无法被鼻子的纤毛及咽喉之黏液过滤，它能直接进入并黏附在人体上下呼吸道、肺叶、肺泡中，乃至进入血管随血液循环至全身，引起咽喉炎、肺气肿、哮喘、鼻炎、支气管炎等呼吸系统病症，或是提高心血管疾病发生的概率，长期处于这种环境中甚至会诱发肺癌、心肌缺血及损伤等。

此外，太阳光中的紫外线是人体合成维生素D的唯一途径，紫外辐射的减弱会直接引发小儿佝偻病高发。紫外线是杀灭大气微生物如细菌、病毒等的主要武器，而灰霾天气会降低近地层紫外线的到达量，导致空气中的传染性细菌、病毒的活性增强，传染病发病概率增加。除了影响生理之外，长期受灰霾天气影响，人们容易产生悲观情绪，若不及时调节，很容易失控。霾造成大气能见度大降，会导致交通阻塞，事故频发。

**（3）我国解决雾霾污染的对策与建议**

现阶段，我国在能源消耗上依然以煤炭和生物质能为主，这也是导致雾霾问题频发的主要诱因，为了解决这一问题，可以采用以下对策与建议：

1）重点解决大气、水与土壤污染问题

根据发达国家解决雾霾问题的经验，要先解决环境污染问题，才能够解决气候变化问题。目前，无论是环境问题还是气候问题，我国的形势都非常严峻。为此，在下一阶段，必须要重点解决大气、水与土壤污染问题。此外，这一工作的开展仅仅依靠少数的行业是远远不够的，需要动员全体行业与人民参与，不仅要抓好质量，还要做好协同控制工作，在重视重点行业的同时抓好分散的污染源，将城市民用能源、城市清洁化问题作为重点问题进行解决。

2）改善交通条件与绿化设施

在20世纪八九十年代，汽车尾气带来的空气污染是英国生态环境的主要威胁，为此，英国政府大力发展公共交通，降低汽车尾气排放量。1993年，英国政府强制所有车辆都必须加装尾气催化器，以减少氮氧化物的排放。伦敦政府还大力发展自行车交通业，予以了一系列的政策支持。此外，英国也非常重视绿化业的发展，明确了发展林业的核心任务，制订了系统性的林业发展战略，采取了保护与建设双管齐下的处理措施。我国可以借鉴发达国家的做法，根据各个地区的情况改善交通条件与绿化设施，为雾霾问题的解决奠定好基础。

3）制订出多个部门的监测应急措施

环保部门需要加强与其他部门的协作，构建出雾霾天气的监测应急机制，制订出完善、系统的大气污染应急体系。同时，还要根据具体的污染等级采用限车限号、限产停产等干预措施。在监测体系上，可以设置好地基光学观测点，对气溶胶光学厚度进行系统的监测，并设置好垂直与水平能见度观测站，掌握污染物与雾霾天气之间的关系。

4）发展清洁电力能源

目前最能清洁利用煤炭的办法是发电，火电企业在将煤炭转化为电力时，可基本消除燃煤过程中产生的烟尘、二氧化硫和氮氧化物。新处理技术下的煤炭发电可以有效减少雾霾的形成。多数发达国家将煤炭的80%～90%都用来发电，有效减少和消除了雾霾等空气污染的状况。虽然煤电是最能清洁利用煤炭资源的办法，但却不能确保其他用煤单位的清洁利用。只有保证所有煤炭的清洁利用，雾霾问题才能得到有效解决。扩大和推广电力、天然气等洁净能源替代分散的不能控制污染的小用户的煤炭无疑是一条明智之选，可喜的是中国的煤电企业在污染控制方面已经取得了很大成效。

总之，大气污染防治深层次原因多，更与国家发展策略密切相关，应积极推动大气污染防治向全面、纵深方向发展。一方面，要对整个大气环境系统进行科学、全面的分析，对各种能减轻大气环境污染方案的技术可行性、实施可能性等进行优化筛选和评价；另一方面，要审视中国经济社会发展战略，从宏观入手着力转换方式、调整结构，并根据各区域实际情况，科学制订大气环境质量管控方案，标本兼治。

## 5.3　水资源与环境

### 5.3.1　水资源的基本概念

按《英国大百科全书》中的解释，水资源（Water Resouces）为全部自然界中任意形态的水，包括全部的气态水、液态水和固态水的总和。

联合国教科文组织（UNESCO，United Nations Educational，Scientific and Cultural Organization）和世界气象组织（WMO，World Meteorological Organization）对水资源作了新的定义，指出水资源主要是指可以利用、可能被利用的水源，不仅具有足够数量，还具有可用的质量，并在某一地点为满足某种用途具有被利用的需求。

通常情况下，狭义上的水资源是指人类能够直接使用的淡水，即在自然界水循环过程中，大气降水降落到地面形成径流，汇入江河、湖泊、沼泽和水库中的地表水，或者渗入地下形成地下水。广义上的水资源是指人类能够直接或间接利用的各种水和水中物质，以及在社会经济生产过程中具有使用价值的水。它包括地球上所有的淡水和咸水，既包括天然水，也包括人类利用工程或生物措施处理更新中的水（中水）。

### 5.3.2　水资源的基本特性及现状

水是自然界的重要组成物质，是人类及其他生命体赖以生存的物质，也是自然环境中最为活跃的要素，它积极参与了自然环境中一系列的物理、化学和生物过程。总体说来，水资源具有以下特征：

**（1）储量的有限性**

全球陆地可更新的淡水资源量大约为 $42.75\times10^6\ km^3$，可供人类使用的淡水资源量为 $(12.5\sim14.5)\times10^6\ km^3$，不足全球淡水的1%，约占全球总储水量的0.007%（湖泊、江河、水库以及埋藏较浅易于开采的地下水）。

**（2）补给的循环性**

水是自然界的重要组成物质，它不停地运动，并积极参与自然环境的一系列物理、化学和生物过程，在水循环中形成一种动态资源，具有循环性。自然界中各种形态水的运动和转换构成水文循环。对水的多少和时空分布、水质有决定意义。

**（3）时空分布的不均匀性**

水的分布决定于气候条件，其中以降水量最为重要。降水受综合性气候带的控制，各地降水量的多少差别很大。从全球水资源的分布来看,大洋洲的径流模数为 51.0 L/(s·km²),亚洲为 10.5L/(s·km²),最高的和最低的相差数倍。我国的水资源区域分布很不均匀,东南多,西北少;山区多,平原少;沿海多,内陆少。即使在同一地区,不同时间水资源的分布差异性也很大,一般夏多冬少。

**(4)用途的不可替代性**

水资源是人类和一切生物生存中必不可少的重要物质,也是社会经济发展、工农业生产和环境改善过程中不可替代的宝贵自然资源,一切生物体均含有水。其参与了地球的演化过程,改变了地球的地表形态,是景观资源不可替代的物质,是推动人类社会进步和经济社会发展的重要物质基础。

《世界水资源发展报告》显示,地表超过 70% 的面积被海洋覆盖,淡水资源非常有限,其中仅 2.5% 的淡水资源能够供人类和动植物使用。全球的淡水资源十分短缺,且地区分布十分不平衡。在地区分布方面,俄罗斯、巴西、加拿大、美国、中国、印度、印度尼西亚、哥伦比亚和刚果占了世界淡水资源的 60%。约占世界人口总数的 40% 的 80 个国家和地区,淡水严重不足,处于严重缺水的境地。有 26 个国家,约 3 亿人口一直生活在缺水状态。到 2025 年,世界仍将有 40 多个国家和地区,约 30 亿人口处于缺水状态。目前,水资源正成为一种宝贵的稀缺资源,水资源问题不仅涉及资源问题,更关系国家经济的发展与社会的进步,以及社会可持续发展和长治久安的重大战略问题。

目前,全球约有 8.84 亿人口仍在使用未经净化的饮用水,26 亿人未能使用改善的卫生设施,30 亿~40 亿人家中仍未安装自来水。在发展中国家,全球每年约 350 万人死于供水不足和卫生状况差。城市是水污染的主要来源,全球超过 80% 的废水尚未得到收集或处理。在某些地区,地下水源已达到或超过临界极限。目前,与水资源有关的灾害占所有自然灾害的 90%,且这类灾害的发生率和强度仍在不断上升,对人类经济社会发展造成严重影响。中国的水资源也比较缺乏,人均淡水水平仅为世界平均水平的 1/4。当前,我国有 2/3 的城市处于供水不足的状态,其中 1/6 处于严重缺水的状态,其中包括北京、天津等特大城市。突出的水稀缺与水污染问题已逐渐威胁中国经济发展与社会安全,成为当前亟待解决的重大问题。

### 5.3.3 水资源对环境的影响

**(1)水资源利用不当对环境的危害**

水作为人类生存和发展不可缺乏的一种资源,不仅可以造福人类,还会因使用不当给人类带来灾难。人们在利用水资源时会产生大量的废水,如果废水处理不当,就会对环境造成极大的影响,从而反作用于人们的正常生活,给人类带来危害。

【实例 5.3】嘉陵江水污染案

2017 年 5 月 5 日,广元市环境监测中心站监测发现嘉陵江入川断面出现水质异常。根据监测数据,西湾水厂水源地水质铊元素超标 4.6 倍,远远超出了中国国家地表水环境质量 0.000 1 mg/L的标准,对百姓用水安全造成严重威胁。

【实例 5.4】河水被污染,安徽池州千亩良田变荒地

2015 年 6 月 17 日,地处长江南岸的安徽省池州市东至县香隅镇数千亩农田变成了荒地,原因是化工园污染了灌溉水源。这些水中含有大量有毒物,多项污染物超标。其中苯的含量为 13.7 mg/L,超标 136 倍。污水进入通河之后,在合阜村与另一条河流汇合,再辗转三四千

米，最终流入长江。

【实例 5.5】昆明东川小江变成“牛奶河”

2013 年 4 月 1 日，云南省昆明市东川区惊现“牛奶河”。究其原因，是因为当地工矿业排放的尾矿水直接注入该条河流所致，且该废水造成的污染已经持续多年，引起周边群众灌溉用水安全问题，引发社会各界的关注。该河水污染已造成周边农田的严重污染，引起当地西瓜减产。经进一步了解得知，该河流的主要污染物为黄原酸盐，直接排放或流失会引起严重的水体和土壤污染，严重危害水生物，并引起河流、湖泊的淤塞。

【实例 5.6】北京密云水库上游存在垃圾填埋坑，威胁水源水质

2013 年 2 月 24 日，北京密云水库上游牤牛河的老河床上，出现了一个占地超过 3 000 $m^2$ 的巨型垃圾填埋坑。据当地村民反映，此垃圾填埋坑从 2009 年开始出现，周边 10 多个村的垃圾都运到此处，且垃圾没有分类，随处可见动物尸体、药瓶等生活垃圾，造成附近臭气冲天，严重影响了密云水库水质。

【实例 5.7】华北平原局部地区地下水污染严重

2013 年 5 月 2 日，华北平原浅层地下水综合质量整体较差，几乎无Ⅰ类地下水可用，可以直接饮用的Ⅰ—Ⅲ类地下水仅有 22.2%，而需经专门处理后才可使用的Ⅴ类地下水仅占 56.55% 以上。因地下水的污染严重，有些村民几年来只能喝每壶 0.5 元的专供水，井水只能用来刷锅、洗衣服。

【实例 5.8】兰州“4·10”自来水苯超标事件

2014 年 4 月 10 日，兰州发生了自来水苯含量超标事件。兰州市威立雅水务集团公司检测显示，4 月 10 日 17 时出厂水苯含量、10 日 22 时自流沟苯含量、11 日 2 时自流沟苯含量均远超出国家限值 10 μg/L。2014 年 4 月 12 日 13:13，原因已经查明：兰州自来水苯超标系兰州石化管道泄漏所致。2014 年 4 月 15 日，兰州主城区的城关、七里河、安宁、西固 4 区已经全部解除了应急措施，全市自来水恢复正常供水。

(2) **水资源的泛滥对环境的影响**

当水由于气候的影响或者是地壳本身的运动而导致泛滥，此时的水将会对人们的正常生产生活带来毁灭性的打击。随着人口的急剧增加和对水土资源不合理的利用，导致水环境的恶化，加剧了洪涝灾害的发生。

1) 世界性事件

2011 年泰国洪灾致 900 万人受灾。7—11 月连续 4 个月的洪水让泰国发生了半个世纪以来最严重的洪灾，造成 900 万人受灾，近 600 人死亡，首都曼谷变成水城，近 20% 的面积被洪水浸泡。

2012 年俄罗斯遭受最严重的洪涝灾害。7 月 8—9 日，俄罗斯南部遭暴雨袭击并引发洪水，造成 3.4 万人受灾，171 人死亡，5 000 多栋房屋被洪水淹没，电力、天然气、供水和交通系统被毁坏。

2013 年中欧遭遇“世纪洪水”。5 月下旬至 6 月上旬，中欧地区出现连续性暴雨天气，平均降水量达 77.6 mm，为近 34 年历史同期最多。多瑙河水位成为 1954 年以来历史最高。

2014 年巴尔干半岛出现百年不遇洪灾。5 月中旬，欧洲巴尔干半岛 3 天之内下了常年 3 个月的暴雨，引发 120 年来最严重的洪水。其中，波黑成为受洪水影响最严重的国家，短短 4 天内，发生了 2 100 起山体滑坡事故。

2015 年非洲南部多地遭暴雨袭击。1 月,非洲东南部多地遭遇持续暴雨袭击,引发洪涝灾害。马拉维至少有 176 人死亡,约 20 万人流离失所;莫桑比克中部和北部洪涝灾害造成至少 159 人死亡。

2)国内事件

2009 年台风强降水重创台湾。受强台风"莫拉克"影响,台湾阿里山过程降水量为 3 139 mm,南部地区发生 50 年来最严重水灾,造成重大人员伤亡和财产损失。

2010 年海南出现罕见强降水。10 月 1—19 日,平均降水量达 1 060.1 mm,平均暴雨日数为 6.6 天,为 1961 年以来同期最多。部分江河水库水位超过警戒水位,多个县市出现严重内涝,海口、三亚等地中小学停课。

2012 年 7 月 21—22 日,百年一遇特大暴雨袭击华北,北京、天津及河北等地区出现区域性的大暴雨到特大暴雨,引发了严重的城市内涝,北京、河北、天津等地区均出现重大人员伤亡。

2013 年台风增雨导致余姚"一片汪洋"。10 月 7 日,台风"菲特"在福建省福鼎登陆,时逢天文大潮,浙江沿海出现 50 ~ 100 cm 的风暴增水。余姚平均降雨量达 499.9 mm,为百年一遇,城市几乎成为"孤岛"。

2015 年主汛期南方多地日雨量破纪录。6—8 月,我国南方共出现 18 次暴雨过程,间隔时间短、雨量大,共有 24 站日降水量达到或突破历史极值。上海、深圳、武汉等城市引发城市内涝,频繁"看海",饱受网友吐槽。

## 5.4 土地资源的利用与保护

### 5.4.1 土地资源的分布现状

土地资源是指在一定技术条件下和一定时间内可以为人类利用的土地。人类在利用土地资源的过程中也包括了改造。土地资源包含了资源的自然属性和人类利用、改造的经济属性,故称"历史的自然经济综合体"。

**(1)全球土地资源概况**

土地是人类赖以生存和发展的最基本的物质基础,是从事一切社会实践的基地和进行物质生产过程不可或缺的生产资料,是人类生态系统物质的供应者和能量的调节者。分布在地球上不同地理位置上的土地资源,由于组成的复杂性和地区的特殊性,状况十分复杂。从整体上看,随纬度的变化可划分出若干个自然带,各地带土地构成要素间存在着特殊的、有规律的内在联系,而且在时间上不断发展演变。据联合国粮农组织(FAO)的统计,世界上土地总面积约为 130.64 亿 $hm^2$,其中,耕地 14.04 亿 $hm^2$,占 10.5%;牧场 34.85 亿 $hm^2$,占 26.0%。世界范围内,亚洲土地面积最大,为 30.85 亿 $hm^2$,非洲次之,为 29.78 亿 $hm^2$,欧洲为 22.60 亿 $hm^2$,北美和中美洲为 21.37 亿 $hm^2$,南美洲为 17.55 亿 $hm^2$,大洋洲为 8.49 亿 $hm^2$。

**(2)我国土地资源**

我国土地资源的基本特点是:土地总量大,但人均占有量小;土地资源类型多,但耕地、林地少;土地资源区域差别大。我国虽然土地总量很大,但人均土地占有量不到世界人均土地占有量的1/3,属于地少人多的状况。我国的气候、地形等自然条件的差别显著,形成了耕地、草地、林地、水域等多样化的土地类型。由于我国山地多、平地少,干旱、半干旱地区占地面积大,因此我国耕地资源、森林资源不多,新疆、内蒙古的干旱沙漠和青藏高原上的高寒沙漠,土地资源难以利用。同时,土地资源区域差别大。大片耕地主要分布在东部季风区和盆地地区,天然林地主要分布在东北地区和西南地区。各地区土地资源的质量也不相同。全国90%左右的耕地和林地集中在东部季风区,旱地多数分布在北方平原,而南方以水田为主,多丘陵山地,西北多草地和沙漠。

耕地是土地资源的重要部分。中国耕地主要集中在“三大平原”,即东北平原、华北平原和长江中下游平原,另外还有珠江三角洲和四川盆地。其中,东北平原盛产玉米、小麦、高粱和大豆,华北平原盛产小麦、高粱、谷子和棉花等,还有不少种类的水果。长江中下游被称为“鱼米之乡”,盛产水稻、水果和蔬菜,该地区淡水鱼产量也很高。

### 5.4.2　我国土地资源面临的生态问题

**(1)土地荒漠化**

荒漠化(Land Desertification)是由于气候变化和人类不合理的经济活动等因素,使得干旱、半干旱以及具有干旱灾害的半湿润地区的土地发生了退化,简言之就是指土地退化,或称为“沙漠化”。荒漠化一般是指干旱、半干旱地区发生的土地退化现象。土地质量恶化、有机物质量下降,引起土地表面沙化或土地板结,严重的成为包括沙漠和戈壁在内的不毛之地。

目前,我国荒漠化的土地面积正在不断扩大。一般认为,土壤荒漠化会对土地资源造成严重危害,当土壤中的水分和有机物质减少到一定的程度时,就可能引发土地的荒漠化现象,引起土壤中养分的减少,土壤的保水能力降低,情况严重的将不能再生长植物,最终引起土壤的沙化。我国近几年降雨量减少,许多河流的下游区域也出现了因为生态失衡而引起的土地荒漠化现象,部分地区因草场生态环境的恶化而导致草场的退化,甚至出现了草原荒漠化现象。

**(2)水土流失严重**

水土流失(Soil Erosion, 也被称为侵蚀作用或土壤侵蚀)是自然界的一种现象,是指地球表面不断受到风、水、冰融等外力的磨损,地表土壤及母质、岩石受到各种破坏和移动、堆积过程以及水本身的损失现象,包括土壤侵蚀及水的流失。人类对土地资源的不合理利用,特别是对水土资源进行的不合理开发和经营,破坏了土壤的覆盖物,导致水冲蚀了裸露的土壤,且流失的速度和数量超过了母质层育化成土壤的速度和质量,进而导致由表土流失引发的心土流失和母质流失,最终使得岩石裸露,土壤被毁。

目前,耕地的水土流失现象非常严重,荒漠化现象加剧了耕地的水土流失。伴随着城市的建设和扩张,城市的水土流失也在加剧。水土流失主要有水力侵蚀和风力侵蚀两种表现类型。河流上中游地区主要发生的是水力侵蚀,而风力侵蚀一般发生在我国西北地区。影响水土流失的原因有自然因素和人为因素两种,其中,自然因素是指植被、地形和地貌等先天条件;人为因素在水土流失中起到了主要作用。水土流失不仅使生态恶化,极端天气频发,并造成河流淤积越来越严重,又因大量泥沙的淤积减弱了其自身的调节功能。另外,水土流失也引起耕地中的有机质和矿物质的严重流失,造成土地日渐贫瘠,进一步加剧了土地资源的破坏。

(3)**土壤盐渍化**

土壤盐渍化(Soil Salinization)是指土壤底层或地下水的盐分随毛管水上升到地表,水分蒸发后,使盐分积累在表层土壤中的过程或现象,也称盐碱化。土壤盐渍化不仅是世界性的资源问题,更是一个生态问题。据统计,全球各种盐渍土约9.5亿$hm^2$,广泛分布于100多个国家和地区,约占全球陆地面积的10%,全球盐渍化的面积还在快速增加。土壤的次生盐渍化,也给人类带来了严重的生态危害和经济损失。

据统计,约一半的全世界灌溉土地均存在不同程度的盐渍化,因土壤的次生盐渍化,每年约有1 000万$hm^2$的土地被废弃。盐渍化引起的土地荒漠化,仅次于沙漠化和水土流失(风蚀和水蚀),已成为荒漠化重要的表现形式。新疆不仅是我国的荒漠化大区,也是我国最大的盐土区,盐渍土约占新疆土地面积的6.6%,占全国盐渍土面积的1/3。新疆地处内陆的封闭环境,异常丰富的盐质仅能在区内循环,土壤的残余积盐和现代积盐进程都非常强烈,并借助对土壤的灌溉,致使土壤次生盐渍化的发展非常迅速。且因盐渍占地面积大、种类众多,新疆被部分学者称为"世界盐渍土博物馆"。另外,我国现有耕地的1/3存在不同程度的次生盐渍化,已成为农业低产的重要原因。

(4)**土壤污染**

土壤污染(Soil Pollution)主要是指因为人类生产活动产生的大量有毒有害物质进入土壤,并累积到一定程度,超过了土壤本身的自净能力,致使土壤形状、成分和质量的变化,并产生了对农作物和人体的影响和危害的现象。被污染的土地再通过生物的新陈代谢,会以植物的果实、根、茎、叶的形式给动物提供食物,通过此途径向环境输出污染物并造成二次污染。目前,我国的土壤污染主要有以下5种:

①大气污染对土壤的污染以及重金属引起的土壤污染。工业生产排出的有毒废气是大气中主要的有害气体,如碳氢化合物、二氧化硫、氮氧化物、臭氧、氟化物等化合物,粉尘、烟尘等固体颗粒,以及烟雾、雾气等液体物质,它们通过沉降或降水进入土壤,引起污染。另外,有色金属冶炼企业排出的废气中含有铬、铜、铅、镉等多种重金属,会引起附近土壤的重金属污染;制造磷肥、氟化物的工厂会造成附近土壤的粉尘污染和氟化物污染。

②农药引起的污染。农药可有效防治病、虫、草害,若使用得当,可保证作物增产,但农药本身是危害巨大的土壤污染物,应用不当,会给土壤带来严重污染。喷施于作物上的农药(粉剂、水剂、乳液等),除部分被作物所吸收,或进入大气外,约有一半会落于农田,落于田间的农药与直接施于田间的农药(如地下害虫熏蒸剂、拌种消毒剂、杀虫剂等)形成了农田土壤农药的基本来源。被农药污染的农作物吸收土壤中的农药,并在作物的根、茎、叶、果实以及种子中积累起来,又通过食物、饲料危害人体、牲畜的健康。另外,农药在起到杀虫、防病作用的同时,也伤害了有益于作物的微生物、鸟类及昆虫,破坏了农田生态系统,造成农作物的间接损失。

③施肥引起对农业环境的污染。施肥是实现农业增产的重要办法,但若使用不合理,也会造成土壤污染。若大量使用氮肥,时间累积会破坏土壤成分结构,引起土壤板结,不仅影响农作物的产量,还会影响作物质量。若硝态氮肥使用过量,会造成饲料作物中含有大量硝酸盐,对牲畜体内氧的输送造成影响,并使其患病,甚至引起死亡。

④城市废水污染。城市的生活污水、工业废水中,富含氮、磷、钾等植物所需养分,若合理用于农田灌溉,会有增产效果。但有些污水中含有酚、重金属、氰化物等有毒有害物质,若不经

必要的处理就直接用于农田灌溉，有毒有害的物质会被带至农田，造成土壤污染。如燃料、冶炼、电镀、汞化物等工业废水会引发镉、铬、汞、铜等重金属污染；石油化工、肥料和农药等废水会造成酚、三氯乙醛等有机物的污染。

⑤垃圾污染。工业废弃物、城市垃圾是造成土壤污染的固体污染物。例如，广泛使用的各种农用塑料薄膜大棚、地膜覆盖物，若回收、管理不善，造成大量残膜碎片散落于田间，这种固体污染物既不容易蒸发或挥发，也不容易被土壤的微生物分解，造成农田的“白色污染”，且是长期滞留土壤的污染物。

### 5.4.3　土地资源保护

人口的不断增长，形成了对土地资源的巨大压力，一方面是非农业用地不断扩大，占去和破坏一部分耕地；另一方面是在土地利用中，由于一些不合理的开发，破坏了土地生态系统与环境要素之间的平衡关系，致使土地资源不断退化，生产力不断下降。因此，土地保护成为土地管理工作的一项重大而长期的基本任务。

土地保护是人类为了自身的生存和发展对土地资源的需求，保存土地资源，恢复和改善土地资源的物质生产能力，防治土地资源的环境污染，使土地资源能够持续地利用所采取的措施和行动。

土地整治作为实现土地可持续利用的一种有效手段，对土地资源的合理配置、提高土地利用率和改善生态环境都意义重大。推动土地的整治和保护主要通过两个途径：一是从自然条件着手，人为改造土地条件，使地形、土壤、水、植被、热量等自然因素处于较好的组合状况；二是从人类活动自身着手，采取有利于保护土地的开发利用技术和方法。就目前来说，土地整治与保护重点应放在以下3个方面：

**(1)水土保持**

水土保持主要是针对自然因素和人为活动造成的水土流失采取的有效的预防和治理措施。水土保持是山区生态、经济发展的生命线，是江河治理、国土整治的根本，是经济社会发展的基础，也是必须长期坚持的基本国策。水土保持的主要措施有工程措施、生物措施和蓄水保土措施等。工程措施是指因防治水土流失危害，保护和合理利用水土资源而修筑的各项工程设施，包括治沟工程(如拦沙坝、淤地坝、沟头防护等)、治坡工程(各类台地、梯田、鱼鳞坑、水平沟等)、小型水利工程(如水窖、水池、排水和灌溉系统等)等。生物措施是指采取造林种草及管护的办法，防治水土流失，保护与合理利用水土资源，增加植被覆盖率，提高或增强土地生产力，主要包括种草、育草、造林和封山育林。蓄水保土措施是指改变坡面微小地形，增加植被覆盖或增强土壤有机质抗蚀力的方法，保土蓄水，改良土壤，以提高农业生产的技术措施，如等高耕作、等高带状间作、沟垄耕作少耕、免耕等。水土保持是一项适应自然、改造自然的战略性措施，也是合理利用水土资源的必要途径。水土保持工作不仅是人类对自然界水土流失原因和规律认识的概括和总结，也是人类改造自然和利用自然能力的体现。

沙漠化防治可采取的措施很多，总结起来，大致可为归纳为两个方面：一是退耕还植。退耕还植治理沙漠化的措施，就是基于控制土壤风蚀的原理提出的。植被对防治土壤风蚀具有重要作用，通过风洞模拟等大量的实验观测数据表明，当植被盖度达到60%以上时，土壤风蚀就基本消失。各地沙漠化治理的具体做法不尽相同，在沙漠化发生发展比较严重的农耕地区，基本上都是采取把部分已经沙漠化的耕地退还为林地和草地的方法，以达到沙漠化土地恢复的目的。二是围栏封育。在草原地区牲畜压力过大、过度放牧造成土地沙漠化，沙漠化的治理通常采用“围栏封育”的措施，即把草场划分成若干小区，建设“草库仑”，实行轮牧，使围起来的草地因牲畜压力的减轻或消逝而自然恢复。

**(2)盐碱地改良**

形成盐碱土的根本原因是水分状况不良，在改良初期，重点应改善土壤的水分状况。通过排盐、洗盐等措施降低土壤盐分含量，再种植耐盐碱植物，培肥土壤，待土壤质量改善后，再种植作物。盐碱地改良措施主要有以下 4 个方面：

①水利改良。建立完善的排灌系统，做到灌、排分开；加强用水管理，严格控制地下水水位；通过灌水冲洗、引洪放淤等，不断淋洗和排除土壤中的盐分。

②农业技术改良。通过深耕、平整土地、加填客土、盖草、翻淤、盖沙、增施有机肥等改善土壤成分和结构，增强土壤渗透性能，加速盐分淋洗。

③生物改良。种植和翻压绿肥牧草、秸秆还田、施用菌肥、种植耐盐植物、植树造林等，提高土壤肥力，改良土壤结构，改善农田小气候，减少地表水分蒸发，抑制返盐。

④化学改良。对碱土、碱化土、苏打盐土施加石膏、黑矾等改良剂，降低或消除土壤碱分，改良土壤理化性质。

各种措施既要注意综合使用，又要因地制宜，才能取得预期效果。

**(3)防止土地污染**

土地污染防治必须从治理污染源着手，不仅要重视防治土地污染，还要重视水污染的防治。具体措施主要有增施有机肥、施加抑制剂、加强水田管理、改变耕作制度、生物防治和换土、翻土等。具体措施有根源治理和综合治理两方面。在根源治理方面，一是加强对工业废水、废气、废渣的综合治理和利用，防止向土壤任意排放含污染物的废物；二是合理利用农药和化肥，积极开发高效、低毒、低残留的农药；三是无害化处理粪便、垃圾和生活污水；四是污水灌溉一定要慎重，严格监测并合理控制灌溉农田的污水。在综合治理方面，一是多部门协调统一行动，加强土地污染的综合治理；二是完善土地管理考核制度，强化对现有耕地和补充耕地的合理利用和管理，优化农用地使用制度，稳定承包制度，完善转让、出租、联营等土地市场手段，刺激农民增加对耕地的投入，不断提高耕地使用效益；三是加强对技术开发的重视，增加实用技术的开发及治理经费投入，重视开发，推广成本低、简单易行的实用技术。

## 5.5 森林资源的利用与保护

### 5.5.1 森林资源的概念

森林资源(Forest Resources)是森林、林地及生活和生长在林地上的生物的总称，主要包括林木、林下植物、野生动物、微生物、土壤和气候等自然资源。森林可以更新，属于再生的自然资源，也是一种无形的环境资源和潜在的“绿色能源”。

### 5.5.2 森林在环境保护中的地位及作用

森林资源是人类和地球的重要资源,是生物多样化的基础,不仅能为生产和生活提供宝贵的木材和原料,还为人类生产、生活提供多种原料,更重要的是森林可以调节气候,保持水土,防止和减轻旱涝、风沙、冰雹等自然灾害,还可以净化空气、消除噪声等。同时,森林还可当作天然的动植物园,生长着多种珍贵林木和药材,哺育各种飞禽走兽。

森林作为陆地生态系统的主体,是人类赖以生存的自然环境,具有生态效益和经济效益,森林的生态环境效应如图 5.14 所示。

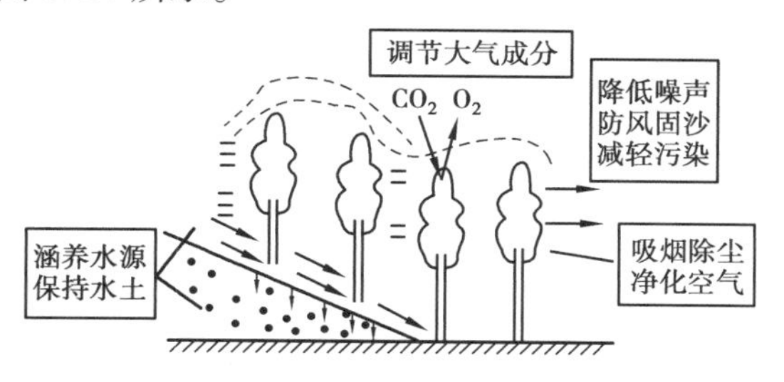


图 5.14 森林的生态环境效应示意图

森林的生态环境效益包括以下 5 个方面:一是能有效地减缓温室效应。陆地生态系统碳储量为 5 600 ~ 8 300 t,其中 90% 的碳自然储存于森林中,森林每生长 1 $m^3$ 可固化 350 kg 二氧化碳。二是主要的氧源。森林在其光合作用中能释放出大量的氧气,1 $hm^2$ 的阔叶林,一天消耗 1 t 二氧化碳释放 0.37 t 氧,可供约 1 000 人呼吸。三是可减少氧层的耗损。森林可以有效地吸收破坏臭氧层的二氧化氮,每公顷森林每年吸收二氧化氮 0.3 万 t。四是可净化空气。每公顷森林可吸收二氧化硫 748 t、一氧化氮 0.38 t、一氧化碳 2.2 t。森林通过降低风速、吸附飘尘,减少了细菌的载体,从而使大气中细菌数量减少,许多树木的分泌物可以杀死细菌、真菌和原生物。五是有调节温度的功能。森林有繁茂的树冠,可以阻挡太阳辐射能,林内昼夜和冬夏温差小,可减轻霜冻的危害。

### 5.5.3 森林资源概况及面临的问题

**(1) 世界各国森林资源概况**

世界森林资源的分布很不均衡。欧洲温带、北美洲的寒温带和南美洲的热带雨林依然是世界上最主要的森林资源分布地区。世界上森林覆盖率最大的国家是芬兰,其国土面积的 70% 几乎被森林覆盖。根据联合国粮食及农业组织(FAO)发布的《全球森林资源评估》:世界森林总面积占陆地总面积的 31%,略超 40 亿 $hm^2$,人均森林面积为 0.6 $hm^2$。俄罗斯、巴西、加拿大、美国和中国是世界上 5 个森林资源最丰富的国家,占森林资源总面积的一半以上;有 54 个国家的森林面积不到其国土面积的 10%,另有 10 个国家或地区完全没有森林。

**(2) 我国森林资源概况**

构成土地资源的另一个重要部分是森林资源。我国森林资源人均占有量少,植被覆盖率低,分布不均匀,但树种较多。中国拥有的树种达 8 000 种以上,森林面积为 116 万 $km^2$,占全国总面积的 13%,绝对量居世界前列,但森林覆盖率不到世界水平的一半,人均林地面积不到世界水平的 1/5。森林主要分布在东北、西南和南方的丘陵地带的三大林区。被称为中国最大天然林区的东北林区，主要分布在大兴安岭北部、小兴安岭和长白山；种类最多的西南林区，主要分布在横断山区、雅鲁藏布江大拐弯处和喜马拉雅山南坡；以人工为主的南方林区，主要分布在秦岭——淮河以南的丘陵山地。西北、华北和长江下游、黄河下游地区森林稀少。具体来讲，目前我国的森林资源主要有以下特点：

1）地域分布不合理

东北和西南是我国森林资源的集中区域，而华北、华中及西部地区森林覆盖率较低。我国的东北、西南及东南部的低山丘陵地区有着丰富的林木蓄积量，而西北和中部地区森林资源相对较少，这充分显示了我国森林资源在地域分布的不合理性。

2）自然和人为的破坏严重

在工业化建设、经济社会发展不断推进的过程中，为了社会经济的快速发展，盲目地开发和利用森林资源，给森林资源带来了毁灭性的破坏。近年来，森林火灾频发，扑救工作难度大，导致了林木大范围被毁，带来的损失难以估计。在森林资源受损过程中，自然灾害所带来的破坏不容忽视，如泥石流、地震、干旱及洪涝灾害等都会较大程度地破坏森林资源。另外，森林病虫害也成为严重隐患。近年来，森林病虫害呈现多样化和分布广泛化的特点，而人类对病虫害的监测、预防和防治措施及相关技术均比较落后，造成了病虫害对森林资源危害的加剧。

3）人均占有量小

我国人口基数大，人均森林占有量低于世界平均水平，全国人均占有森林面积相当于世界人均占有量的21.3%，人均森林蓄积量只有世界人均蓄积量的1/8，仍处于世界落后水平。

4）经营管理不合理

受我国经济体制的影响，森林资源产权属国家所有，国家对森林资源具有处置权，经营主体单一。这种状况制约了森林资源的多元化发展。同时，虽然相关的法律不断颁布并实施，当前的森林保护和管理工作仍存在许多不足，许多具体实践没有有效落实，缺乏执行力度，这给森林资源的经营管理带来了较大影响。

5）面临火灾和病虫害的威胁

我国森林资源在保护过程中比较难控制的一项内容就是火灾防范和病虫害防范。必要的病虫害治理，对森林资源的健康成长有着十分有利的影响，同时也对改善森林周围的居住环境有着重要的意义。但是在实际的森林防护中，真正做到病虫害及火灾防范的单位十分少，这对森林资源的保护十分不利，同时也加剧了病虫害扩散的可能。

**（3）森林资源开发利用中的环境问题**

1）涵养水源能力下降，引发洪水灾害

据考察，印度、尼泊尔的森林破坏，与近年来印度和孟加拉国的洪水泛滥成灾有关。1988年，孟加拉国遭遇了百年来的最大洪水，国土面积的2/3被淹没，造成1 842人死亡，50万人感染疾病；同年8月，非洲的多数国家也遭遇水灾，仅苏丹的喀土穆地区就有200万人受害；同年11月底，泰国南部也因暴雨成灾，数百人被淹死。2006年农作物受灾面积1 052.19万 $hm^2$，粮食减产1 262万t，水产养殖损失219.6万t，农林牧渔业直接经济损失593.4亿元人民币。56 375个工矿企业因洪涝停产，毁坏铁路路基30 km、公路路基32 819.6 km，工业交通运输业直接经济损失283.6亿元。洪涝损坏大中型水库61座、小型水库1 715座，损坏江河堤防7 716.8 km，堤防决口826 km，水利设施直接经济损失208.5亿元。

科学家们一致认为，这些突发灾难的最直接原因是大规模森林被破坏。

2)引发水土流失,导致土壤沙化

我国是世界上受沙化危害最严重的国家之一。据国家林业局第二次沙化土地监测结果显示,我国沙化土地面积达174.3万$km^2$,占国土面积的18%,涉及全国30个省(市)841个县(旗)。全国沙化土地面积相当于10个广东省的辖区面积,5年新增面积相当于一个北京的总面积。中华人民共和国成立以来,全国有0.67万$km^2$耕地、2.35万$km^2$草地和6.39万$km^2$林地成为流动沙地,风沙逐步紧逼,数万农牧民被迫沦为生态难民,内蒙古阿拉善盟85%的土地已经沙化并以每年0.1万$km^2$的速度在扩展。

森林的破坏使大量的肥沃土壤流失。据统计,目前世界上平均每分钟就有10 $mm^2$土地变成沙漠,每年我国约有$50\times10^8$ t的表土流失。近年来,长江上游森林被大量砍伐造成长江干流和支流含沙量迅速增加,年输沙量由$5.2\times10^8$ t增加到$6.6\times10^8$ t,水土流失的加剧加速了土地沙漠化的进程。

3)导致调节能力下降,引发异常气候

森林资源的破坏,不仅降低了自然界吸收$CO_2$的能力,还降低了森林生态系统调节水分、热量的能力,造成有些地区缺雨少水,甚至连年干旱,对人类的生产生活造成了严重影响。

2005年的秋季是热带风暴最严重的季节,东亚台风和北大西洋的风暴都极其严重。其中,“卡特里娜”风暴给美国人口达60万~70万的新奥尔良市以毁灭性的损害。

2006年,欧洲的大雪与严寒天气、中国山东半岛出现几十年来未见的大雪及日本严重的雪灾、印度东海岸的暴雨,都是震惊世界的大灾害。

4)野生生物栖息地丧失,生物多样性锐减

森林是多种野生动植物的栖息地,保护森林就是保护生物物种,相当于保护了生物多样性。当前,严重的森林破坏已造成动植物失去了栖息繁衍的场所,导致多种野生动植物数量锐减,甚至濒临灭绝。

自20世纪开始,人类活动对生物多样性锐减的影响明显增加,已知鸟类和哺乳类灭绝速度在1 600—1 950年增加了4倍。到1950年,鸟类和哺乳类灭绝速度每100年分别上升1.5%和1.0%。1600年以来,大约有113种鸟类和83种哺乳动物已经消失。

**(4)加强我国森林保护的相关对策**

1)坚持“退耕还林”不动摇

“退耕还林”功在当代,利在千秋,虽在短期内会影响经济发展,但其带来的长远经济、社会和环境效益十分可观。增加森林植被是治理水土流失的最有效方法,必须始终坚持“退耕还林”政策不动摇,从根本上解决因水土流失而破坏森林的问题,并遵循土地资源利用科学规律,做好统筹规划,在广袤的平原、适宜作物生长的丘陵地带进行农业耕作,而在其他区域进行树木和草的种植。另外,“退耕还林”实施过程中需要注意以下事项:遵循“因地制宜”原则,具体分析对所执行地区特性,开展统筹规划,注意林木的质量和种植质量,杜绝“面子工程”,科学、规范执行栽种后的管理和维护工作,并积累可行经验,在情况相似地区进行推广。

2)严厉打击破坏森林资源的违法犯罪活动

无论资源保护制度如何完善,群众的环保意识如何强烈,面对巨大利益的诱惑,必然会有不法分子以身试法,一方面要加强森林公安的培训和建设工作;另一方面必须严厉惩处犯罪分子的一切破坏森林资源的违法犯罪活动,营造良好的林业法制环境。

3)加强森林资源的深度开发利用,最大限度地将森林资源转化为经济效益

因为利用和开发方式不同,森林资源所创造的经济效益差异很大,所以应充分重视森林资源的深度加工,打造一条完整的林业经济发展链,实现资源最优利用。重点开发和利用对国土安全、生态环境及农业生产等的用地保护。进一步优化产业发展结构,根据市场需求实时调整产业发展方向,对以往以单纯植树为主的经营模式进行调整,实现以森林为基础,加强对农业、旅游业以及副食品业的开发利用,打造新型经济发展体系,提高资源经济效益。

4)加强森林病虫害的防治工作

现阶段,要想更有效地推进各项森林资源的保护方针,让这些资源得到更加合理的开发及利用,就应当在管理过程更加具有针对性。例如,必须获悉该地区的森林资源利用状况及林木类型,并根据不同种类树木的差异状况作出适当的调整,结合对应树木可能出现的虫害情况,加以预防,尽可能降低森林的耗损。另外,负责当地的工作者必须按照实际状况制订对应的防护对策,积累大量的数据资料,对森林资源进行实际勘察,为今后的管理工作创造更加稳定的信息基础,避免森林资源保护工作的重复性问题。

5)加大对森林资源保护工作的投资力度

可以通过加大对森林资源保护工作的设备及资金投入,持续提升管理技术水平,引入更多先进的管理设备,做到与时俱进。只有在森林中多开设护林站点、监测装置、信息设备、道路等各项基本投入,才可以有效改善森林资源原有的一些恶劣条件及不便之处,实现对稀缺森林资源的防护目标,更重要的是可以将森林资源防护工作提升到一个更高的、崭新的层次,最终有力地保障森林资源保护工作的高效进行。另外,对和森林资源保护相关的后续产业,应当更加积极地推进,这样才能够有力地保障森林资源朝着更好的方向演变。还应当以森林资源为前提,努力推进林业产业的发展,科学地挖掘土地资源和林木资源,不断壮大该项产业。

## 5.6 矿产资源的利用与保护

### 5.6.1 矿产资源的概念及特点

**(1)矿产资源的概念**

矿产资源是指在特定地质条件下形成的,具有良好利用价值,以固态、液态或气态产出的露于地表和藏于地下的自然资源。矿产资源是地球形成以来,伴随各种地质作用逐渐形成的一种不可再生资源。按其用途和特点,通常分为3大类,分别为金属矿产、非金属矿产和能源矿产。

**(2)矿产资源的特点**

1)不可再生性和可耗竭性

矿产资源多是在几千万年、几亿年地质作用过程中形成的,这一漫长的自然再生产过程,相对于人类社会的短暂过程而言,它是不可再生的、有限的。

2)区域性分布不均衡性

矿产资源的分布具有明显的地域性特点,如我国的煤矿集中分布于北方,磷矿集中分布于南方,这增加了工业布局与开发利用的困难。

3）隐藏性、多样性和复杂性

矿产资源除少数表露者外，绝大部分都埋藏在地下，人们对其开发利用，必须通过一定程序的地质勘探工作才能实现。

### 5.6.2　矿产资源的意义和地位

矿产资源是一个国家或地区的重要自然资源资产财富，是社会生产和消费的重要物质基础和能量来源。在现代社会中，人们的生产生活都离不开矿产资源。矿产资源在国民经济中的地位和作用是由矿业生产的地位和作用来体现的。目前，我国仍处于工业化的初期阶段，今后20～30年将是对矿物需求增长最快的时期，若不大力发展矿业，不仅很难扭转当前产业结构失衡的状况，今后经济的发展也将失去后劲。

**（1）人类生存与发展的物质基础**

矿产资源是人类社会经济发展的重要物质基础，是重要的自然资源。据资料统计数据显示，矿产资源不仅为人类供给了95%以上的能源，还为人类提供了80%以上的工业原料，以及70%以上的农业生产原料。

**（2）矿产资源对国家和地区发展具有导向作用**

根据一个经济学的理论——资源诅咒（Resource Curse）的学说认为，以长期的增长情况分析，那些自然资源丰富、资源性产品在经济中占据主导地位的发展中国家，一般要比资源贫乏国家的增长要低许多，这就是所谓的“资源诅咒”。尽管资源丰裕可能会给国家带来因资源品价格上涨带来的短期经济增长，但会因资源的消耗最终陷入停滞状态，丰裕的自然资源最终成了“赢者的诅咒（Winner's Curse）”。

**（3）矿产资源及其产品是最重要的经贸对象**

2002年，我国矿产品及相关能源与原材料进出口贸易总额突破1 100亿美元，占全国进出口贸易总额的18%，矿产品出口贸易额约占全球贸易额的20%。根据千讯咨询发布的中国矿产品市场前景调查分析报告显示，2014年，中国矿产品进出口贸易总额为10 904.43亿美元，同比增长5.7%（全国商品进出口总额同比增长3.4%），增幅上升1.6个百分点。其中，出口额4 048.13亿美元，同比增长15.2%（全国商品出口总额同比增长6.1%），增幅上升8.9个百分点；进口额6 856.30亿美元，同比增长0.8%（全国商品进口总额同比增长0.4%），增幅下降2.1个百分点。中国矿产品进出口贸易总额已经占到全国所有商品进出口贸易总额的25%以上。

### 5.6.3　矿产资源的概况

**（1）世界矿产资源**

1）世界矿产资源的基本特点

世界上用途广、产值大的非能源矿产有铁、镍、铜、锌、磷、铝土、黄金、锡、锰、铅等。发展中国家是世界上矿产资源的分布和开采的主要地方，而消费主要集中在发达国家。

2）世界矿产资源的分布特点

世界上共有7大储油区，主要包括中东波斯湾，这是世界上最大的石油储藏、生产和出口区；拉丁美洲，主要包括墨西哥、委内瑞拉等地；非洲，主要包括北非撒哈拉沙漠和几内亚湾沿岸；俄罗斯；亚洲的东南亚和中国；北美洲的美国和加拿大；西欧的英国和挪威等地。世界上的煤炭资源主要分布在亚欧大陆中部，北美大陆的美国和加拿大以及南半球的澳大利亚和南非3大地带。其中，亚欧大陆中部这一煤炭资源分布带主要指从我国华北向西经新疆，横贯中亚和欧洲大陆，一直延伸到英国。世界的铁矿资源主要分布在俄罗斯、中国、澳大利亚、加拿大、巴西、印度等国。

**(2)印度矿产资源开发现状与启示**

印度的矿产资源非常丰富，其中煤炭、钛铁矿、铝土矿、金红石等资源非常丰富，多种矿产资源的储量和产量都居世界前列，而石油、天然气等资源却极度匮乏。印度的铁矿、铝土矿和煤炭资源位居世界前列，铁矿石的年产量约1.5亿t，其开采业正处于成长期，是我国铁矿石的主要进口国。印度是新兴的经济大国，其经济增速目前位列世界第二，经济在未来几年也将持续快速发展，其本国对矿产资源的需求也将随之迅速增长，对资源消耗的种类和数量也将增长迅速，这对矿业发展、资源保障都提出了更高要求。印度目前总体矿产勘查程度低，外资对矿业的投资水平也较低，但伴随印度矿业政策的逐步宽松、投资环境的不断改善，印度的矿业将成为全球矿业的主要投资市场之一。印度是“一带一路”地区矿产资源较丰富的国家，充分了解印度矿产资源的生产、技术状况、贸易和未来发展趋势，对我国进口印度的重要矿产资源非常重要。印度在人口、矿产资源消费趋势和经济发展趋势等方面与我国具有一定的相似性，研究印度矿产资源的开发、贸易和发展，无论是同印度进行主要矿产品贸易，还是直接投资开发印度的优势矿产资源都具有重要启示。

**(3)俄罗斯矿产资源现状及开发**

俄罗斯矿产资源极其丰富，金刚石、铁矿、锑矿、锡矿的探明储量均居世界第一，金矿、铝矿、钾盐、钴矿等储量也居世界前列，其主要矿种的人均拥有量远超中国。目前，俄罗斯的石油、天然气、煤炭、铜、锌、镍、钴、钼、金、铂、钾、磷等矿产资源丰富，是出口创汇的主要矿种，部分矿种如钨、铁、铅等，因品位、采选、地理条件或勘查投入等原因，尚存在供需矛盾的状况。根据俄罗斯经济发展的现状，采矿业应是俄罗斯最具吸引力的行业，一是俄罗斯作为资源大国，矿业勘查开发潜力巨大；二是近期政府制定的政策、法律有利于吸收矿产资源方面的投资。西伯利亚是俄罗斯矿产资源的主要赋存地，APEC第二十次领导人非正式会议在符拉迪沃斯托克召开，是俄罗斯谋求对外合作，共同开发西伯利亚的信号标志。我国是俄罗斯邻邦，了解其矿产资源现状，有利于加强双边合作，以帮助我国解决部分矿产资源短缺的问题。

目前，俄罗斯凭借其强大的资源优势已成为矿产品的主要出口国，我国也因经济的高速发展，对矿产品的需求呈现逐年快速增加趋势，中俄双方经济互补性强，又有地缘优势，更易达成合作。未来，中俄两国可以以矿产资源合作作为龙头，拓展更多领域的合作，有利于双方达成互利双赢。

**(4)南非主要矿产资源开发利用现状**

南非的矿产资源储量巨大。目前，南非除石油储量较少外，几乎拥有所有重要的矿产资源。在德兰士瓦地区中部，主要包括西北省和姆普马兰加省，蕴藏着世界上大部分的重要矿物，包括铂和铂族金属、铬、钒、镍、萤石和硅酸盐等；在维特沃特斯兰德盆地，有世界储量最大的黄金矿脉，南非93%的黄金产量出于此地，且此区域的铀、银、黄铁矿和锇铱等矿产资源也相当丰富；开普敦西北部地区有世界储量最大的铬矿和锰矿，储量占世界的一半以上；金伯利一带是世界著名的钻石矿带。另外，南非的煤炭储量也居世界前列。南非在出口方面，铬铁和红柱石的出口量居世界第一，锰矿石位居世界第二，铬矿位居世界第四。南非是煤炭的主要生产国和出口国,是煤炼油的最大生产国。

**(5)我国矿产资源**

1)我国的矿产资源特点

①总量丰富,人均不足。我国位于亚洲东部、太平洋西岸,拥有大约960万$km^2$的陆地和473万$km^2$的海域。幅员辽阔的领域、复杂的地质构造以及优越的成矿地质条件,使这片广袤的土地与辽阔的海洋孕育了丰富的矿产资源。从整体看,我国的矿产资源总量与种类位居世界前列。目前,我国拥有的世界上已知的主要矿产达171种,其中已探明的矿产达150多种。从人均占有量来看,我国矿产资源占有量仅为世界人均矿产资源占有量的58%,某些重要的矿产资源人均占有量远远低于世界平均水平,如石油资源。

②贫矿较多,富矿较少。在种类丰富的矿产储量中,我国已探明的富矿较少而贫矿相对较多。以铁矿资源为例,全球铁矿石平均品位为44.74%,4大矿山平均品位为57.21%(其中,力拓铁矿平均品位高达62.05%),而我国已查明的铁矿资源平均品位仅为34.29%。铁矿资源储量中品位大于45%的仅为2%左右,贫矿占有量达46%左右。贫矿石必须经过选矿试验、球团烧结等工艺才能进行冶炼加工,会造成资源浪费,抛弃的废石、杂料也容易造成环境污染。

③大型床较少,中小型床较多。内蒙古白云鄂博的稀土矿和内蒙古达拉特旗芒硝矿等都是世界上著名的矿床,其储量堪称世界之最。然而,根据数据统计,我国已探明的1.6万多处矿产资源中,绝大部分为中小型矿床,只有约11%的大型矿床,大型矿床的比例远远低于世界资源大国大型矿床的比例水平。

④储量相对集中,地区分布不均衡。由于地形结构复杂,地层发育多样,我国矿产资源呈现地区分布不均衡,各类别相对集中于某区域。目前,我国已发现的矿床及矿点达20多万处,少数矿种的矿床、矿点分布广泛,但多数矿种的矿床、矿点分布相对集中在某一区域范围内。以煤炭为例,目前已探明煤炭储量的92%左右集中分布在山西、内蒙古等12个省区,其中,约60%的已探明煤炭资源集中分布在山西、内蒙古和陕西三省区境内。

2)我国矿产资源综合开发利用中存在的问题

①缺乏先进的技术支持。传统的矿产开采工艺存在复杂、浪费严重、成本较高的缺点,与我国矿产资源综合利用的战略要求不相适应。目前,我国只有少数大型国有企业引进了较为先进的开采工艺,但为数较多的国企与私企的开发工艺仍然远远落后于发达国家。此外,我国一些大型选冶装备已经不能满足当前资源开发的需求,自动化水平落后、生产效率低、不能充分利用尾矿及残渣,这些严重阻碍了我国矿产资源综合利用的发展。

②资源综合利用率低。在改革开放的浪潮中,一大批中小型矿产开采企业迅速崛起。虽然这些企业当时为我国的能源需求提供了保障,推动了我国经济的发展,但是这些企业的开采技术落后,对综合资源利用技术的资金投入较低,缺乏生态和经济共赢的战略意识和管理规划,造成其采富弃贫,对共生、伴生资源以及尾矿的综合利用率较低,不仅开采的成品质量不高,而且开采总量较低。

③乱挖乱采现象严重。我国矿产资源存在大型矿少、中小型矿多的特点。一些小型企业在经济利益的驱使下,不顾规模经济与生态保护,对中小型矿产进行盲目开发、肆意开采,甚至违规开采。并且,对共生和伴生资源的重视度与利用率极低,不仅造成矿产资源的极大浪费,也降低了矿产资源开发的经济效益。

④相关法律、政策相对滞后。一方面，我国虽然已经长期实施矿产资源综合利用规划，但矿产资源综合利用仍然没有正式纳入法律规定，其在实施过程中仍然没有得到法律的保障，国家相关部门难以运用法律武器惩治一些严重违背资源综合利用理念的违法行为；另一方面，我国有关政府部门对矿产资源综合利用的政策扶持力度不大，虽然实施了一些减免税收的优惠政策，但资金支持、技术支持等方面仍然有待加强。

### 5.6.4 矿产资源综合利用的发展建议

**(1)引进先进的技术，提高开采生态效益**

科技的发展和开采技术的进步是提高矿产资源综合利用的根本所在。矿产开发企业应该充分意识到落后技术带来的资源浪费和环境污染，立足企业长期发展的目标，注重引进国内外先进的矿产资源开发技术，全面提升选、采、冶的技术力量，加强对贫矿、伴生及共生矿、尾矿的利用，形成节约高效、环境友好、矿地和谐的绿色矿业发展模式，提高我国矿产资源综合利用率，充分发挥新技术的作用，大力提高生态效益。

**(2)联合中小型企业，发挥绿色开采经济效益**

各中小矿产企业应加强技术沟通与合作交流，联合企业各自的独特优势，共同引进一些大型开采设备和先进的技术人才，协作开发矿产资源，加强对贫矿和中小矿的利用，发挥绿色开采的经济效益，建立统一开放、协同合作、利益共享的资源开采企业联盟，形成矿产资源开发企业竞争与合作并举的发展新格局。

**(3)完善相关立法，加强政府扶持力度**

建立健全法律制度、加强政策支持是落实我国资源综合利用战略的重要保障。一方面，国家立法部门应加快资源综合利用方面的立法，使与资源综合利用相关的法律详细化、全面化，严厉打击违反资源综合利用的违法犯罪行为；另一方面，我国政府有关部门应该加强对各类矿产资源开采企业的政策扶持，拓宽融资渠道，提供技术和资金支持，全面推动竞争有序、富有活力的现代矿业市场体系建设。

# 第6章 社会发展与环境保护

## 6.1 环境保护的基本理论——生态平衡

### 6.1.1 基本概念

(1)**生态学**(Ecology)

生态学的概念是由德国生物学家恩斯特·赫克尔于1869年提出的,它是研究生物体与其周围环境(包括非生物环境和生物环境)及其相互关系的科学,它也是“自然界的经济学”。传统生态学是研究生物与其生活环境相互关系的科学,是生物学的主要分支之一。现代生态学是一门多学科交叉的自然科学,主要研究生命系统与环境系统之间相互作用的规律及机理。

(2)**生命系统**(Life System)

生命系统是指能独立与其所处的环境进行物质与能量交换,并在此基础上实现内部的有序性、发展与繁殖的系统。它是自然界具有一定结构和调节功能的生命单元,是自然系统的最高级形式,如动物、植物和微生物。

(3)**环境系统**(Environmental System)

环境系统是环境各要素及其相互关系的总和,是由自然界中的空气、光、热、水及各种有机物、无机元素等相互作用共同构成的空间。

(4)**种群**(Population)

种群是一个生物物种在一定范围内所有个体的总和(个体之和)。

(5)**群落**(Community)

群落是在一定自然区域中许多不同种的生物的总和(不同生物总和)。

(6)**生态系统**(Ecosystem,ECO)

生态系统是指在一定的空间范围内,生物与其所处环境之间的相互作用、相互制约,并不断演变,最终达到的相对稳定的动态平衡统一整体。生态系统是生态学领域的一个主要结构和功能的单位,属于生态学研究的最高层次。现代生态学的观点认为生态系统就是生命系统和环境系统在特定空间的组合。

### 6.1.2 生态系统的结构

**(1)生态系统的组成**

生物与环境组成的一个整体构成了生态系统(见图6.1),它主要由非生物的物质和能量、生产者、消费者、分解者等成分组成,其中生产者是其主要成分。依据研究对象的不同,生态系统的范围随之变大或变小,并相互交错,如太阳系是一个很大的生态系统,太阳如同发动机一样给太阳系源源不断地提供能量。地球上最大的生态系统是生物圈,最复杂的生态系统是热带雨林,而人类则生活在以农田和城市为主的人工生态系统中。无机环境是一个生态系统的物质基础,其条件的好坏直接决定其中生物群落的丰富程度和生态系统的复杂程度;生物群落又会反作用于无机环境,生物群落既在适应环境,同时也改变着周边环境的面貌,各种基础物质将无机环境与生物群落紧密联系在一起,而生物群落的初生演替甚至可以把一片荒凉的裸地变为水草丰美的绿洲。生态系统中各成分的作用如图6.2所示。

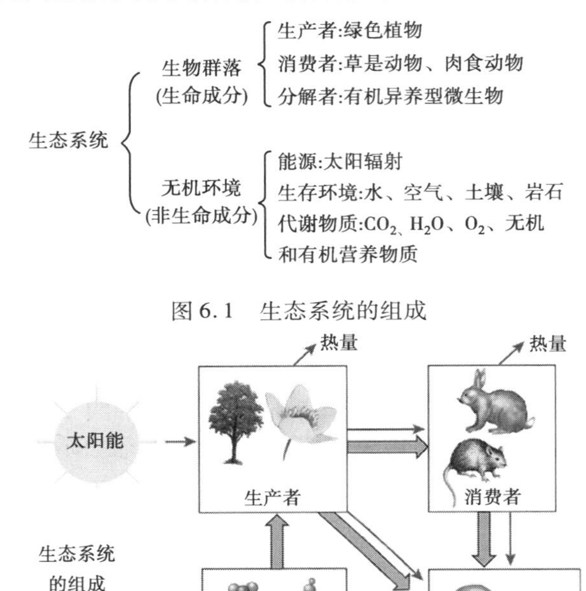


图6.1 生态系统的组成

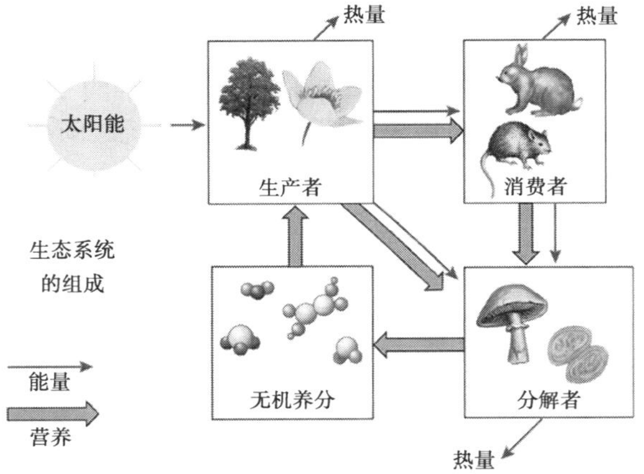

图6.2 生态系统中各部分的作用及关系

生产者(Producer)一般是指生产有机物,在将无机物合成有机物的同时,把太阳能转化为化学能,储存在有机物中。

消费者(Consumer)一般是指实现物质能量的传递,实现物质的再生产。

分解者(Decomposer)一般是指把生产者和消费者的残体分解为简单的物质,再供给生产者。

非生命成分一般是指为各种生物提供必要的生存环境和营养元素。无机环境作为生态系统的非生物组成部分,主要包含阳光及其他所有构成生态系统的基础物质,如水、空气、有机质、无机盐、岩石等。阳光是大多生态系统直接的能量来源,而水、空气、有机质和无机盐都是生物生长必不可少的物质基础。

生物群落中包括了生产者、消费者和分解者。

作为连接生物群落和无机环境桥梁的生产者，主要是指生物学分类上的各种绿色植物，以及光合细菌和化能合成细菌，它是生态系统的主要成分。生产者均是自养生物，植物、光合细菌可借助太阳光进行光合作用生成有机物，化能合成细菌则借助某些物质的氧化还原反应所释放的能量来生成有机物，如硝化细菌用化学能合成有机物的途径是将氨氧化为硝酸盐。生产者是生物群落的基础，它们将无机环境中的能量同化，同化量即为输入生态系统的总能量，并维系着整个生态系统的稳定，其中，绿色植物还可以为各种生物提供栖息、繁殖的场所。

分解者是连接生物群落和无机环境的桥梁，还可称为"还原者"，是生态系统的必要成分。一般情况下，它们是一类异养生物，以各种细菌（寄生的细菌属于消费者，腐生的细菌是分解者）和真菌为主，还包含屎壳郎、蚯蚓等腐生动物。分解者的主要功能是将生态系统中的各种无生命有机质（尸体、粪便等）分解成水、二氧化碳和铵盐等，以便被生产者重新利用，帮助完成生态系统中物质的循环。生产者、分解者与无机环境构成了一个简单的生态系统。

消费者是指以动植物为食的异养生物。其范围非常广，几乎所有动物和部分微生物（主要有真细菌）全都包括在内。消费者通过捕食和寄生关系在生态系统中传递能量，其中，初级消费者是指以生产者为食的消费者，而次级消费者则是以初级消费者为食，后面依次还有三级、四级消费者。在很多情况下，同一消费者在一复杂的生态系统中可能充当多个级别的消费者，杂食动物尤为如此，既可充当初级消费者（以植物为食），又可充当次级消费者（以食草动物为食），有的生物的消费者级别会因季节的更替而发生变化。

（2）**生态系统的类型**

生态系统的类型有很多，按其形态特征和环境性质来分，可分为陆地生态系统和水生生态系统。其中，水生生态系统主要包括淡水生态系统（湖泊、河流、水库）和海洋生态系统（大洋、浅海、海岸、河口、海底等）。按人类对系统影响来分，可分为人工生态系统（农田、城市、工矿区等）、自然生态系统（森林、草原、荒漠等）和半自然生态系统（放牧的草原、人工养护的森林）。如图6.3所示为一个生态系统模型。

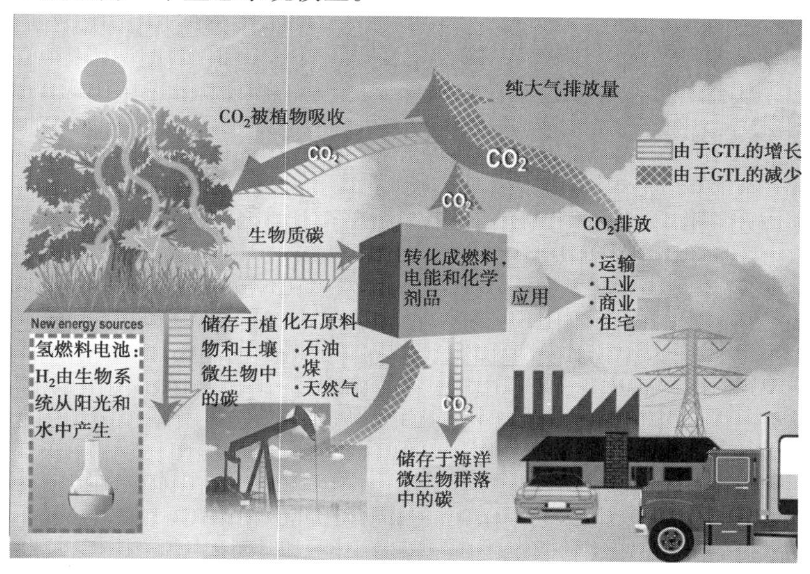


图6.3　生态系统的模型

(3)**生态系统中的结构**

1)食物链(网)(Food Chain/Web)

生物之间以食物为纽带建立起来的链锁关系,称为“食物链”。食物链彼此交叉联结所形成的网状食物关系称为“食物网”。

2)营养级(Trophic level)

营养级是指生物在食物链中所占的位置。在生态系统的食物链中,凡是以相同的方式获取相同性质食物的植物类群和动物类群可分别称为一个营养级。如自养生物都处于食物链的起点,共同构成第一营养级。所有以生产者(主要是绿色植物)为食的动物都处于第二营养级,即食草动物营养级。第三营养级包括所有以植食性动物为食的食肉动物。依此类推,还会有第四营养级和第五营养级。

食物链(网)作为生态系统中能量传递的重要形式,又可以分为多层营养级。其中,生产者为第一营养级,而初级消费者为第二营养级,以此类推。因能量有限,一般一条食物链不会超过5个营养级。如图6.4所示为海洋食物链的3个例子。

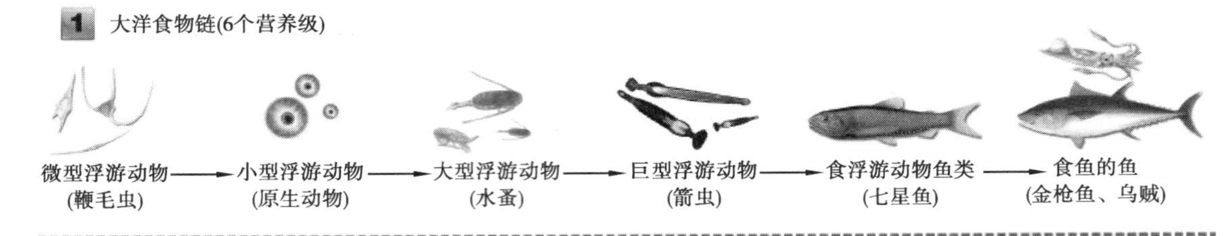


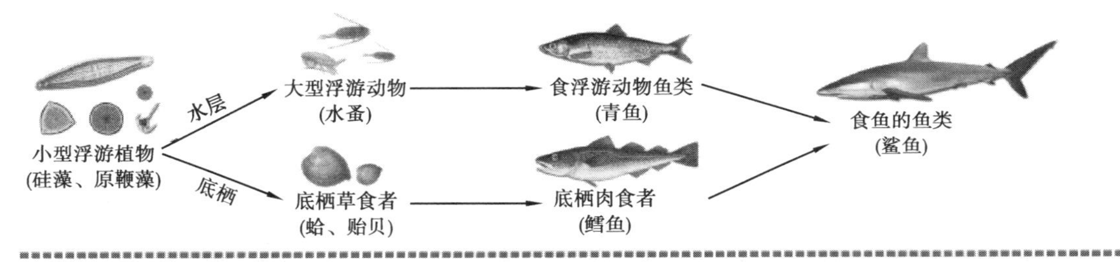


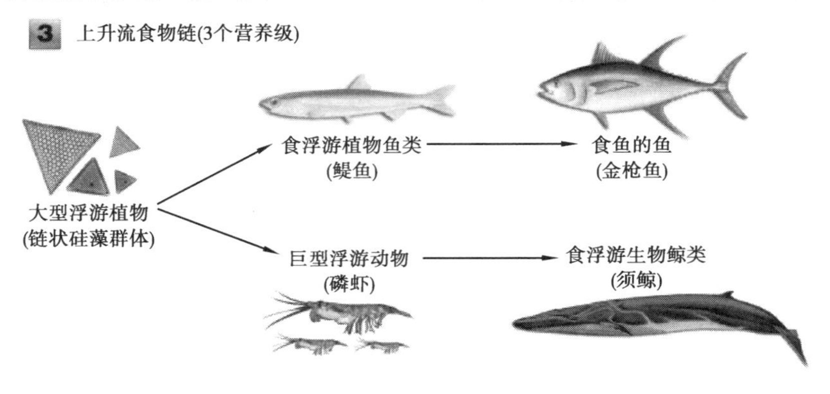


图6.4 食物链实例

3)研究食物链和营养级的意义

研究食物链和营养级具有重要的实际意义,不仅帮助人们明确该环境内动物、植物之间的营养关系，同时还必须注意食物链中量的调节，只有充分了解和掌握食物链和营养级的特点、结构和相互关系，才能有的放矢地帮助自然资源获得稳定和保存。

物质流在生物链中有一个突出特性，即生物富集作用。

### 6.1.3　生态系统的功能

生态系统的功能是生态系统所体现的各种功效或作用，主要表现在生物生产、能量流动、物质循环和信息传递等方面，它们是通过生态系统的核心——生物群落来实现的。

**(1)生物生产**

生态系统的生物生产是指生物有机体在能量和物质代谢的过程中，将能量、物质重新组合，形成新的产物（碳水化合物、脂肪、蛋白质等）的过程。绿色植物通过光合作用，吸收和固定太阳能，将无机物转化成有机物的生产过程称为植物性生产或初级生产；消费者利用初级生产的产品进行新陈代谢，经过同化作用形成异养生物自身物质的生产过程称为动物性生产或次级生产。

单位地面上植物光合作用累积的有机物质中所含的能量与照射在同一地面上日光能量的比率称为光能利用率。绿色植物的光能利用率平均为0.14%，在运用现代化耕作技术的农田生态系统的光能利用率只有1.3%左右。地球生态系统就是依靠如此低的光能利用率生产的有机物质维持着动物界和人类的生存。

**(2)能量流动**

能量在生态系统中的流动是从绿色植物开始，通过食物链的营养级逐级向前传递的，最后以做功或散热的形式消散。简言之，能量流动就是能量通过食物网络在系统内传递和耗散的过程，如图6.5所示。

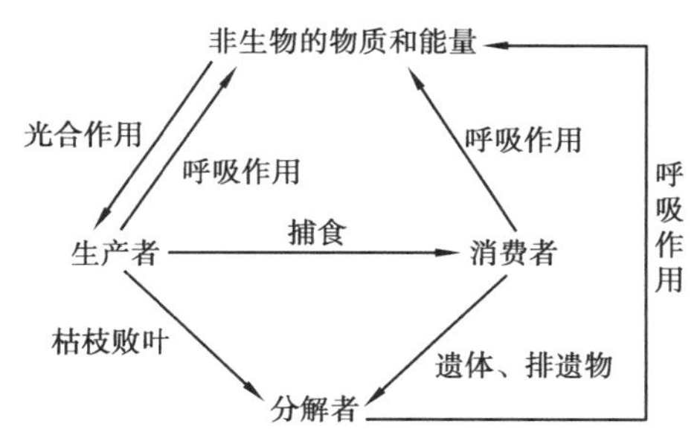


图6.5　生态系统中物质循环和能量流动

生态系统能量流动的特点如下：

①生产者即绿色植物对太阳能的利用率很低，一般为1%左右。

②生态系统的能量流动是单向流动。

③流动中能量急剧减小，从一个营养级到另一个营养级都有大量能量以热的形式散失掉。

④各级消费者之间能量的利用率为10%左右。

⑤在生态系统中，当其生产的能量与消耗的能量保持一定的相对平衡时，该生态系统的结构和功能才能保持动态平衡。

环境小知识链接："十分之一定律"（林德曼效率，Lindemans efficiency）

一般说来，能量沿着绿色植物→草食动物→一级肉食动物→二级肉食动物逐级流动，而后者所获得的能量大体等于前者所含能量的1/10。也就是说,在能量流动过程中,约有9/10的能量损失掉了。

**(3)物质循环**

生态系统的能量流动推动着各种物质在无机环境与生物群落间循环。这些循环的物质主要包括以碳、氮、硫、磷为代表的组成生物体基础元素的循环,以及以DDT为代表的,能长期稳定存在的有毒物质的循环。这里所指的生态系统是指整个大生物圈,这是因为水体循环和气态循环具有全球性的特点。

水循环(Water Cycle):一切生物有机体大部分是由水组成的。水是生态系统中能量流动和物质流动的介质,任何一个生态系统都离不开水。水循环的动力是太阳辐射,水循环为生态系统中物质和能量的交换奠定了基础。水还能起调节气候、清洗大气和净化环境的作用。水循环是生态系统进行物质循环的重要过程,是所有物质进行物质循环的必要条件(见图6.6)。

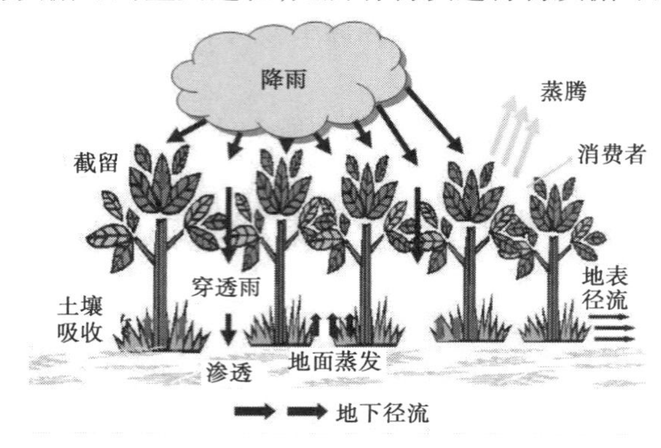


图6.6 水循环示意图

碳循环(Carbon Cycle):碳是构成生命的基础物质,碳循环是生态系统中非常重要的循环,二氧化碳循环是其循环的主要物质形式,碳以二氧化碳的形式随着大气环流在全球范围流动、循环。绿色植物因其呼吸作用和光合作用,在碳循环中起着重要作用(见图6.7)。

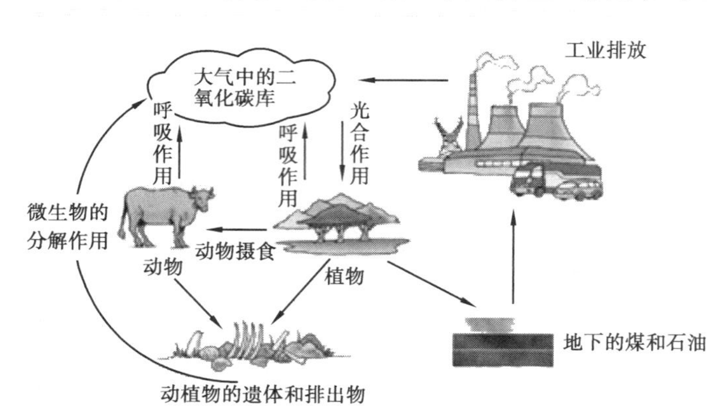


图6.7 碳循环示意图

碳在生态系统中的含量能够得到自我调节和恢复,使大气中的二氧化碳含量的相对稳定值保持在0.033%。碳存在于生物有机体和无机环境中。在生物有机体内,碳是构成生物体的主要元素,约占干物质的50%。在无机环境中,碳主要以二氧化碳和碳酸盐形式存在。

氮循环(Nitrogen Cycle):氮存在于生物、大气和矿物质中,是组成生物有机体的重要元素之一。

氮素在自然界中有多种存在形式,数量最多的是大气中的氮气,总量约 $3.9\times10^{15}$ t,它不能被直接利用。陆地上生物体内储存的有机氮总量为 $(1.1\sim1.4)\times10^{10}$ t,这部分氮素能够迅速地再循环,可以反复地供植物吸收利用。构成陆地生态系统氮循环的主要物质基础和环节是生物体内有机氮的合成、氨化、硝化、反硝化以及固氮等作用。

大气中的氮进入生物有机体的途径有生物固氮、工业固氮、大气固氮和岩浆固氮。氮在有机体内存在小循环。氮循环的最终完成是靠土壤中的反硝化细菌作用,将硝酸盐分解成游离氮进入大气(见图6.8)。

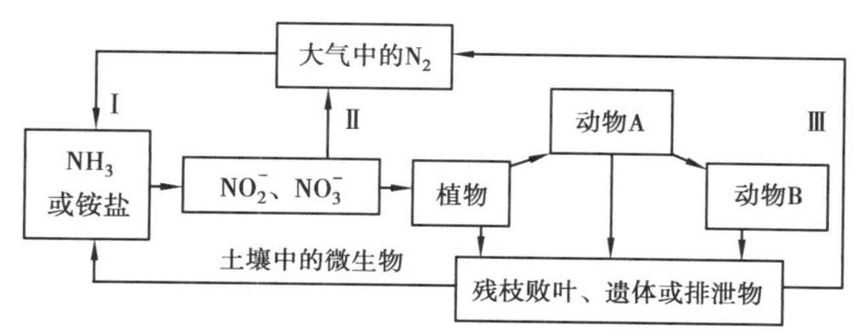


图6.8　氮循环示意图

硫循环(Sulfur Cycle):硫元素作为生物原生质体的重要组分,是生物合成蛋白质的必要元素。硫循环也是生态系统的基础循环(见图6.9)。硫是生物有机体蛋白质和氨基酸的基本成分,硫通过食物链进入各级消费者的动物体中,动植物残余体被细菌分解,并以 $H_2S$ 和 $SO_4^{2-}$ 的形式释放出来。这部分硫可进入大气,也可进入土壤、岩石或沉积海底。硫循环有一个长期的沉积阶段和一个较短的气体型循环阶段,这是硫循环的显著特点。在含硫的化合物循环中,既包括硫酸钡、硫酸铅、硫化铜等难溶的盐类固体的循环,也包括二氧化硫和硫化氢等气体的循环。

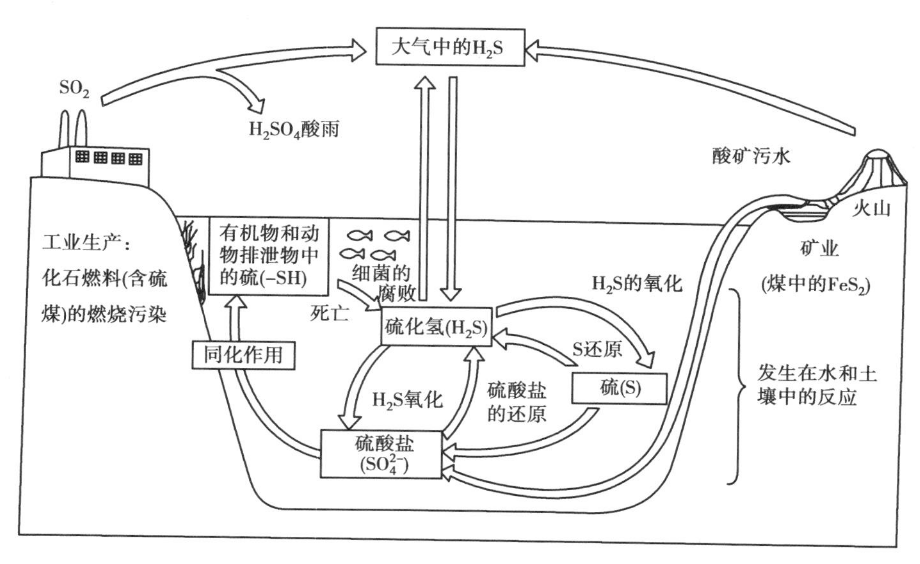


图6.9　硫循环示意图

磷循环(Phosphorus Cycle):磷是核酸、细胞膜、骨骼的主要成分,没有磷就没有生命,也不会有生态系统中的能量流动。磷循环的起点源于岩石的风化,终于水中的沉积。磷是生物有机体蛋白质和氨基酸的基本成分,其物质循环主要有陆地生态系统中的磷循环和水生生态系统中的磷循环。

在陆地生态系统中,岩石的风化向土壤提供了磷元素或其化合物。植物通过根系从土壤中吸收磷酸盐。动物以植物为食进而得到磷。动植物死亡后,残体分解,磷元素又回到土壤中。

在水生生态系统中,磷首先被藻类和水生植物吸收,然后通过食物链逐级传递。水生动植物死亡后,残体分散,磷又进入循环。进入水体中的磷,有一部分可能直接沉积于深水底泥,从此不参加这一生态循环。

磷是植物生长的必要元素,因为没有磷元素的气态化合物,所以沉积循环成了自然界磷循环的典型形式。自然界中的磷元素主要存在于各种沉积物中,借助自然界的风化作用进入水体,并在生物群落中进行循环,最后大部分的磷元素进入海洋沉积,形成含磷的沉积物,虽然部分海鸟的粪便可以将磷元素重新带回陆地,但大部分磷元素还是永久性地留在了海底的沉积物中无法继续循环(见图6.10)。

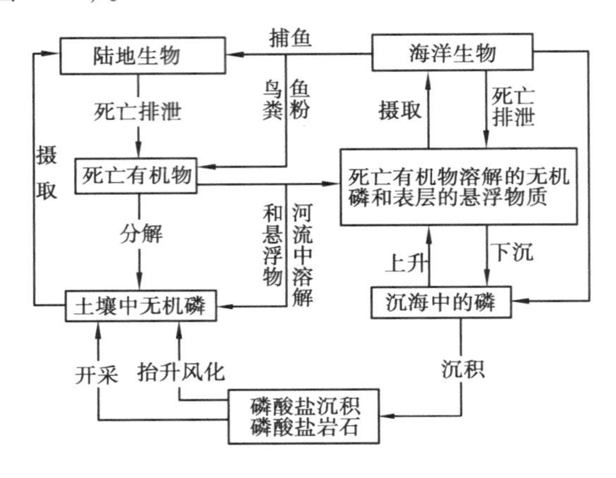


图6.10　磷循环示意图

(4)**信息传递**

1)营养信息(Trophic information)

营养信息是指通过营养交换把信息从一个种群传递到另一个种群,或从一个个体传递到另一个个体。食物链(网)本身就是一个营养信息系统,前一个营养级的生物数量反映出后一个营养级的生物数量。

【实例6.1】如草原牲畜数量必须与牧草产量相适应,即在一定的空间和时间内,其草原载畜量是相对恒定的。

【实例6.2】英国生产三叶草→牛吃之→野蜂为之授粉者→田鼠是野蜂的天敌→猫吃鼠→猫的数量可判定牛饲料的丰富与否。

2)化学信息(Chemical Information)

生物分解出某些特殊的化学物质,这些分泌物在生物的个体或种群之间起着各种信息的传递作用。

蚂蚁爬行留下的化学痕迹吸引同类跟随。当七星瓢虫捕食蚜虫时，被捕食的蚜虫会立即释放警报信息素，于是周围的蚜虫纷纷跌落。

昆虫学家发现，一只雄飞蛾能够接收到几千米外雌飞蛾发出的某种信号，从而赶去相会。它们敏锐的触角能捕捉空气中不足1/3盎司的信息素（一种无色无味的特殊化学物质）。

3）物理信息（Physical Information）

物理信息主要是指通过物理的过程进行传递的信息，不仅可以源于无机环境，还可源于群落。

鸟鸣、兽吼、颜色、光等构成了生态系统的物理信息。

虫叫、兽吼可以传递安全、惊惶、恐吓、警告、求偶、觅食等信息。

光：以浮游藻类为食的鱼类，从光线获得食物的信息。

磁：候鸟、信鸽。

电：鱼类洄游。

声：含羞草。

4）行为信息（Behavior Information）

行为信息可以在同种和异种生物间进行。一些动物可以通过自己的各种不同的行为或方式向同伴发出识别、威吓、求偶和挑战等信息。丹顶鹤求偶，雌雄双双起舞等都属于这类信息。

## 6.2　生态平衡与破坏

### 6.2.1　生态平衡的概念与特点

**（1）生态平衡（Ecological Equilibrium）的概念**

生态平衡是指在一定时间内生态系统中环境和生物之间以及生物各种群之间，通过物质循环、能量流动和信息传递，使它们之间达到高度适应、协调和统一的状态。也就是说，当生态系统处于平衡状态时，系统内各组成成分之间保持相对稳定的比例关系，物质、能量等的输入与输出在较长的一段时间内趋于相等，其结构和功能处于相对稳定的状态，并且在受到外来干扰时，能通过自我调节机制恢复到最初的稳定状态。在一定时间内，生态系统内部的生产者、消费者、分解者和非生命环境之间保持能量与物质的输入、输出处于动态的、相对稳定的状态。

环境专栏——生态系统相互依存：毛里求斯有两种特有的生物，一种是渡渡鸟，另一种是大颅榄树。

**（2）生态平衡的特点**

1）动态平衡

变化是宇宙中一切事物的根本属性，生态系统作为自然界复杂的生态实体，时刻处在不断的变化中。生态平衡是一种动态的平衡而不是静态的平衡。例如，生态系统中的生物与生物、生物与环境，以及环境各因子之间，时刻不停地在进行着物质的循环和能量的流动；生态系统本身也在不断地发展和进化，如生物数量由少到多、食物链由简单到复杂、生物群落由一种类型演替为另一种类型等。另外，生物所处的环境也处于不断变化的状态中。生态平衡不是静止的，而是运动的、变化的，总会因系统中某一部分先发生改变，引起局部或微小的不平衡，然后依靠生态系统的自我调节能力使其进入新的平衡状态。正是这种从平衡到不平衡到又建立新的平衡的反复循环过程，推动了生态系统整体和各组分的发展与进化。

2）相对平衡

任何生态系统都不是孤立的，都与外界发生直接或间接的联系，也会经常遭到外界的干扰。生态平衡不是绝对平衡，而是一种相对的平衡。生态系统仅能在一定范围内抵抗外界的干扰和压力，其自我调节、自我恢复能力都是有限的，若外界干扰或压力在生态系统的忍受范围内，当去除干扰或压力后，可通过自我调节能力得到自我恢复；若外界干扰或压力超过了生态系统的承受极限，其自我调节能力被破坏，就会造成生态系统的衰退，甚至崩溃。人们通常把生态系统所能承受的压力极限称为“阈限”，如草原有合理的载畜量，若超过了最大适宜载畜量，草原就会退化；森林也有合理的采伐量，若采伐量超过了生长量，就会引起森林的衰退；污染物的排放量不能超过环境的自净能力，否则就会造成环境污染，危及生物的正常生活，甚至死亡等。

### 6.2.2 生态平衡的破坏因素

一般情况下，破坏生态平衡的因素有自然因素和人为因素两种。一般称由自然因素引起的生态平衡破坏为第一环境问题，由人为因素引起的生态平衡破坏为第二环境问题。

自然因素：主要是指自然界发生的异常变化或自然界本来就存在的对人类和生物的有害因素。如火山爆发、山崩海啸、水旱灾害、地震、台风、流行病等自然灾害。

人为因素：如人类的经济生产和社会生活会产生大量的废水、废气、垃圾等，并不断排放到环境中；人类的滥砍森林、盲目开荒、水面过围、草原超载等对自然资源的不合理利用或掠夺性利用，都会使环境质量恶化，使生态平衡失调。

人类对生物圈的破坏性影响主要有 3 个方面的表现：一是把自然生态系统大规模地转变为人工生态系统，严重干扰并损害了生物圈的正常运转，农业开发和城市化是这种影响的典型代表；二是大量或过量取用生物圈中的生物的和非生物的各种资源，严重破坏了生态平衡，如森林的乱砍滥伐、水资源过度利用等；三是向生物圈中过量输入人类活动产生的产品和废物，严重污染并毒害了生物圈的物理环境和生物组分，这些产品和废物包括化肥、杀虫剂、除草剂、工业三废和城市三废等，人类自己本身也正在过量地向生物圈输入人口。

环境专栏——人类对生态系统的影响达到极限

①过去一个世纪以来，地球上有一半的湿地消失。

②毁林造田使得地球森林覆盖率下降了 20% ~50% 。

③地球上有 9% 的树种濒临灭绝。

④地球上 70% 的海洋鱼类面临滥捕滥捞的威胁，有些已处于生存极限状态。

⑤近半个世纪以来，全球有 2/3 的农业用地发生水土流失现象。

⑥拦河造坝或修建其他水利设施，使全球 60% 的大型河流系统遭到破坏、水流速度减缓，河流源头与其入海口之间的落差增加了 2 倍。

### 6.2.3 生态学的一般规律

生态学规律是指在生态研究领域中所有事物和现象的本质联系。它的作用范围不仅是生物或环境本身，还包括生物与环境相互作用的整体，不仅包括各类型的生态系统，还包括“社会—经济—自然”的整体复合生态系统。不同组织层次的生态系统表现出不同层次的规律。所有生态系统所共同遵循的主要生态规律有以下5个方面：

**（1）相互依存与相互制约规律**

环境变化的选择压力作为限制因素，迫使生物体自身作出调节以适应环境变化。生物间的协调关系主要分为两类：一是普遍的依存与制约，也称“物物相关”规律（全面考虑）；二是通过“食物”而相互联系与制约的协调关系，也称“相生相克”规律（食物链）。

**（2）物质循环转化与再生规律（能流物复）**

在生态系统中，植物、动物、微生物和非生命成分，借助能量的不停流动，一方面不断地从自然界摄取物质并合成新的物质；另一方面又随时分解为简单的物质，即所谓“再生”，这些简单的物质重新被植物所吸收，由此形成不停顿的物质循环。生态系统中物质的循环、转化和再生规律使生命系统的保持和进化成为可能。

**（3）物质输入输出的动态平衡规律**

对一个稳定的生态系统，无论是对生物，还是对环境和整个生态系统，物质的输入与输出在一段时间内是保持平衡的。

**（4）相互适应与补偿的协同进化规律（协调稳定）**

生物与环境之间存在着作用与反作用，环境为生物创造生存条件，生物的生命活动改善环境条件。植物从环境吸收水和营养元素与环境的特点（如土壤的性质、可溶性营养元素的量以及环境可以提供的水量等）紧密相关。同时，生物以其排泄物和尸体的方式把相当数量的水和营养素归还给环境，最后获得协同进化的结果。例如，最初生长在岩石表面的地衣，由于没有多少土壤可供着“根”，所得的水和营养元素就十分少。但地衣生长过程中的分泌物和尸体的分解，不但把等量的水和营养元素归还给环境，而且还生成能促进岩石风化变成土壤的物质。这样，环境保存水分的能力增强了，可提供的营养元素增多了，从而为高一级的植物苔藓创造了生长条件。如此下去，以后便逐步出现了草本植物、灌木和乔木。生物与环境就是如此反复地相互适应的补偿。生物从无到有，从低级向高级发展，而环境也在演变。如果因为某种原因损害了生物与环境相互补偿与适应的关系，某种生物过度繁殖，则环境就会因物质供应不足而引起生物的饥饿死亡。

**（5）环境资源的有效极限规律（负载有额）**

有效极限率主要是指任何生态系统均有一个大致的负载（承受）能力上限，是指一定范围或程度的生物生产能力、吸收消化污染物以及忍受外部冲击的能力。

## 6.3　生态学在环境保护中的应用

人类本来就是自然的一个组成部分，近几百年来人类社会非理性超速发展，已经使人类活动成了影响地球上各圈层自然环境稳定的主导负面因子，有专家指出人类活动正在造成第六次生物大灭绝。森林和草原植被的退化或消亡、生物多样性的减退、水土流失及污染的加剧、大气的温室效应凸显及臭氧层的破坏，这一切无不给人类敲响了警钟。人类必须善待自然，对自己的发展和活动有所控制，最终达到人与自然的和谐发展。

### 6.3.1 全面考察人类活动对环境的影响

利用生态系统的整体观念，充分考察各项活动对环境可能产生的影响，并决定对该活动应采取的对策，以防患于未然。

【实例6.3】南水北调工程

背景：长江及其以南地区集中分布着81%的水资源，36%的耕地面积，41%的矿产资源；而淮河及其以北地区耕地面积占全国的64%，矿产资源占全国的59%，水资源却只占全国的19%。

方案：南水北调工程分东、中、西3条调水线路。这些路线的建成，使得长江、黄河、淮河、海河相互连通，构成我国水资源的"四横三纵、南北调配、东西互济"的整体格局。

生态意义：不仅可以改善黄淮海地区的生态环境状况，还可以改善北方地区的饮水品质，有效解决北方一些地区天然地下水的水质问题，如苦咸水、高氟水以及含有其他对人体有害物质的水源，还有利于回补北方地下水，保护当地湿地和生物多样性，进而改善北方因缺水而恶化的环境，能很大程度地改善北方的生态环境及水资源条件。

对环境的影响：一是"三线"同时引水，将导致整个长江流域的沿江生态发生难以估计的变化，不利于保护沿江现有生态，有可能导致长江枯水期时航道的承载能力更低，其生态影响范围和程度已大大超过中国"专家"们的理解范围。二是中线工程和三峡水利枢纽工程的共同作用，引起汉江及长江中下游环境的变化，将对武汉产生难以估量的损失。三是东线工程调水对长江河口地区的影响导致北方灌区土壤次生盐渍化等。

【实例6.4】埃及的阿斯旺水坝

阿斯旺水坝位于尼罗河下游第一瀑布区，1970年建成，坝高110 m，长3 600 m。水库跨埃及、苏丹两国，有2/3在埃及，在埃及境内称为纳赛尔湖，是世界最大的人工湖。

建设原因：尼罗河发源于埃塞俄比亚，流经苏丹和埃及而入地中海，在入海口有宽100 km的三角洲，埃及3 300万人口集中在此地。

历史状况：尼罗河定期泛滥，淹没河谷，冲洗盐分，为地中海输送养分。沙丁鱼产量大，使三角洲保持新生肥力。

水坝之利：尼罗河不再泛滥、廉价电力、灌溉农田、控制旱涝。

水坝之弊：尼罗河两岸的绿洲及下游失去肥源，土壤盐渍化；尼罗河河口供沙不足，河口三角洲平原向内陆收缩，使工厂、港口、国防工事有跌入地中海的危险；海水养分减少，沙丁鱼1965年15 000 t→1968年500 t→最后绝迹。下游变静止"湖泊"，血吸虫病发病率高达80%以上。

### 6.3.2 充分利用生态系统的调节能力

生态系统的调节能力是指当系统的一部分发生机能异常或出现问题时，其余部分能够通过自身调节而得到解决或恢复正常的机制。一般来说，生态系统的结构越复杂，自我调节能力越强。

【实例6.5】土地处理系统

土地处理系统（Land Processing System）是指利用土地以及土地中的微生物、植物根系对污水（废水）进行处理，同时又借助污水中的水分和养分促进农作物、牧草或树木生长的工程设施。

该处理系统属于常年性污水处理工程，一般土壤以及土壤中的微生物和植物根系具有较强的污染物综合净化能力，可以用来处理城市污水和一些工业废水，常用于中小城市污水二级污水处理之后代替高级处理。

土地处理系统主要由预处理设施、储水湖、灌溉系统、地下排水系统等组成，并经地表漫流、灌溉或渗滤等方式排入土地系统，进行最终的处理。

土地处理系统的净化机制主要有生物作用机制和非生物作用机制（见图6.11）。生物作用机制是指借助植物根系的吸收、转化、降解与合成等作用，以及土地中的细菌、真菌等微生物的还原降解、转化及生物固定等作用。非生物作用机制是指土壤中的有机和无机胶体的物理化学吸附作用、络合作用、沉淀作用、机械截留过滤作用、土壤的离子交换作用及气体扩散或蒸发作用等。

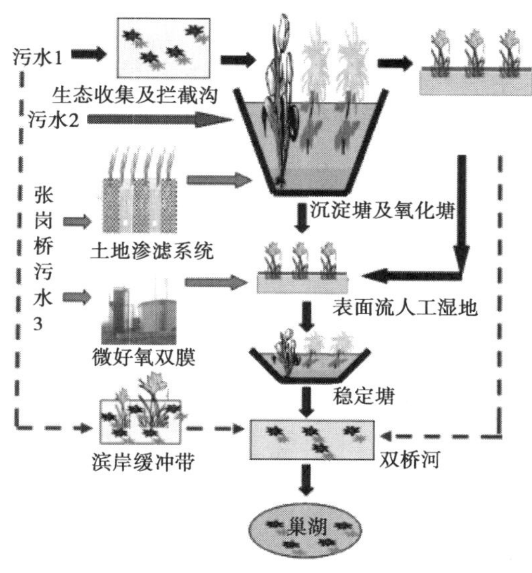


图6.11　巢湖土地处理系统的净化机制

### 6.3.3　解决近代城市中的环境问题

目前，住房、交通、能源、资源、污染、人口等方面的尖锐矛盾使每个城市居民都倍感压力。

**（1）编制生态规划（环境规划）**

城市生态系统是由城市居民与其周围环境相互作用而形成的统一整体，是由人类对自然环境的适应、加工和改造而形成的特殊人工生态系统。科学、合理的城市生态规划与设计能保证城市生态系统进行良性循环，呈现城市建设、经济发展和环境协调发展的共赢格局。

编制国家或地区的发展规划时，不仅要考虑经济因素，还要把经济发展与地球的物理、生态和社会经济因素等紧密结合起来考虑，使国家和地区的经济和社会的发展能顺应环境条件，不会引起当地生态平衡的重大破坏。物理因素主要包括大地构造运动、水资源、气象情况和空气扩散等作用；生态因素（或生态系统）是指绿地现状，如生物种类、植被覆盖率、食况等；社会经济因素（或社会经济系统）主要包括城市发展或城市活动、工农业活动、消费水平和方式、公民福利等。

(2)**城市生态系统研究**

城市生态系统不仅有生物组成要素(植物、动物和细菌、真菌、病毒)和非生物组成要素(光、热、水、大气等),还包括人类和社会经济要素。这些要素通过能量流动、生物地球化学循环以及物资供应与废物处理系统,形成一个内在联系的统一整体。人在城市生态系统中起着重要的支配作用,这与自然生态系统明显不同。城市生态系统有以下5个特点:

①人工生态系统(人工控制)。城市生态系统几乎全是人工生态系统,需要在人的控制下进行能量和物质的运转,即使是居民所处的生物和非生物环境都已经过人工改造,是人类自我驯化的系统。

②以人为主体的生态系统。人在城市生态系统中不仅是唯一的消费者,还是整个系统的营造者。在人口大规模集居的城市,城市生态系统是以人口、建筑物和构筑物为主体的环境中形成的生态系统。

③不完全的生态系统(生产者数量少)。相对自然生态系统来说,城市生态系统中的生产者与分解者较少,其数量不能完全承载其各自的生态学功能。

④高度开放的系统。系统内无法完成物质循环和能量转换。该系统具有大量、高速的输入输出流,能量、物质和信息在系统中高度浓集、高速转化。许多输入物质经过利用、加工之后又从本系统中输出(如产品、废弃物、资金、技术、信息等)。

⑤多层次复杂的城市生态系统。城市生态系统是以人为核心,对外部具有强烈依赖性和密集的人流、物流、能流、信息流、资金流等。

若人类在城市建设发展中,不依据生态学的规律活动,便很可能破坏所在的以及周边的生态系统的生态平衡,并最终会影响城市自身的生存和发展。因此,必须把城市作为一个特殊的、人工的生态系统进行研究。

### 6.3.4 综合利用资源和能源

在工农业生产中,因大多是单一的过程,片面强调单纯的产品最优化问题,导致环境的严重污染与破坏。如果能够将工农业生产过程中的“废物”通过工程技术,进行资源化利用,延长产业链,改变传统的线性发展的经济模式为现代闭合式循环经济的模式,不仅解决了工农业生产中产品单一化的问题,为工业增产增收,同时还解决了传统开放式经济发展模式对环境的污染。

科学运用生态系统物质循环原理,构建闭路循环以实现资源和能源的综合利用,杜绝浪费与无谓的损耗,如生态工艺和生态农场等。

(1)**生态工艺**

生态工艺是指运用生态学中物种共生及物质循环再生原理和系统工程优化方法,设计物质多层次利用的生产体系。在这种生产过程中,输入生产系统的物质和能量在第一次使用,即生产第一种产品后,其剩余物是第二次使用,即生产第二种产品的原料,而第二次的剩余物又是生产第三种产品的原料,直到全部用完为止或实现循环利用,最终不可避免的剩余物以对生物无毒无害形式排放。

生态工艺是工艺思想的重大变革。它的实现是人类摆脱当前生态困境的一个重要途径。

(2)**生态农场**

生态农场主要是指运用生态学的观点和手段,以“农场”作为农业生态系统的一个整体,并把贯穿于整个系统中的各种生物群体,包括动物、植物、微生物之间,以及生物与非生物环境间的能量转化和物质循环联系起来,科学合理地组合环境和生物系统,以获得最大的生物产量,同时维护生态平衡,并以改善土地利用环境,特别是农业环境质量为目的的一种农业发展新模式。

生态农场有效地利用生态学原理,最大限度地把无机物转变为有机物。生态农场既是生产的单位,又是环境净化和保护的单位。菲律宾的马雅农场(Maya Farms)便是一个典型的生态农场。我国广东珠江三角洲的桑基鱼塘、蔗基鱼塘、果基鱼塘等均为在长期的农业生产实践中所创造的一种生态农场的雏形。

【实例6.6】光伏发电与分布式能源在现代化生态养殖及资源综合利用方面的应用

本项目致力于构造一个生态养猪结合循环农业的示范基地。项目包括一整套污水污粪的回收利用、自动化流程控制、沼气发电、光伏发电及物联网等先进工艺与创新技术,打造生态养猪示范基地。项目采用废弃物综合利用工艺,猪粪与沼渣经处理后形成固态有机肥,废水经过消毒等处理后中水回用。沼气主要用于发电,发挥沼气工程节能减排、资源综合利用的能源环保优势。

项目处理能力:处理生猪的干清鲜粪约24 t/d,按每天每头猪所需冲洗粪便的污水量为15 L计算,生产含粪便污水约为300 t/d。

项目生产能力:日生产有机肥约24 t(年产有机肥8 760 t)。日产沼气约2 560 $m^3$(年产沼气约93.4 万 $m^3$),若产出的沼气均用于发电,年发电总量约为168.2 万 kW·h(按沼气发动机的热效率为25% ~30%,发动机热效率为35%,发电机热效率为90%计算)。

光伏系统发电量测算:20 000 头猪的养猪场占地面积约0.13 $km^2$,以60%的光伏覆盖面积计算,光伏发电有效面积为0.1 万 $km^2$,每平方米的光伏功率为150 W,发电功率为12 006 kW,光伏有效功率为12 006 ×1 250 kW·h =1 500.75 万 kW·h(按每千瓦年发电1 250 kW·h计算)。

该项目打造了绿色环保和资源化养猪相结合的循环生态农业模式,将光伏发电与分布式能源的合理结合以及重新利用废弃资源,确保实际生产中获得良好的经济效益,不仅可以提高农村居民的收入水平,还有利于环境保护与生态保护。

【实例6.7】延长中煤榆林能源化工有限公司煤油气资源综合利用装置

依据“煤油气结合、碳氢互补、物料综合利用”的设计理念,2015 年,陕西延长中煤榆林能源化工有限公司研制的煤油气资源综合利用装置进入商业运营阶段。该装置属全球首套,其实现碳氢综合利用互补优势明显。该装置通过资源优化配置、要素优化组合、工艺优化集成等方式,将煤、油、气3 种资源综合深度转化,开发出具有自主知识产权的低碳合成甲醇专利技术,有效弥补了煤制甲醇“碳多氢少”,天然气制甲醇“氢多碳少”的不足,实现了碳氢的最佳配比,确保了资源的高效利用。同时,将渣油裂解装置的富氢气、富甲烷气作为甲醇装置的原料气和燃料气,提高了资源利用效率。能源转化效率达到61.88%,碳资源利用率达到55.75%,与煤制甲醇先进指标相比,能源转化效率提高了16.88%,碳资源利用率提高了17.74%。不仅实现了高效产出,还大大降低了能耗。该装置的甲醇综合能耗为1.20 t标准煤/t,吨甲醇水耗仅为1.78 t,与煤制甲醇的先进值相比,吨甲醇综合能耗降低了15.50%,水耗降低了70.33%,且二氧化碳、二氧化硫和废渣的排放量大幅减少。该装置借助多级膜法分离与多效蒸发结晶等工艺技术,同步建设实现了废水“零排放”,并与部分盐的资源化利用相结合,解决了能化企业高浓盐水处理的瓶颈问题，为生态脆弱地区实现发展能源化工产业提供了新途径。

2016 年，专家组对该项目进行了联合鉴定，一致认为该煤油气综合利用的思路及技术方案具有明显的科学性、先进性、经济性、实用性和推广性，开创了化石原料多元化生产和资源清洁转化的新路径，属国际领先技术。

### 6.3.5 环境保护其他方面的应用

**(1)污染物质在环境中的迁移和转化规律**

污染物质在环境中发生的各种变化过程称为污染物的迁移和转化（Transport and Transformation of Pollutants），有时也称为污染物的环境行为（Environmental Behavior）或环境转归（Environmental Fate）。研究污染物质在环境中的迁移和转化过程及其规律性的意义如下：

一是可阐明污染物种类，接触的浓度、时间、途径、方式和条件，从而研究相关毒作用。随着生态系统的物质循环和食物链的复杂生态过程，污染物质不断迁移、转化、积累和富集。研究污染物质在环境中的迁移和转化的过程及其规律性，对阐明人类在环境中接触的是什么污染物质，接触的浓度、时间、途径、方式和条件等都具有十分重要的环境毒理学意义。

二是环境毒理学的许多基本问题在一定程度上也取决于对污染物质在环境中的迁移和转化规律的认识。例如，污染物质的物质形态、联合作用、毒作用的影响因素、剂量效应关系等，都要涉及接触污染物质的真实情况的确定。

通过研究污染物质在生态系统中的迁移和转化规律，可以弄清污染物质对环境危害的范围、途径、程度及后果。

**(2)环境质量和生物监测、生物评价**

环境质量，顾名思义就是环境素质优劣的程度。其中，优劣是质的概念，程度是量的概念。具体地说，环境质量是指在一个具体的环境内，环境的总体或环境的某些要素对人类以及社会经济发展的适宜程度。

环境质量监测主要监测环境中污染物质的分布和浓度，以确定环境质量状况。定时、定点的环境质量监测历史数据，可以为环境质量评价和环境影响评价提供必不可少的依据，也为对污染物质的迁移和转化规律的科学研究提供基础数据。

一般监测手段的弱点：仪器不能连续监测，以部分数据代替全年的情况；监测结果不能反映综合污染情况。

生物监测是指利用生物个体、种群或群落对环境变化或污染所产生的反应阐明环境污染状况，从而实现从生物学角度为环境质量的监测和评价提供依据。

生物监测对环境素质的优劣具有直接和指示作用。但生物监测的对象（生态系统）非常复杂，致使生物监测的实际操作面临许多问题。其灵敏性、快速性和精确性等都需进一步提高。

生物监测的理论基础是生态系统理论。生态系统是包括生物部分（生产者、消费者、分解者）和非生物环境部分的综合体。生物部分从低级到高级，包含有生物分子→细胞→器官→个体→种群→群落→生态系统等不同的生物学水平。生物监测可以弥补以上不足。

目前，我国已广泛利用生物来对环境进行监测和评价。

①利用植物对大气污染进行监测和评价

二氧化硫：紫花苜蓿、棉株、胡萝卜等。

氟化物:唐菖蒲、葡萄等。

臭氧:烟草。

二氧化氮:烟草、番茄等。

氯气:白菜、菠菜等。

②用水生生物监测和评价水体污染

a. 污水生物体系法。根据各个水域中生物体系的组成,可以判断水体的污染程度。

b. 指示种法。利用某种生物在水中数量的多少和生理反应等生物学特性,来判断该水域受污染的程度,如利用颤蚓数量进行湖水质量评价。指示种法又称为“生物测定”,是利用生物对环境中污染物的敏感性反应来判断环境污染的一种方法。用来补充物理、化学分析方法的不足。如敏感植物可以帮助监测大气污染;指示生物群落结构、残毒测定和生物测试等方法可以反映水体污染状况。

生物监测是环境监测的重要手段之一,主要是指运用某些对环境污染物敏感的植物可以方便快捷、实时低廉地得到环境的污染情况,具有很高的实用价值。

**(3)为环境标准的制订提供依据**

环境标准(Environmental Standards)是为防治环境污染、维护生态平衡、保护人体健康,国务院环境保护行政主管部门和省、自治区、直辖市人民政府依据国家有关法律规定,对环境保护工作中需要统一的各项技术规范和技术要求所作的规定。

环境标准是环境保护主管部门执法的依据。环境标准是保护社会物质财富和促进生态良性循环,对环境结构和状态,在综合考虑自然环境特征、科学技术水平和经济条件的基础上,由国家按照法定程序制订和批准的技术规范,是国家环境政策在技术方面的具体体现,是执行各项环境法律的基本依据。

环境标准是监督管理的最重要的措施之一,是行使管理职能和执法的依据,是处理环境纠纷和进行环境质量评价的依据,是衡量排污状况和环境质量状况的主要尺度。

环境标准必须以环境容量为主要依据。环境容量一般是指某环境区域内对人类活动造成影响的最大容纳量。如大气、土地、水、动植物等都有承受污染物的最高限值,就环境污染而言,若污染物的量超过了环境的最大容纳量,则环境的生态平衡以及正常功能都会遭到破坏。

## 6.4　人口与环境

### 6.4.1　世界与中国人口发展的规律与现状

**(1)世界人口发展的规律与现状**

在人口统计学中,世界人口是指目前全球的总人数。世界人口在2017年已达到75亿。联合国估计,在2100年世界人口将进一步增加到112亿。人口问题已成为全球关注的共同问题,越来越引起国际社会的重视。自1954年开始,联合国曾召开多次世界性的人口会议。1994年9月在开罗召开的第三次国际人口与发展会议,共有182个国家和地区的15 000多名代表参加,会议的讨论主题是“人口、持续的经济增长和可持续发展”,会议第一次将人口问题与可持续发展的问题联系起来。该会议还通过了《国际人口与发展大会行动纲领》,意在呼吁各国加强人口与发展等领域的合作,解决人类面临的共同问题。该纲领成为随后20年世界人口与发展的指导性文件。1999年,联合国召开了人口和发展特别会议,会议再次从人口与社会、经济、资源、环境和可持续发展的战略高度,强调了认识解决人口问题的重要性。2001年,世界人口日的主题为"人口、发展与环境",体现了"地球村"发展的战略策略。据科学家的分析,2025年,全球人口将超过80亿,2080年世界人口将达到顶峰,超过100亿,具体人口趋势如图6.12所示,这提示着人类必须采取有效措施,将人口控制在合理的范围内。

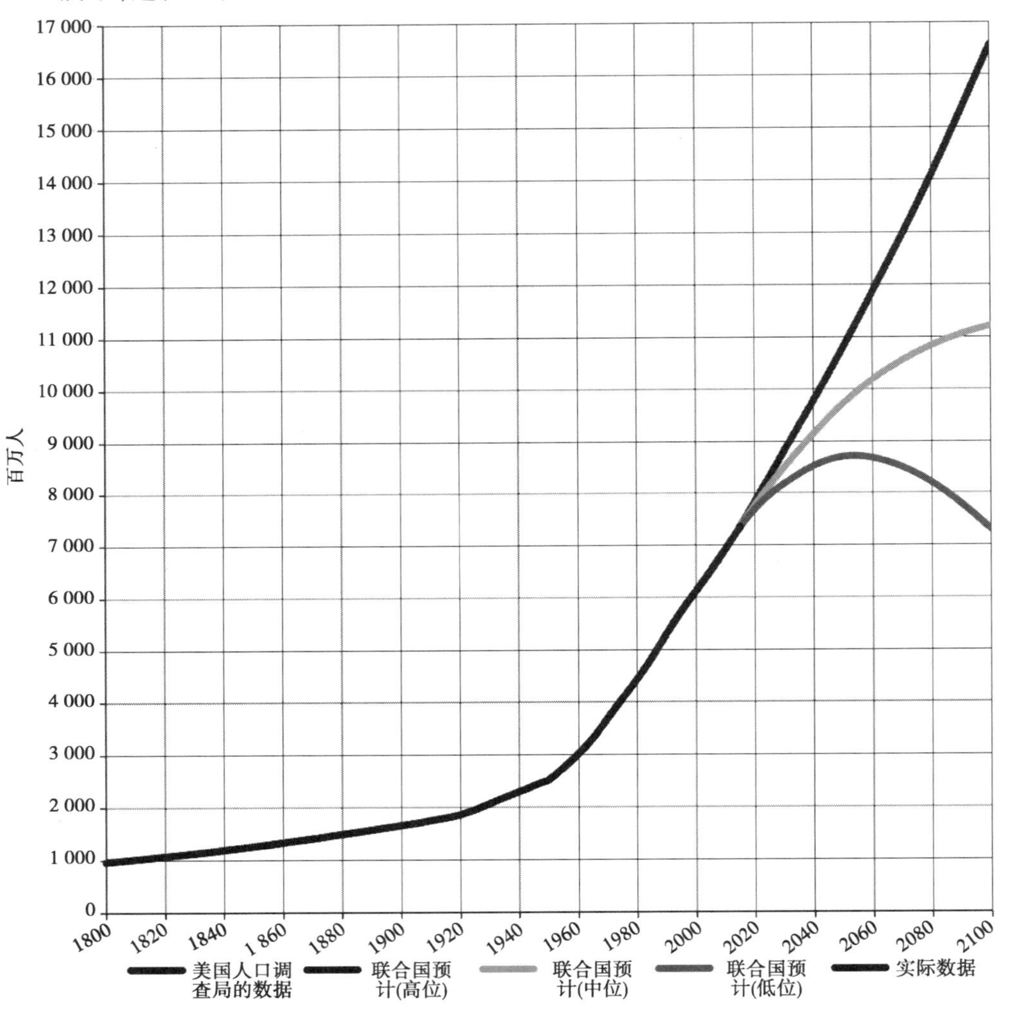


图6.12　1800—2100年的世界人口变化图

依据来源于联合国在2010年的预计（红、橙、绿）和 美国人口调查局的数据（黑）。根据最高的预测结果,世界人口将在2100年达到160亿,而根据最低的结果,这一数字仅为60亿人。

**(2)我国人口发展的规律与现状**

我国是世界上人口最多的发展中国家。人口众多、资源相对不足、环境承载能力较弱是我国现阶段的基本国情。众所周知,人口问题是关系我国经济社会发展的关键性因素。我国全面推行计划生育40多年来,人口的过快增长得到了有效控制,人口素质得以显著提升,人口再生产类型得到了历史性转变,有效缓解了对资源环境的压力,有力促进了经济发展、社会进步和民生改善。

庞大的人口数量一直是我国国情的显著特点,虽然我国已经进入了低生育率国家行列,但因为人口基数大,以及人口增长的惯性作用,短期内,我国人口仍将以年均800万~1 000万的速度增长。据预测,我国人口高峰将在2033年前后出现。

### 6.4.2 人口发展对资源与环境的作用

**(1)对耕地的影响**

随着人口的增加,人类对粮食的需求量也日益增加。据美国国际粮食政策研究所推算,现在世界粮食增长赶不上人口增长的速度。假如1985年后人口增长速度未变,则每年将短缺1亿t粮食和5 000万t蛋白质,将会有更多国家的人民不得不处于饥饿和营养不良的状态。

耕地是人类赖以生存的基本资源和条件。进入21世纪,人口不断增多,耕地逐渐减少,人民生活水平不断提高,保持农业可持续发展首先要确保耕地的数量和质量。据联合国教科文组织(UNESCO)和粮农组织(FAO)不完全统计,全世界土地面积为18.29亿 $hm^2$ 左右,人均耕地0.26 $hm^2$。

人口增加使人均占有耕地面积减少,1951年我国耕地1.08亿 $hm^2$,人均0.19 $hm^2$。1981年我国耕地下降到0.99亿 $hm^2$,人均只有0.10 $hm^2$。耕地是粮食生产的基地,人均占有耕地面积的减少必然会引起粮食问题。目前,人口增加与土地资源减少之间的矛盾越来越尖锐,人口增加对土地的压力越来越大。

**(2)对水的影响**

水是哺育人类的乳汁。没有水就没有生命的繁衍;没有水,世界将是死亡的世界。正因为地球上有了水,才会显得生机勃勃。然而,由于人口增长、社会经济发展等各种原因,人类对水的需求与日俱增,再加上日益严重的人为浪费,人类活动造成的严重水资源污染,使水资源不断枯竭。水资源危机成为21世纪人类面临的严峻现实问题。

虽然水是可再生资源,但也有一定的限度。对某一区域,水循环的自然过程限制了该区域的用水量,这意味着人均用水量是一定的。如果人口增加,用水量就会相应增加,同时污水也相应增加,而人均水资源则减少。人口增长必然会造成水源的短缺。随着人们生活水平的提高,对水的需求量更大,而工业的发展对水的消耗,工业废水处理不当,农药的使用导致对淡水的污染,加之人们节水意识不强,使水资源更加短缺。

如果要维持生活水准,需要开采更多的水资源,造成水资源缺乏日益严重,甚至导致水荒。人均年可用水量1 000~2 000 $m^3$ 的国家被列为水资源紧张国家,全球现有100多个国家缺水,其中有40多个国家严重缺水,十几个国家发生水荒。

**(3)与资源、能源的关系**

能源是人类社会存在和发展的物质基础,能源短缺是世界性问题,随着社会的发展与进步,需要消耗越来越多的能源物质,需要提供更多的石油、煤、天然气等能源物质。但是,这些物质都是不能再生的物质,终有耗尽的一天。

能源与人类的生产和生活息息相关。通常以一个国家或地区的人口平均占有的能源量或消费的能源量来衡量人类活动(生产或生活)所拥有可以利用或需要的能源量。人均能源消费量在一定程度上可以反映一个国家或地区经济发展和人们的生活水平(见图 6.13)。影响人均能源消费量的主要因素是人口数量、生产活动状况和生活水平、能源供应数量和质量。人均能源消费数量多少,既关系能源资源消耗、能源供给,也关系环境污染问题,如煤炭资源开发对土地、植被造成破坏;煤矸石的二次污染;燃煤产生的二氧化硫会造成酸雨危害。在制订国家社会发展规划和有关决策时,重视人口因素,妥善处理人口、能源、环境和经济发展的关系,是实现社会经济持续发展的关键。

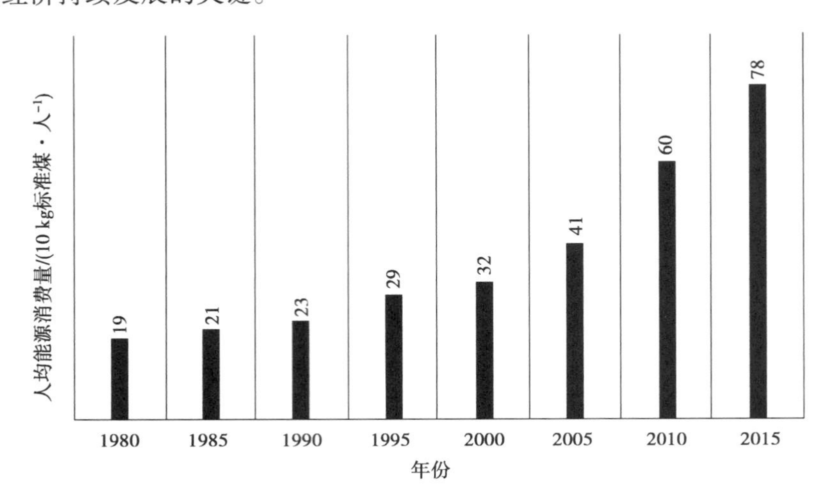


图 6.13　1980—2015 年中国人均能源消费量

目前,世界能源消耗速度迅速增加,消耗最多的是石油、煤炭等化石能源,石油年能源消耗量占总量中的 38%。能源是中国和世界许多国家面临的严峻挑战。近年来,以风力和太阳能发电为主的新能源发展势头强劲,以化石能源为主的能源开发利用方式面临挑战,一场历史性的能源变革正在全球范围内孕育。2015 年,全球首次实现了可再生能源发电新增装机容量超过常规能源发电装机。目前,全球超过 170 个国家制订了各自的新能源发展目标,新能源在全部能源消费的比例不断上升。

欧盟计划到 2050 年,非化石能源占能源消费比重的 75%。瑞典等国家明确提出到 2040 年左右,电力消费 100% 来自可再生能源。中国政府也明确提出,到 2030 年争取达到非化石能源发电占全部发电量的 50%,就目前的发展状况看,有望提前实现这一目标。

聚焦可再生能源,为应对环境问题,实现"新能源 + 特高压 + 储能"的发展模式,实现人口、资源、能源与环境的协调发展。

**(4)人口增长与生态平衡**

千百年来,人类为实现社会的经济发展,对环境产生了巨大影响,破坏与治理总是同时发生。特别是进入 21 世纪后,人口的急剧增加,人类对需求层次的不断提高,需求数量的日益增大,不断逼近和超过自然环境的最大承载力,这加重了环境负荷,造成生态环境恶化,引起了生态平衡失调。

从整个生态系统来看,人类处在“生态金字塔”的顶峰,是自然资源的最大消费者。现阶段,随着人口数量的增加,社会经济的发展,科学技术的进步,人类对农业、矿业和工业等资源的生态总需求急剧增加。若人类对资源的使用到2020年仍按现在每年5.5%的速度增加,则人类对地球资源总需求将每13年增加1倍。可见,人口的剧增给资源和生态平衡带来了巨大压力。人类不合理的生产生活,使得自然环境危机重重,造成环境污染、淡水危机、森林破坏、土地资源锐减等后果。

在现代化建设中,人类必须把实现可持续发展作为重大战略。要以重大战略的姿态控制人口、节约资源和保护环境,促使人口增长与社会生产力的发展相协调,确保社会经济建设与资源、环境相协调,实现人口、资源与环境的良性循环。必须以人口资源环境与社会经济科技的协调为基本方针,在确保经济快速、持续、健康发展的前提下,实现资源的合理综合利用和环境质量提高。不但使当代人可以从大自然的赐予中获取人类所需,还要为人类的子孙后代的需求留下可持续利用和发展的资源和生态环境。

### 6.4.3　环境人口容量

**(1)环境承载力**

环境承载力又称环境承受力或环境忍耐力。它是指在一定时期,在维持相对稳定的前提下,环境、资源所能容纳的人口规模和经济规模的大小。环境承载力是环境科学领域一个重要而又有别于其他学科的概念,反映了人类与环境相互作用的关系,可以在环境科学的许多分支学科中得到广泛应用。

环境承载力既是生态学的规律之一,也是可持续发展的内涵之一。环境承载力一般是指环境能持续供养的人口数量。其内涵有两个方面:一是可持续发展要求以环境与自然资源为基础,并同环境承载能力相协调。二是人类要搞循环经济就要以生态学的规律为指导,要重视“负载定额”这一生态学的规律,即每个承载系统对任何外来干扰均有一定的忍耐极限,若外来干扰超过此极限,就会损伤、破坏乃至瓦解生态系统。无论是自然生态系统,还是人工生态系统,都存在环境承载力的问题。

**(2)环境人口容量的“木桶原理”**

木桶原理又称水桶原理或短板理论,它由美国管理学家彼得提出,意思是由多块木板构成的水桶,其价值是其盛水量的多少,而决定其盛水量的关键因素不是其最长的板块,而是其最短的板块。也就是说任何组织,都会面临一个共同问题,即构成组织的不同部分往往优劣不齐,而劣势部分常常决定整个组织的水平。

“木桶原理”极为巧妙和别致地比喻了现实问题。随着“木桶原理”的应用越来越频繁,其应用场合及适用范围也越来越广泛,“木桶原理”已由单纯的比喻上升到了理论高度。许多木板组成的“水桶”不仅可表示一个企业、部门、班组,甚至一个员工,而“水桶”的最大容量则象征着整体的实力和竞争力。可见,事物的“短板”决定其整体发展水平及发展程度。在此,相对最少的资源将对环境承载力起决定作用,该最小值就是环境人口容量。

**(3)环境人口容量的特点**

①相对性。一般环境人口容量并没有绝对标准,它是人文活动与当地资源条件相结合的产物,具有相对性。

②临界性。科技水平、可用资源的种类和数量、生活消费水平等都是环境人口容量的影响要素,且都处于不断变化中。不同的历史时期,同一区域具有不同的人口容量,具有明显的可变性。

③警戒性。当环境人口容量达到一定限度时,会对当地的经济、社会及生态环境等因素造成影响。环境人口容量可作为当地经济社会发展、环境保护等方面的参考标准。只有维持在合理的人口容量范围内,才能实现可持续发展,一旦人口超过其容量限度,便会引发一系列的经济、社会和生态问题,具有一定的警戒性。

**(4)人口合理容量**

人口合理容量主要是指在确保以合理的生活方式、健康的生活水平,且不妨碍未来人类生活质量的前提下,一个国家或地区的最适宜人口数量。一个国家或地区的环境人口容量是指在可预见的时期内,利用本地资源及其他资源、技术和智力等条件,并确保符合社会文化准则的前提下,该国家或地区所能持续供养的人口数量,也就是环境所能容纳的最大人口数量。显然,人口合理容量一般要小于环境人口容量。

**(5)人口合理容量的意义**

①环境人口容量是时间的函数,具有不确定性,若谈环境人口容量,应指出具体的时期。

②资源是制约人口容量的主要因素,而资源、科技水平是影响环境人口容量的重要因素。

③社会生活水平也是制约环境人口容量的重要因素。

④若要探讨某一国家或地区的环境人口容量,要以该国或地区所有可利用的资源和技术为依据。而所有可利用的资源和技术,可以是本地的,也可以是国外或其他地区的资源和技术,这一因素会对该国或地区的环境人口容量估计产生较大影响。

人们越来越清楚地认识到环境与人口的具体关系,不仅有利于了解各种环境问题,促使人类与自然环境的良性循环,而且还为制订相应的人口政策、战略提供必要依据。

### 6.4.4 大学生如何践行低碳生活

"青年大学生知识广博、充满朝气、思想认识趋于理性、践行低碳热情高涨,有着'承前启后'的社会责任,是'低碳发展'的生力军和先锋力量,是最好的践行者、宣传者。""低碳发展"的理念教育作为高校教育的一部分,不仅能促使大学生掌握低碳环保知识和环保理念,形成科学的可持续发展观,还能促进大学生在步入社会后能帮助构建低碳社会,完善低碳生活。

**(1)建立低碳消费观**

所谓低碳消费观,主要是指在日常生活中,本着健康、环保、节约和适度的原则进行消费的一种理性消费态度,即"只买对的,不选贵的"。大学生消费群体作为低碳生活方式的引领者,当务之急是建立以节能减排为核心的低碳消费。

首先,理性消费、简约生活,树立"新节俭主义"理念。其次,戒除使用"一次性"用品的消费,树立"循环消费"理念,坚决抵制"一次性消费品"的制造和使用,在消费活动中选择可循环利用的产品,提高资源利用率,减少碳排放,将节能降耗、保护资源的低碳生活和消费方式贯彻到日常生活中。最后,"便利消费"是现代商业营销和消费生活中流行的价值观,多数"便利消费"方式使人们不经意中浪费着巨大的能源,要坚决戒除以高耗能源为代价的"便利消费"。

**(2)“理念+行动”努力践行低碳饮食、低碳穿衣、低碳出行等生活方式**

在世界资源日趋紧张、世界气候日渐恶化的今天，绿色环保、降低能耗的低碳生活势在必行。所谓“低碳”生活方式，是指在日常生活中减少二氧化碳等温室气体的排放，避免奢侈浪费等不良习惯，形成一种低能量、低消耗、低开支的生活方式。低碳生活并非是一种能力，而是一种态度，是每个公民对自己的生活方式或者消费观念稍作改变就能达到保护环境的目的。例如，多坐公交车，尽量减少二氧化碳等废气的排放；尽量做到家用电器随用随关，节约能源；使用节能灯，提高效能；节约每一张纸，尽量做到双面使用；饮食中少吃肉；不乱丢废弃物，特别是废旧电池不随便乱扔，避免造成二次污染；要节约用水，提倡循环用水的方式等。

# 第 7 章 可持续发展的基本理论

## 7.1 可持续发展理论的历史沿革

### 7.1.1 发展的概念以及发展与环境的辩证关系

**(1)发展(Development)的概念**

从哲学上讲,发展是哲学术语,是指事物由小到大,由简到繁,由低级到高级,由旧物质到新物质的运动变化过程。事物的发展原因是事物联系的普遍性,事物发展的根源是事物的内部矛盾,即事物的内因。唯物辩证法认为,物质是运动的物质,运动是物质的根本属性,而向前的、上升的、进步的运动即是发展。发展的本质是新事物的产生和旧事物的灭亡,即新事物代替旧事物。

从生物学上讲,发展是指自出生到死亡的一生期间,在个体遗传的限度内,其身心状况因年龄与学得经验的增加所产生的顺序性改变的历程。发展一词的内涵有以下 4 个要点:

①发展包括个体身体与心理两方面的变化。

②发展的历程包括个体的一生。

③影响个体身心发展的因素有遗传、年龄、学习经验等。

④个体身心发展是顺序性的,顺序只是由幼稚到成熟的单向性,而无可逆性。狭义言之,发展是指自出生到青年期(或到成年期)的一段期间,个体在遗传的限度内,其身心状况因年龄与学得经验的增加所产生的顺序性改变的历程。

从经济学上讲,在 20 世纪初,对于广大发展中国家来说,发展主要是指经济发展(增长),并且形成了根深蒂固的看法。这主要是由于当时的经济学家们对发展的认识还很片面,将增长与发展等同起来。随着第二次世界大战的结束和凯恩斯经济学的兴起,当时的资本主义国家彻底摆脱了 20 世纪 30 年代经济大萧条的阴霾,重新步入了经济迅猛增长的轨道。由于大多数经济学家都认为增长等同于发展,因此,发达国家运行良好的经济现实使得经济学家将注意力自然转移到尚不发达国家的经济发展问题上,而将他们认为已经获得成功“发展”(实际上只是成功的经济增长)的发达国家排除在其研究之外。

（2）**发展观的扩展与延伸**

自20世纪90年代以来，人类经济社会的新发展给发展经济学提出了诸如全球竞争政策、宏观经济失衡条件下的外部冲击、技术差异下的全球分化、全球治理及全球生态环境保护等新的全球性问题。这就要求发展经济学的理论研究要跟上甚至要超前于客观经济环境的变化，要在其研究范围和方法上必须超越旧有的模式，进行变革与创新，否则发展经济学就无力解决现在已经出现的全球性发展问题。新的经济时代呼唤一个以全球或人类发展问题为研究对象、以协调世界经济发展为核心内容、以多学科研究方法为特征的广义发展经济学的诞生。

发展不等于经济增长，还必须加上社会进步。一个国家的经济发展水平是这个国家综合国力的象征，在当今这个一超多强的全球化时代，不进步俨然已是后退，每个国家都在努力提高经济水平，首先解决贫困问题，然后逐步提升民众生活质量。经济发展的定义包含以下4点：

①经济增长。经济增长是一个国家的社会财富积累的过程，它与国民生产总值挂钩，可在国民生产总值中得到体现，一个国家的经济发展和增长的程度体现着一个国家的综合国力，经济的发展具有极其重要的意义。

②结构转变。结构转变是指一个国家的产业结构的升级，可以体现在国家产业由第一产业向第三产业转化的过程中。第三产业能够带来更大的经济效益，并且对生态环境的破坏力度远远低于第一、二产业。

③社会保障体系的完善。社会保障体系的完善程度直接体现着人民的生活水平。我国地大物博，东西部地区之间经济发展存在着严重不平衡的问题，政府对相对贫困地区的政策支持（如医疗、教育等的支持）将会在很大程度上提升该地区人民的生活质量。

④环境保护体系的完善。如果一个国家只注重发展经济而忽略对环境的保护，那么这个国家是难以得到长远发展的。经济的发展必然要对环境造成破坏，环境状况又在很大程度上制约着经济的进一步发展，要想实现可持续发展必须重视对生态环境的保护，如果环境破坏较为严重，则应当快速对已经被破坏了的生态环境进行修复，以期亡羊补牢为时未晚。

（3）**发展与环境的辩证关系**

发展与环境的关系：一是环境破坏不可避免；二是环境问题可出现拐点；三是环境缓解有一个过程。两者是互相影响、互相制约的辩证关系。

随着社会的进步，人们对生活质量提出了更高的要求。“天更蓝、树更绿、水更清、城更美”，成为人们的共同心声。

环境的一般概念是指围绕某一中心事物的周围事物。中心物不同，环境的概念也随之不同。我国《环保法》中所称的环境，是指影响人类生存和发展的各种天然的和经过人工改造的自然因素的总和，包括大气、水、海洋、土地、矿产、森林、草原、野生生物、自然遗迹、人文遗迹、自然保护区、风景名胜区、城市和乡村等。

环境保护就是采取行政、经济、科技、宣传教育和法律等方面的措施，保护和改善生态环境和生活环境，合理利用自然资源，防治污染和其他公害，使之适合人类的生存与发展。环境保护具有明显的地区性。环境保护的内容大体分为两个方面：一是保护和改善生活环境和生态环境，包括保护城乡环境，保持乡土景观，减少和消除有害物质进入环境，改善环境质量，维护环境的调节净化能力，确保物种多样性和基因库的持续发展，保持生态系统的良性循环；保护和合理利用自然资源。二是防治环境污染和其他公害,即防治在生产建设和其他活动中产生的废气、废水、废渣、粉尘、恶臭气体、放射性污染物质及噪声、振动、电磁波辐射等环境的污染和危害。

改革开放以来,我国经济持续、快速、健康发展,环境保护工作取得了很大的成就。尽管中央把环境与资源保护作为基本国策之一,但环境保护形势仍然十分严峻,工业污染物排放总量大的问题还未彻底解决,城市生活污染和农村面临污染的问题接踵而来,生态环境恶化的趋势还未得到有效的遏制。

我国是发展中国家,解决环保问题归根到底要靠发展。我国要消除贫困,提高人民生活水平,就必须毫不动摇地把发展经济放在首位,各项工作都要围绕经济建设来展开,无论是社会生产力的提高、综合国力的增强、人民生活水平和人口素质的提高,还是资源的有效利用,环境和生态的保护,都有赖于经济的发展。但是,经济发展不能以牺牲环境为代价,不能走先污染后治理的路子。我国在这方面的教训是极为深刻的。正确处理好经济发展同环境保护的关系,走可持续发展之路,保持经济、社会和环境协调发展,是我国实现现代化建设的战略方针。

经济发展与环境保护的关系,归根到底是人与自然的关系。解决环境问题,其本质就是一个如何处理好人与自然、人与人、经济发展与环境保护关系的问题。在人类社会发展的过程中,人与自然从远古天然和谐,到近代工业革命时期的征服与对抗,到当代的自觉调整,努力建立人与自然和谐相处的现代文明,是经济发展与环境保护这一矛盾运动和对立统一规律的客观反映。

当今,绿色经济、循环经济成为21世纪的标志。用环保促进经济结构调整成为经济发展的必然趋势。保护环境就是保护生产力,改善环境就是发展生产力。如何协调环境与经济的关系,建设人与自然和谐相处的现代文明是坚持实现保护环境基本国策的关键。

### 7.1.2 可持续发展理论的演变

当前,人们普遍采用1987年《布伦特兰报告》提出的可持续发展的概念:既满足当代人的需求,又不损害后代人满足其自身需求的能力。世界环境与发展委员会(WCED)在1987年发表了《我们共同的未来》报告,该报告被认为是建立可持续发展概念的起点。在可持续发展的道路上,人类在面临严重环境问题的思考中和对环境与社会发展的矛盾争论中不断发展,由个人到团体,最后上升到国际化程度,并达成了人类社会发展的共识,这一阶段经历了将近半个世纪的发展历程。

**(1)《寂静的春天》——对传统行为和观念的早期反思**

20世纪中叶,人们为了获取更多的粮食,研制了多种基本的化学药物,用于杀死昆虫、野草和啮齿动物。如有机氯农药DDT,它是多种昆虫的接触性毒剂,具有很高的毒效,尤其适用于扑灭传播疟疾的蚊子,可杀死农业害虫,增加农作物产量。

作为一个生物学家,蕾切尔·卡逊根据当时美国使用DDT产生危害的种种迹象,以敏锐的眼光和深刻的洞察力预感到滥用杀虫剂的严重后果。她经过几年艰苦的调查和研究,最终以其科学独到的分析和雄辩的观点,以及惊人的胆魄和勇气写下了《寂静的春天》(见图7.1),勇开先河地就环境污染问题向世界发出了振聋发聩的呼喊。

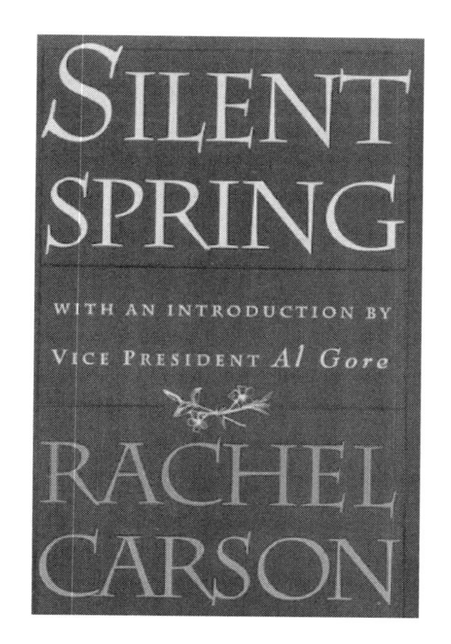


图7.1　《寂静的春天》封面

从前,在美国中部有一个城镇,这里的一切生物看来与其周围的环境很和谐。这个城镇坐落在像棋盘般排列整齐的繁荣的农场中央,其周围是庄稼地,小山下果园成林。春天,繁花像白色的云朵点缀在绿色的原野上;秋天,透过松林的屏风,橡树、枫树和白桦闪射出火焰般的彩色光辉。狐狸在小山上叫着,小鹿静悄悄地穿过笼罩着秋天晨雾的原野。

不久,一种奇怪的寂静笼罩了这个地方。例如,鸟儿都到哪儿去了呢?许多人谈论着,感到迷惑和不安。园后鸟儿寻食的地方冷落了。在一些地方仅能见到的几只鸟儿也气息奄奄,它们战栗得很厉害,飞不起来。这是一个没有声息的春天。这儿的清晨曾经荡漾着乌鸦、鸫鸟、鸽子、鸟、鹪鹩的合唱以及其他鸟鸣的音浪,而现在一切声音都没有了,只有一片寂静覆盖着田野、树林和沼泽。

《寂静的春天》展示了杀虫剂对鸟类和其他动物群体的不良影响,指出将有害化学物质释放到环境中而不考虑其长期影响是人类的严重错误。蕾切尔·卡逊认为,人类的贪婪是造成大面积环境损失的主要原因,人类不能将自己视为地球的主人,而应该自视为地球系统的一部分。该书受到评论界的高度赞扬,认为它对理解"极端污染并不是增长的必然均衡"产生了深远影响。人类离寂静的春天到底还有多远?蕾切尔·卡逊以自己独到的眼光洞察到了深层次的问题,并以惊人的勇气爆发了第一声呐喊。这是一声来自民间的呼唤,属于可持续发展历程的个人行为阶段。

**(2)《增长的极限》——引起全球思考的"严肃忧虑"**

1972年,罗马俱乐部的第一份研究报告《增长的极限》(the Limits to Growth)(见图7.2)发表,全书分为指数增长的本质、指数增长的极限、世界系统中的增长、技术和增长的极限以及全球均衡状态5个部分。

它以其对人口增长、环境污染、资源耗竭等人类困境的深入研究,第一次向世人展示了一个有限的星球上无止境地追求增长所带来的严重后果。其主要内容及论点如下:

①世界人口和工业产量的超指数增长将给世界的物质支撑施加巨大压力。

②按指数增长的粮食、资源需求和污染会使经济增长达到一个极限。

图 7.2 《增长的极限》封面

③全球的人口和工业增长将在 21 世纪的某个时段内停止。

④利用和依靠技术力量难以阻止各种增长极限的发生。

⑤世界需要人口和资本基本稳定的全球均衡状态。

罗马俱乐部就自然环境状况作出全面评估,其强调:如果继续按照 20 世纪六七十年代的经济增速发展,大部分工业社会将会在未来几十年内超越生态界限。罗马俱乐部的《增长的极限》引起了强烈的社会反响,把对环境问题的重视从个人推到了社会组织深层次的一面。此后,不断涌现出了多个自然生态保育团体关注社会可持续发展。世界第一个自然生态保育团体建立于 19 世纪后期。动物学家阿弗烈 · 牛顿于 1872—1903 年出版了一系列的研究结果,名为《为保护土生动物而设立“禁猎期”的可取性》(Desirability of establishing a “Close-time” for the preservation of indigenous animals)。他致力保护野生动物在交配季节期间免受伤害,大力支持为此立法,于 1889 年成立“羽毛联盟”(即后来的“皇家鸟类保护协会”),以及燃煤烟气治理协会、湖区保护协会(Lake District Defence Society)、“湖区之友(The Friends of the Lake District)”等都展示了对环境可持续发展的关注。

**(3)联合国人类环境会议——人类对环境问题的正式挑战**

1972 年 6 月 5—16 日,在瑞典首都斯德哥尔摩召开了联合国人类环境会议,包括中国在内的 113 个国家和地区参加了会议,会议通过了《人类环境宣言》,并提出将每年的 6 月 5 日定为“世界环境日”。世界环境日的确立,反映了世界各国人民对环境问题的认识和态度,表达了人类对美好环境的向往和追求的共同愿望。自此以后,环境与社会发展的问题,成为国际社会共同关注的焦点与核心。

1992 年 6 月 3—14 日,联合国环境与发展会议在巴西里约热内卢召开,本次会议重申了 1972 年 6 月 16 日在斯德哥尔摩通过的联合国人类环境会议的宣言,并在其基础上再推进一步,怀着在各国、在社会各个关键性阶层和在人民之间开辟新的合作层面,从而建立一种新的、公平的全球伙伴关系的目标,致力于达成既尊重所有各方的利益,又保护全球环境与发展体系的国际协定,认识到地球的整体性和相互依存性。本次会议通过了《里约环境与发展宣言》

(Rio declaration),并签署了《气候变化框架公约》。本次里约环境与发展大会将“可持续发展”话语带入联合国舞台,于 2002 年载入国际文件约翰内斯堡可持续发展世界峰会的史册。

**(4)《我们共同的未来》——可持续发展的国际性宣言**

1987 年,世界环境与发展委员会在其学术报告——《我们共同的未来》(*Our Common Future or Brundtland Report*)一书中首次提出可持续发展的概念。此报告以“持续发展”为基本纲领,以丰富的资料论述了当今世界环境与发展方面存在的问题,提出了处理这些问题的具体的和现实的行动建议。报告的指导思想是积极的,对各国政府和人民的政策选择具有重要的参考价值。中译本于 1989 年出版。联合国于 1983 年 12 月成立了由挪威首相布伦特兰夫人为主席的“世界环境与发展委员会”,对世界面临的问题及应采取的战略进行研究。1987 年,“世界环境与发展委员会”发表了影响全球的题为《我们共同的未来》的报告,它分为“共同的问题”“共同的挑战”和“共同的努力”3 大部分。在集中分析了全球人口、粮食、物种和遗传资源、能源、工业和人类居住等方面的情况,并系统探讨了人类面临的一系列重大经济、社会和环境问题之后,这份报告鲜明地提出了 3 个观点:一是环境危机、能源危机和发展危机不能分割;二是地球的资源和能源远不能满足人类发展的需要;三是必须为当代人和下代人的利益改变发展模式。

在此基础上报告提出了“可持续发展”的概念。报告指出,在过去,我们关心的是经济发展对生态环境带来的影响,而现在,我们正迫切地感到生态的压力对经济发展所带来的重大影响。我们需要有一条新的发展道路,这条道路不是一条仅能在若干年内、在若干地方支持人类进步的道路,而是一直到遥远的未来都能支持全人类进步的道路。这一鲜明、创新的科学观点,把人们从单纯考虑环境保护引导到把环境保护与人类发展切实结合起来,实现了人类有关环境与发展思想的重要飞跃。

## 7.2　可持续发展理论的内涵

**(1)可持续发展的定义**

在报告《我们共同的未来》中,明确了可持续发展的基本含义,被称为布伦特兰的可持续发展定义,即“既满足当代人的需要,又不对后代人满足其需要的能力构成危害的发展”——联合国世界环境与发展委员会(The United Nations World Commission on Environment and Development,WECD)。

如今,不同学者从不同的角度对可持续发展进行了定义,以下是 4 种比较典型的定义:

①着重于自然属性的定义:“可持续地使用,是指在其可再生能力(速度)的范围内使用一种有机生态系统和其他可再生资源”。其核心思想是“保护和加强环境系统的生产更新能力”。

②着重于社会属性的定义:“在生存不超出维持生态系统涵容能力的情况下,提高人类的生活质量”。其核心是保障人类的生活质量。

③着重于经济属性的定义:“在保护自然资源的质量和其所提供服务的前提下,使经济发展的净利益增加到最大程度”“为全世界而不是为少数人的特权所提供公平机会的经济增长,不进一步消耗自然资源的绝对量和涵容能力”。其核心是保障经济的增长。

④着重于科技属性的定义："可持续发展就是转向更清洁、更有效的技术，尽可能接近'零排放'或'密闭式'的工艺方法，尽可能减少能源和其他自然资源的消耗"。还有的学者提出："可持续发展就是建立极少产生废料和污染物的工艺或技术系统"。其核心是从科学技术的层面来保障发展。

**(2)可持续发展的内涵**

可持续发展的内涵有两个最基本的方面，即发展与持续性。发展是前提，是基础，持续性是关键。没有发展，也就没有必要去讨论是否可持续了；没有持续性，发展就行将终止。

发展应从两个方面来理解：第一，它至少应含有人类社会物质财富的增长，经济增长是发展的基础。第二，发展作为一个国家或区域内部经济和社会制度的必经过程，它以所有人的利益增进为标准，以追求社会全面进步为最终目标。

持续性也有两个方面的意思：第一，自然资源的存量和环境的承载能力是有限的，这种物质上的稀缺性和在经济上的稀缺性相结合，共同构成经济社会发展的限制条件。第二，在经济发展过程中，当代人不仅要考虑自身的利益，还应该重视后代人的利益，即要兼顾各代人的利益，要为后代发展留有余地。

可持续发展是发展与可持续的统一，两者相辅相成，互为因果。放弃发展，则无可持续可言，只顾发展而不考虑可持续，长远发展将丧失根基。可持续发展战略追求的是近期目标与长远目标、近期利益与长远利益的最佳兼顾，经济、社会、人口、资源、环境的全面协调发展。可持续发展涉及人类社会的方方面面。走可持续发展之路，意味着社会的整体变革，包括社会、经济、人口、资源、环境等诸领域在内的整体变革。发展的内涵主要是经济的发展和社会的进步。

**(3)可持续发展的基本思想**

可持续发展并不否定经济增长。经济发展是人类生存和进步所必需的，也是社会发展和保持、改善环境的物质保障。特别是对发展中国家来说，发展尤为重要。发展中国家正经受贫困和生态恶化的双重压力，贫困是导致环境恶化的根源，生态恶化更加剧了贫困。尤其是在不发达的国家和地区，必须正确选择使用能源和原料的方式，力求减少损失、杜绝浪费，减少经济活动造成的环境压力，从而达到具有可持续意义的经济增长。既然环境恶化的原因存在于经济过程之中，其解决办法也只能从经济过程中去寻找。急需解决的问题是研究经济发展中存在的扭曲和误区，并站在保护环境，特别是保护全部资本存量的立场上去纠正它们，使传统的经济增长模式逐步向可持续发展模式过渡。

可持续发展以自然资源为基础，同环境承载能力相协调。可持续发展追求人与自然的和谐。可持续性可以通过适当的经济手段、技术措施和政府干预得以实现，目的是减少自然资源的消耗速度，使之低于再生速度。如形成有效的利益驱动机制，引导企业采用清洁工艺和生产非污染物品，引导消费者采用可持续消费方式，并推动生产方式的改革。经济活动总会产生一定的污染和废物，但每单位经济活动所产生的废物数量是可以减少的。如果经济决策中能够将环境影响全面、系统地考虑进去，可持续发展是可以实现的。"一流的环境政策就是一流的经济政策"的主张正在被越来越多的国家所接受，这是可持续发展区别于传统的发展的一个重要标志。相反，如果处理不当，环境退化的成本将是十分巨大的，甚至会抵消经济增长的成果。

可持续发展以提高生活质量为目标，同社会进步相适应。单纯追求产值的增长不能体现发展的内涵。学术界多年来关于"增长"和"发展"的辩论已达成共识。"经济发展"比"经济增长”的概念更广泛、意义更深远。若不能使社会经济结构发生变化,不能使一系列社会发展目标得以实现,就不能承认其为“发展”,就是所谓的“没有发展的增长”。

可持续发展承认自然环境的价值。这种价值不仅体现在环境对经济系统的支撑和服务上,也体现在环境对生命支持系统的支持上,应当把生产中环境资源的投入计入生产成本和产品价格中,逐步修改和完善国民经济核算体系,即“绿色 GDP”。为了全面反映自然资源的价值,产品价格应当完整地反映3个部分的成本:资源开采或资源获取成本;与开采、获取、使用有关的环境成本,如环境净化成本和环境损害成本;当代人使用了某项资源而不可能为后代人使用的效益损失,即用户成本。产品销售价格应该是这些成本加上税及流通费用的总和,由生产者和消费者承担,最终由消费者承担。

可持续发展是培育新的经济增长点的有利因素。通常情况认为,贯彻可持续发展要治理污染、保护环境、限制乱采滥伐和浪费资源,对经济发展是一种制约、一种限制。而实际上,贯彻可持续发展所限制的是那些质量差、效益低的产业。在对这些产业作某些限制的同时,恰恰为那些质优、效高,具有合理、持续、健康发展条件的绿色产业、环保产业、保健产业、节能产业等提供了发展的良机,培育了大批新的经济增长点。

## 7.3 可持续发展的基本理论

### 7.3.1 可持续发展的形式

Williams 和 Millington 指出,人类需求与地球供应能力之间存在着不匹配的情况(即“环境悖论”)。为了克服这种不匹配,需要减少需求,或者提高地球的供应能力,抑或找到一个折中的方式来沟通,即可持续发展进程。理论上讲,这一进程可大致分为“弱可持续发展”和“强可持续发展”两种类型。前者涉及增加供应量,不影响经济增长;后者涉及控制需求,即干扰经济增长。两者虽然在理论上相互排斥,但在实际中能够共存。

**(1)弱可持续发展**

“弱可持续发展”是一种以人为中心的观点。其中,“自然”被认为是一种资源,为了实现人类目标可以使其效用最大化。该观点本质上认为“自然资本”与“人造资本”之间具有可替代性,即只要资本存量的总价值保持恒定(或增加),使其保留给子孙后代,它们所产生的利益种类就不会有差异。例如,假设科技进步可以满足日益增长的人类需求,则不需要对人类需求加以遏制。

理论上讲,在弱可持续发展中,“人造资本”可以无限制替代“自然资本”。但是 Nielsen 指出,这种替代实际上是有限度的。该想法得到了 WCED 的支持,尽管科学发展能够增加自然资源的承载力,但这是有限的。人类实践活动需要以渐进的、可持续性的形式进行,并且需要科技支撑以减轻自然压力。

**(2)强可持续发展**

“强可持续发展”是一种以“自然”为中心的观点。其认为,“自然”不必在任何时候都对人类的需求有益,并且人类不具有剥削“自然”的固有权利。持此观点的学者认为,人类应该减少对自然资源的索求,鼓励在满足生存需求的基础上,建立更为简单的生活方式。其倡导者认为,自然资本不可能被人造资本完全取代。人造资本尚可以通过回收和再利用的方式来扭转,但某些自然资本,如物种,一旦灭绝就不可逆转。人造资本的生产需要以自然资本为原材料,其永远不能成为自然资本的全面替代品。

尽管"强可持续发展"限制了自然资源的使用,但其限制程度取决于不同的理论学派和区域特征。事实上,几乎没有社会不把经济置于自然之上,"弱可持续发展"观念通常占据主导。但是,不可否认,人们已在关注如何挽救关键的自然资本,甚至不惜以牺牲经济为代价。

### 7.3.2 可持续发展的主要内容

**(1)经济可持续发展**

自古以来,人们追求的目标是"发展",而经济发展,尤其是工农业发展更是"发展"的主题。可持续发展观强调经济增长的必要性,认为只有通过经济增长才能提高当代人的福利水平,增强国家实力,增加社会财富。但是,可持续发展不仅是重视经济数量上的增长,更是追求质量的改善和效益的提高,要求改变"高投入、高消耗、高污染"的传统生产方式,积极倡导清洁生产和适度消费,以减少对环境的压力。经济的可持续发展包括持续的工业发展和农业发展。

持续工业包括综合利用资源、推行清洁生产和树立生态技术观。综合利用资源是指要建立资源节约型的国民经济体系,重视"二次资源"的开发利用,提倡废物资源化。清洁生产指"零废物排放"的生产。就生产过程而言,实现废物减量化、无害化和资源化;对产品而言,生产"绿色产品"或"环保产品",即保持生产对社会环境和人类无害的产品。生态技术观是指应用科学技术与成果,在保持经济快速增长的同时,依靠科技进步和提高劳动者的素质,不断改善发展的质量。

持续农业是指"采取某种使用和维护自然资源的基础方式,以实行技术变革和机制性改革,以确保当代人类及其后代对农产品的需求得到满足。这种持久的发展(包括农业、林业和渔业),维护土地、水、动植物遗传资源,是一种环境不退化、技术上应用适当、经济上能生存下去及社会能够接受的农业"。

**(2)社会可持续发展**

社会可持续发展不等同于经济可持续发展。经济发展是以"物"为中心,以物质资料的扩大再生产为中心,解决好生产、分配、交换和消费各个环节之中以及它们之间的关系问题;社会发展则是以"人"为中心,以满足人的生存、享受、康乐和发展为中心,解决好物质文明和精神文明建设的共同发展问题。由此可知,经济发展是社会发展的前提和基础,社会发展是经济发展的结果和目的,两者相互补充、相互协调发展,才能求得整个国家持续、快速、健康的发展,全体公民过上美满、愉悦、幸福的生活。1991 年发表的《保护地球——可持续发展战略》报告中,从社会科学角度,将可持续发展定义为"在生存于不超出维持生态系统融容能力之情况下,改善人类的生活品质"。这一定义揭示了社会发展的实质。

**(3)生态可持续发展**

生态可持续发展所探讨的范围是人口、资源、环境三者的关系,即研究人类与生存环境之间的对立统一关系,调节人类与环境之间的物质和能量交换过程,寻求改善环境、造福人民的良性发展模式,促进社会、经济更加繁荣昌盛地向前发展。生态可持续发展的含义是:当人类开发利用资源的强度和排放的废弃物没有超过资源生态经济及环境承受能力的极限时,既能满足人类对物质、能量的需要，又能保持环境质量，给人类提供一个舒适的生活环境。加之生态系统又能通过自身的自我调节能力以及环境自净能力，恢复和维持生态系统的平衡、稳定和正常运转。这样的良性循环发展，不断地产生着经济效益、社会效益、生态效益，这就是生态可持续发展的要求。

可持续发展并不简单地等同于环境保护，而是从更高、更远的视角来解决环境与发展的问题，强调各社会经济因素与生态环境之间的联系与协调，寻求的是人口、经济、环境各要素之间的联系与协调发展。

### 7.3.3　可持续发展的基本原则

**（1）公平性原则**

公平性原则是可持续发展观与传统发展模式的根本区别之一。可持续发展的关键问题是资源分配在时间和空间上都应体现公平。所谓时间上的公平又称“代际公平”，要认识到人类赖以生存的自然资源是有限的。这一代人不要为自己的发展与需求而损害人类世世代代需求的条件——自然资源与环境，要给世世代代以公平利用自然资源的权利。当前的状况是资源的占有和财富的分配极不公平。所谓空间上的公平，又称“代内公平”，可持续发展观认为人与人之间、国家与国家之间应该是平等的。据联合国统计资料显示，世界人口中 20% 的最富有者占有世界总收入的 83%，而最贫穷的 20% 人口仅占有 1.5%。富裕国家的人口只占世界人口的 20%，但所消耗的能源却占 70%、金属占 75%、木材占 85%、粮食占 60%。如此贫富悬殊、两极分化的世界，是无法实现人类社会的可持续发展的，必须给世界以公平的分配和公平的发展权，应把消除贫困作为可持续发展进程中优先解决的问题。此外，可持续发展观还认为人与其他生物种群之间也应该是公平的，应该相互尊重，人类的发展不应该危及其他物种的生存。1992 年联合国环境与发展大会通过的《里约宣言》中把这一公平原则上升到尊重国家主权的高度：“各国拥有按本国的环境与发展政策开发本国自然资源的主权，并负有确保在管辖范围内或控制下的活动不损害其他国家或本国以外地区环境的责任。”

【阅读材料】中国在消除农村贫困上的成就

中国消除农村贫困采取的措施：不断增加扶贫投入，动员社会力量参与扶贫，国家坚持开发式扶贫，实行科学扶贫，发挥贫困地区的资源优势，组织以工代农和适量有序的劳务输出。

**（2）持续性原则**

可持续发展有许多制约因素，其中最主要的因素是资源与环境。

持续性原则的核心是指人类的经济活动和社会发展不能超越资源与环境承载能力，以保障人在社会可持续发展的可能性。人类要尊重生态规律、自然规律，能动地调控自然—社会—经济复合系统，不能超越生态系统的承载能力，不能损害支持地球生命的自然系统，保持资源可持续利用的能力。经济的发展要同环境的承载能力、自然资源的供给能力相协调，不能以损害人类共有的环境、浪费自然资源来换取经济的发展，发展要与自然和谐。

不可再生资源的合理利用、可再生资源的永续利用是实现可持续发展的首要条件。可持续发展的目标是实现经济效益、社会效益和生态效益的相互协调。

【阅读材料】承载力

承载力在生态学上的含义是指在生态系统的平衡状态下所能够生存的某一物种的最大个

体数。一般可分为环境承载力、资源承载力和土地承载力。

（3）**共同性原则**

可持续发展已成为全球发展的总目标，要实现这一目标，全球必须采取共同的行动，建立良好的国际秩序和合作关系。人类只有一个地球，全人类是一个相互联系、相互依存的整体，要达到全球的可持续发展需要全人类的共同努力，必须建立起巩固的国际秩序和伙伴关系，坚持世界各国对保护地球的“共同的但有区别的”责任原则。鉴于历史责任和现实情况，各国可持续发展的目标、政策和实施步骤不全相同，但对保护环境、珍惜资源，经济发达国家负有更大的责任。要建立新的、公平合理的、平等的国际政治经济新秩序，全人类的共同努力及采取全球共同的联合行动是可持续发展的关键。

（4）**阶段性原则**

可持续发展是由低级阶段向高级阶段推进的过程，世界各国、各地区所处的经济和社会发展阶段不同，在可持续发展的目标及承担的责任等方面都表现出明显的差异。

### 7.3.4 实施可持续发展的要求

①满足全体人民的基本需要（粮食、衣服、住房、就业等），给全体人民机会，以满足他们要求较好生活的愿望。

②人口发展要与生态系统变化着的生产潜力相协调。

③像森林和鱼类这样的可再生资源，其利用率必须在再生和自然增长的限度内，使其不会耗竭。

④像矿物燃料和矿物这样的不可再生资源，其消耗的速率应考虑资源的有限性，以确保在得到可接受的替代物之前，资源不会枯竭。

⑤不应当危害支持地球生命的自然系统，如大气、水、土壤和生物，要把对大气质量、水和其他自然因素的不利影响降到最低程度。

⑥物种的丧失会大大地限制后代人的选择机会，可持续发展要求保护好物种。

环境与发展是不可分割的，它们相互依存，密切相关。可持续发展的战略思想已成为当代环境与发展关系中的主导潮流，作为一种新的观念和发展道路被人们广泛接受。

### 7.3.5 可持续发展的要素

①环境与生态要素（Ecological Aspect）。它是指尽量减少对环境的损害（Environmental Impact）。尽管这一原则得到各方人士的认可，但是目前人类科学知识的局限性使人类对许多具体问题产生了截然相反的认识，如核电站，支持人士认为它可以减少温室气体排放，是环保的，而反对人士认为核废料有长期放射性污染，同时核电站存在安全隐患是不环保的。

②社会要素（Social Aspect）。它是指仍然要满足人类自身的需要。可持续发展并非要人类回到原始社会，尽管那时候的人类对环境的损害是最小的。

③经济要素（Economic Aspect）。它是指必须在经济上有利可图。这有两个方面的含义：一是只有经济上有利可图的发展项目才有可能得到推广，才有可能维持其可持续性；二是经济上亏损的项目必然要从其他盈利的项目上获取补贴才可能收支平衡正常运转。

### 7.3.6　可持续发展理论和经济学

强、弱两种可持续发展思想，均围绕自然资本和经济增长展开。

**(1)新古典经济学**

新古典经济学倾向于简化机制。根据该理论，自然资源可以被估价（取决于其交换价值）。例如，Pigou 强调了自然资源在货币上的效用，并考虑用货币分析来解决经济的外部性问题。基于该思想，人们对具有较高市场价值的资源给予了更多偏爱，而将缺乏市场价值的资源排除在计算之外。基于对资源消耗的关注，Solow 表明，市场具有自我调节的能力，即市场上的资源稀缺，价格会上涨，消费者转向购买其替代品。这种做法正是“弱可持续发展”的主要依据，即随着时间的推移，效用和消费都不会下降，其认为自然资本是完全可以被替代的。但是，此方法受到了诸多批评。例如，Naredo 指出，该方法缺乏对自然世界复杂性相互作用的理解，忽视了不能以货币或技术取代的资源。

**(2)环境经济学**

环境经济学可被用来处理环境和可持续发展问题。它扩大了新古典主义方法的分析范围，开发了一系列评估外部环境成本和效益的方法，以便包含更加全面的环境经济价值。例如，在水坝的成本效益分析方面，Krutilla 对景观设施的损失赋予了较高的经济价值，而这种价值通常不被重视。但是，环境经济学依然被认为是实行“弱可持续发展”的手段，因为通常作为技术标准发展的监管工具（如命令和控制机制）或在政府和行业之间就标准达成的自愿协议，在经济价值方面没有充分的成本效益。尽管这些缺陷可以被改进，但货币收益往往占据上风。

**(3)生态经济学**

生态经济学与环境经济学的区别仍然是有争议的。在实践中，两者似乎都在以类似的技术方法来衡量可持续发展。然而，生态经济学在其定性结构方面与环境经济学有很大差异。生态经济学将经济概念化为生态圈的一个开放的子系统，这个系统将能源、物质与社会生态系统相融合。同时，与新古典经济学不同，生态经济学坚持自然资本是不可替代的，其认为：如果没有自然资本的投入，人造资本就无法复制，自然资本必然是需要被保护的。这与“强可持续发展”的思想相契合。

## 7.4　可持续发展的案例

### 7.4.1　德国12号矿区变身工业遗址公园

**(1)工业发展概况**

鲁尔区是德国工业的发祥地，素有德国工业“发动机”的美誉。20世纪50年代后，陆续出现的“煤炭危机”“钢铁销售危机”“石油危机”使其经济陷入困境。与经济一起跌入黑色谷底的还有这里的环境状况。何时能见“鲁尔河上蓝色的天空”？蒙尘百年的鲁尔能否再生？几十年过去了，如今的鲁尔人用自己的行动将一个全新的鲁尔展现在世人面前。

鲁尔区位于德国中西部的北莱茵-威斯特法伦州，包括多特蒙德、埃森、杜伊斯堡等多个欧洲著名的工业城市，莱茵河的3条支流——鲁尔河、埃姆舍河、利帕河从南到北依次横穿该区。20世纪60年代前，鲁尔区的钢铁产量占德国的70%，煤炭产量占80%以上，经济总量曾占到德国国内生产总值的1/3，成为德国同时也是全欧洲最大的工业区。

20世纪50年代末，鲁尔区的煤炭开采成本大大高于美国和澳大利亚，石油和核电的应用，对煤炭的需求量有所减少，鲁尔区的煤开采量逐年下降。新技术的发展，钢铁、汽车、造船业需要的劳动力减少，钢铁生产向欧洲以外的子公司转移。在日本、韩国、印度等地亚洲钢铁业的竞争下，鲁尔钢铁产量开始收缩。从此，鲁尔区传统的煤炭工业和钢铁工业走向衰落，煤矿和钢铁厂逐个关闭，28家大中型钢铁企业先后倒闭23家，2 000多口矿井关闭了1 800多个。1958—1973年，整个鲁尔区的就业岗位减少了26%，约38万人。20世纪70年代后，大工业衰落的趋势已十分明显。1987年，鲁尔区达到15.1%的最高失业纪录，超过8.1%的全国平均失业率。20世纪50年代，曾经位于德国人均国民生产总值首位的鲁尔区埃姆舍地区成为德国西部问题最多、失业率最高的地区。过去，鲁尔人爱用“煤”“钢”“啤酒”这3个词来形容自己全部的工作与生活，如今，失去了煤、钢的支撑，鲁尔还能再次繁荣吗？有些经济学家甚至说，鲁尔区只能衰落，无法振兴。

另一个危及鲁尔区人生存的危机来自环境问题。历经100多年的采煤、炼铁、制钢，鲁尔区的环境污染已相当严重。德国作家Heinrich Boll感叹：“在这里，白色只是一种梦想！”“户外一切东西都蒙上一层黑灰。洁白的衣物穿出门去，不一会儿便成为灰色。”沿岸林立的化工厂使河流“犹如被6万种不同化学药品调成的鸡尾酒”，一位德国生态学家更是悲观地预言：“鲁尔区犹如在一片寻不出生机的焦土中残喘。”

濒临崩溃边缘的生态环境、产业转型的瓶颈与结构性的失业，将鲁尔区逼向一个生死存亡的关键点。

**(2)转型之路**

德国政府意识到，挽救鲁尔并不是花多少巨资去挽留传统产业或重现过去“黑乡”繁荣的问题，如果不能在解决问题的同时为鲁尔区建立迈入21世纪继续拥有竞争力的机制，这里仍会遭到淘汰。他们相信，未来将是一个绿色竞争的世纪，而决战战场就在城市之间。

几年前实验的一个国际建筑博览会的活动，成功改造了一个约7 km长的历史性贫民窟。有此成功的先例，让一直寻找振兴良方的鲁尔区城乡协会提出另一个更大胆的城市再造实验：国际建筑展计划(简称IBA)，即鲁尔区改造计划，为期10年(1989—1999年)。该计划借鉴英国、瑞典等一些国家工业遗产旅游资源再开发利用的经验，通过大小近百个计划，逐步解决鲁尔地区北部800 km$^2$，城市工业景观最密集、环境污染最严重、衰退程度最高的埃姆舍尔(Emscher)地区的区域综合整治与经济复兴问题。

改造计划提出要将传统工业区景观改造为一个生态公园，恢复区内主要河道的生态功能，将过去的工业用地变为现代化科学园区、工商发展园区、服务产业园区……

这一计划推出后，人们心存种种疑虑：“高污染的土地怎么种树？高污染的河水怎么被生活体验？”“什么样的科学园区没有高污染、高耗能，并带来小区繁荣？”“数十万计的钢铁工人能转行做什么？”……没有人知道可以怎么做。“试试看吧！”IBA的委员们知道这是难度相当大的挑战，但是“不试，怎么会有机会呢？”

鲁尔区的杜伊斯堡市采用国际招标方式，广纳社会、民间的各种创意。很快，经过短短6个月，通过与居民互动、集会、讨论，各个参与竞标的设计团队纷纷提出了自己的设计方案。最后，有5个规划方案入围，提出的经费预算从6 000万马克到20亿马克，最终市议会全票通过慕尼黑大学景观建筑系的规划方案。人们支持这个方案不仅是因为其费用最低，还因为这个方案为人们编制出一个完美整合了“保存历史”“可持续生活”的绿色梦想。

接下来新的疑问又出现了，已是财政窘困的政府能办到吗？怎样筹措这笔巨额重建资金呢？

以往德国的城市改造计划多由政府主导，此次鲁尔区城市改造计划IBA给政府一个全新的角色定位，政府与民间共同设定地区改造策略和发展方向、开发规则和激励机制。政府除了要提出城市可持续发展的基本要求以外，还要设计一个让政府的投入可以全力支持民间发展能力的机制，同时配合弹性的法律规章，引导公众共同创造新的产业发展方向，带动公私部门投资。例如，政府提供一部分就业安定基金和其他资源，以减轻投资者的负担，并以创业贷款、低利率贷款等措施吸引企业主投资。

通过这套全新的政府与民间合作的模式，鲁尔区城市改造计划的资金来源有了保证，民众的积极性调动起来了，经济复苏的希望之火被点燃了。

（3）**让生态复活**

鲁尔区曾是世界著名的采煤区，煤炭主要是地下开采，遗留了大面积的采空区，许多地方地面下降非常明显，形成了低洼地带。承担矿区环境治理责任的德国标准煤公司将许多地面下降严重的采空区顺势改造成为湖泊；处于特殊位置的采空区，向里面大量注水或填入沙土，以阻止地面持续下沉危及周围设施，也防止了破坏地下水系结构和污染水源；个别采空区被连环爆破拆开，平整为土地或湖泊，一些地方被治理成农田、林地。

昔日的老矿区如今已变成了水波荡漾、芳草萋萋、绿树成荫的风景区，周末许多人到此划船、垂钓和野营。曾经是鲁尔工业区污染最严重的主要排污河埃姆舍河，经过治理也变成了一条旅游和休闲的河。

针对产业撤退后土地污染严重、清理耗资巨大、私企无利可图的问题，州政府设立土地基金，购地后进行修复，土地经过特殊处理后再出让给新企业，成为新的工业用地、绿地或者居民区。

填充废井和环境整治的资金，由联邦政府承担2/3，地方政府承担1/3。鲁尔区除了企业单位有污水处理设施外，还将中部、北部的污水集中到埃姆舍河，在下游建立了大型综合污水处理厂，年处理量超过了6亿$m^3$；在主要城市之间建立了绿色隔离带，绿化带内严禁设置工厂；开挖人工河道，加深河床，提高河堤，兴建排水泵站；治理由采煤引起的地面不均匀下沉；除少数电厂外，大部分电厂都已改用燃料油、天然气作燃料，钢铁厂、煤矿、炼焦厂、水泥厂等都按规定设置了电除尘和烟气脱硫装置；建立了严密的大气和污水排放监测网。

（4）**为废弃工矿区注入生命力**

废弃工厂和矿区变成了解工业生产过程和生态保护的露天博物馆和休闲娱乐的生态公园，工业旅游已成为鲁尔区的新时尚和新产业。

曾经是世界第二大的废瓦斯槽改造成一座超炫的另类展览馆，艺术家们以能够在此展现创作为荣，每月吸引约20万名观光客。

厂房起重架的高墙及煤渣堆被改造成阿尔卑斯山攀岩训练场，旧的炼钢厂冷却池变成潜水训练基地及水底救难训练场，原来废墟中的特殊植物群相也被保留作为生态教室，甚至削掉一半铁皮的厂房也变成一个可掀式的露天音乐舞台，工业遗产旅游逐渐成为时尚。

许多废弃的工业设施被建成工艺技术中心、现代科技园区和新的高技术企业基地等，新建的产业园区绿荫环抱，安静宜人，让企业人员感觉“在公园里上班”。

污土和废水的重新处理、景观公园的开发创造了许多就业机会，为产业转型带来新的契机。有人专门研究如何绿化，有人负责维护环境，原先的工人担当起导游，以亲身经历为游客介绍那些高度复杂的机器如何运转，如何成为带动德国发展的强大动力，相当一部分科研力量转向环保技术的研发与技术升级。

（5）**发展新兴产业**

为了适应产业转型对人才和技术的需求，从 1961 年开始，鲁尔区的城市如波鸿、多特蒙德等陆续建立起大学。鲁尔区现在是欧洲境内大学密度最大的工业区、德国教育与科学研究机构最密集地区，拥有 14 所大学。除了高校之外，还有百余家研究所为产业结构的转型输送技术成果。

几乎所有的鲁尔区城市都建有技术开发中心，全区有 4 个世界著名的马克斯·普朗克研究所和 3 个弗劳恩霍夫研究所，有近 30 个技术中心和 15 个科研成果及技术转化服务机构为企业提供技术服务，600 个致力于发展新技术的公司。这些高校和技术中心为结构转型作出了重要贡献，取代煤、钢成为鲁尔经济新的“发动机”。

1979 年，联邦政府与各级地方政府及工业协会、工会等有关方面联合制订了“鲁尔行动计划”，旨在逐步发展新兴产业，以掌握结构调整的主导权。为优化投资结构，北威州规定，凡是生物技术等新兴产业的企业在当地落户，将给予大型企业投资者 28%、小型企业投资者 18% 的经济补贴。从 1985 年起，鲁尔区分 5 个阶段、投资 1.3 亿马克建设了一个技术园，其建设费用中有 9 000 万马克是由欧盟、联邦政府和州政府资助的，其余由私人资本承担。技术园已有 212 家企业，创造了 3 650 个工作岗位。德国在生物技术方面虽然起步较晚，但现在已拥有 330 多家生物技术企业，其中 1/3 落户北威州。优惠的政策加上强有力的扶持措施，使得电子信息等“新经济”工业在鲁尔区的发展极为迅速，并远远领先于德国其他地区。

1994 年以后，德国加大了环保和新能源领域的财税和投资政策扶植力度。德国对环境保护产业项目研发投资远远高于其他产业研发投资，德国的环保产业国际市场占有率高达 21%，居世界第一位。德国的环保产业体系完善，除了污染治理设备制造业以外，还有各种提供环境保护措施的技术咨询服务机构，为企业提供环保解决方案、帮助中小企业制订环境保护投资计划以及环境管理的专业咨询、资格认证、信息查询等。

北威州已拥有 1 600 多家环保企业，成为欧洲领先的环保技术中心，环保业已成为当地的支柱产业。

（6）**再现活力**

经过几十年的努力，鲁尔区的经济结构转变取得了很好成绩。虽然欧盟范围内有 31% 的煤和 11% 的钢依然在鲁尔区开采或生产，但煤炭开采和钢铁工业等老工业已不在鲁尔整个经济中扮演重要角色。昔日林立的烟囱、井架和高炉已被农田、绿地、商业区、住宅区和展览馆等取代，机械与汽车制造、电子、环境保护、通信、信息和服务业等新兴工业蓬勃发展，鲁尔区的经济重心逐步从第二产业转向第三产业。据统计，工业企业的产值占鲁尔区 1999 年总产值的 27.8%，整个服务业占 72.2%，2001 年，只有 30% 的从业人员工作在第一、二产业。

鲁尔区的环境问题在经济结构转变过程中得到了根本治理。在这个地区已有自然保护区 276 个，自然保护区使大城市之间的空间地带相互连接，具有重要的生态学意义。全区共有绿地面积约7.5万 $hm^2$，平均每个居民130 $m^2$。废弃的矸石山被培土植树铺草，矿井塌陷区被开辟成湖泊疗养地，昔日浓烟滚滚、黑尘满地的景象变成了郁郁葱葱的田园风光。

新生的鲁尔区投资环境与欧洲其他地区相比，无论是硬件方面还是软件方面都极具吸引力和竞争力。该地区的生活条件和水平在世界100个最大的工业区中名列第二位，在欧洲名列第一位。

### 7.4.2 其他案例解析

**(1)香港吐露港污水治理的教训**

沙田、大浦(新发展市区)人口约100万，20世纪80年代初建设沙田污水处理厂，处理水量21万 $m^3$/日，投资7.5亿港币经海底排水管排放至吐露港(排海管 $d=2.5m$，长1 km)。1987年吐露港水质仍然下降，1988年发生赤潮达40次，对沙田污水厂曝气池进行改造，进行脱氮，但水质仍未改善。为了减少吐露港的有机负荷及氨氮，将经处理的污水引至维多利亚湾兴建泵房、输水管、隧道(过大老山，长7.5 km、直径3.18 m)总投资8.83亿港币。1995年7月投入使用。1992年，香港环境保护署称："吐露港是没有进行全面水质规划的失败例证""这是一个大规模的规划失败"。失败的主要原因：仅考虑浓度排放标准是不够的，还要考虑受纳水体的环境容量(自净能力)，要考虑污染负荷的削减和水环境承载能力。

**(2)丹麦绿色经济发展模式经验**

丹麦建设人类绿色能源"实验室"打造绿色可持续发展模式的成功经验，具体可归纳为以下5大要素：

一是政策先导。丹麦政府把发展低碳经济置于国家战略高度，制订了适合本国国情的能源发展战略。丹麦政府认识到，由一个强有力的政府部门牵头主管能源非常必要。为此，丹麦能源署于1976年应运而生。该部门最初是为了解决能源安全问题，后来，该部门从国家利益高度出发，调动各方面资源，统筹制订国家能源发展战略并组织监督实施，管理重点逐渐涵盖国内能源生产、能源供应和分销以及节能领域。始终坚持节能优先，积极开辟各种可再生能源，即"节流"与"开源"并举的原则，大力开发优质资源，引导能源消费方式及结构调整。值得一提的是，政府顺从民意，因全民公投反对，放弃了最初准备开发核能的计划，转而从长计议，迅速厘清了以风能和生物质能等符合丹麦国情的新能源政策。在紧随成功实现能源结构绿色转型升级、经济总量与能耗和碳排放脱钩之后，2008年，丹麦政府还专门设置了丹麦气候变化政策委员会，为国家彻底结束对化石燃料的依赖，构建起无化石能源体系设计总体方案，并就如何实施制订了路线图。为了推动零碳经济，丹麦政府采取了一系列政策措施，例如，利用财政补贴和价格激励，推动可再生能源进入市场，包括对"绿色"用电和近海风电的定价优惠，对生物质能发电采取财政补贴激励。丹麦采用固定的风电价格，以保证风能投资者的利益，风能发电进入电网可采用优惠价格，在卖给消费者之前，国家对所有电能增加一个溢价，这样消费者买的电价都是统一的。又如，丹麦政府在建筑领域引入了"节能账户"的机制。所谓节能账户，就是建筑所有者每年向节能账户支付一笔资金，金额根据建筑能效标准乘以取暖面积计算，分为几个等级，如达到最优等级则不必支付资金。经过能效改造的建筑可重新评级，作为减少或免除向节能账户支付资金的依据。

二是立法护航。在丹麦的可持续发展进程中，政府始终扮演着一个非常重要的角色，主要从立法入手，通过经济调控和税收政策来实现，成为欧盟第一个真正进行绿色税收改革的国家。自1993年通过环境税收改革的决议以来,丹麦逐渐形成了以能源税为核心,包括水、垃圾、废水、塑料袋等16种税收的环境税体制,而能源税的具体举措则包括从2008年开始提高现有的二氧化碳税和从2010年开始实施新的氮氧化物税标准。

另外,政府出台有利于自行车出行的道路安全与公交接轨等优惠政策和具体措施,自行车成为包括王室人员及政府高官在内多数民众日常出行的首选。如今,全国人口550万而自行车拥有量超过420万辆,人均拥有量为0.83辆(我国为0.32辆),成为名副其实的“自行车王国”。

三是公私合作(PPP)。丹麦绿色发展战略的基础是公私部门和社会各界之间的有效合作(Public-Private Partnership)。国家和地区在发展绿色大型项目时,在商业中融合自上而下的政策和自下而上的解决方案,这种公私合作可以有效促进领先企业、投资人和公共组织在绿色经济增长中取长补短,更高效地实现公益目标。丹麦南部森讷堡地区的“零碳项目”便是公私合作的一个典型案例。

四是技术创新。丹麦是资源较为贫乏的国家,而且受气候变化影响很大。丹麦政府和国民具有强烈的忧患意识,把发展节能和可再生能源技术创新作为发展的根本动力。另外,全球气候变化和应对气候变化的呼声日高,给丹麦企业界和研究界提供了动力和商机,把提高能源效率和发展可再生能源作为减排温室气体最有效的手段。近年来,能源科技已成为丹麦政府的重点公共研发投入领域。通过制订《能源科技研发和示范规划》,确保对能源的研发投入快速增长,以最终将成本较高的可再生能源技术推向市场。此外,丹麦绿色发展模式调动了全社会的力量,在政府立法税收的引领下,新的能源政策始终强调加大对能源领域的研发的投资力度,工业界积极参与,投入大量资金和人力进行技术创新,催生出一个巨大的绿色产业。通过多年努力,丹麦已经掌握许多与减排温室气体相关的节能和可再生能源技术,使丹麦的绿色技术远远走在了世界前列,丹麦成为欧盟国家中绿色技术的最大输出国。归纳起来,技术创新尝试主要集中在“节流”和“开源”两大方面:

“节流”:大力推广集中供热,发展建筑节能技术。丹麦地处北欧,采暖期长,很多建筑一年四季需要供热。丹麦积极发展以热电联产和集中供热(也称“区域供热”)为核心的建筑节能技术。如今,丹麦超过60%的建筑采用集中供热技术,通过发展分布式能源技术,大量采用可再生能源技术进行集中供热,包括沼气集中供热、秸秆及混合燃烧集中供热等。目前,可再生能源在丹麦的热力供应中的比重已经稳居首位,超过了天然气和煤炭。

在低碳建筑方面,丹麦建立了严格的建筑标准,大力推广节能建筑。丹麦建筑节能的主要措施是:要求开发商提供节能建筑标志,按照能耗高低将建筑分类分级管理,使用户根据需要选择;简化节能检测方法,重视和监管门窗和墙壁的保温效能,使得开发商无法偷工减料,确保节能效果;为既有建筑节能改造提供补助,如窗户改换、外墙保暖可以得到政府财政补贴。丹麦通过大力推广建筑节能技术和对建筑设施能耗实行分类管理,大大降低了建筑能耗。与1972年相比,丹麦的建筑供热面积快速增长,相应的能源消耗显著降低,相当于单位面积的建筑能耗降低了70%。集中供热和低碳建筑领域的全球领先企业丹佛斯就是在这个过程中发展起来的。1933年,在丹麦南部的森讷堡创建的丹佛斯今天已经发展成为丹麦最大的工业集团之一,在全球各地均有工厂和公司遍布,业务领域涵盖暖通空调、建筑节能、变频器和太阳能、风能等新能源,大大提高了现代生活的舒适度,推动了环保和清洁能源的发展。作为创新企业的代表,在上述丹麦绿色发展过程中,起到了积极推动作用。

“开源”:积极开发可再生能源,独领风电世界潮流。自 1980 年开始,丹麦根据资源优势,大力发展以风能和生物质能源为主的可再生能源。在目前世界累计安装的风电机组中,60%以上产自丹麦,占世界风机贸易近 70%。丹麦大力发展分布式能源,利用生物质能源发展热电联产和集中供热。2005 年,丹麦可再生能源发电比例达到 30%,提前 5 年完成欧盟提出的 2010 年达到 29% 的目标。

此外,丹麦推动欧盟大力发展海上风电,通过德国、波兰等与欧洲北部电网相连,试图将海上风电输送到欧洲。这一计划得到欧盟支持,已经列入欧盟支持海上风电发展的示范项目。为此,丹麦争取在 2020 年将海上风电发展目标从目前的 30 万 kW,提高到 300 万 kW,并开始向北欧电网大量供应风电。

目前,维斯塔斯和国家能源公司(DONG Energy)是世界少数真正掌握了海上风电装备制造和拥有运行经验的企业。它们在开发丹麦西兰岛海上风电场时就已合作,维斯塔斯为其提供价格低廉的海上风机。通过近几年的实践,丹麦在海上风电装备制造和运行经验方面,取得了长足的进步,在世界上居于领先地位。

五是教育为本。丹麦今天的“零碳转型”的基础,与其 100 多年前从农业立国到工业化、现代化的转型的基础一样,均是依靠丹麦特有的全民终身草根启蒙式的“平民教育”,通过创造和激发全民精神“正能量”而找到物质“正能源”,从而完成向着更加以人为本、更尊重自然的良性循环的发展模式的“绿色升级”。20 世纪七八十年代两次世界性能源危机以来,丹麦人不断反思,从最初对国家能源安全的焦虑,进而深入可持续发展及人类未来生存环境的层级,观照自然环境、经济增长、财政分配和社会负率等各方面因素,据此勾勒出丹麦的绿色发展战略,绘制出实现美好愿景的路线图,并贯彻到国民教育中,成为丹麦人生活方式和思维方式的一部分。

# 第 8 章
# 资源、环境与可持续发展

## 8.1　环境污染、资源约束和可持续发展探讨

可持续发展是国际社会为了世界繁荣、稳定与和平发展作出的一个共同选择，也是人类发展的战略目标。随着全球人口不断增加和经济持续增长，自然环境和资源受到的压力将越来越大。人类在改善环境方面虽然已取得明显进步，但全球经济发展的速度和规模、日益严重的全球环境污染以及地球上不断退化的可再生资源有可能将此抵消。健康、生物多样性、农业生产、水和能源是人类面临的严峻挑战，这些挑战与资源、环境、人口、贫困、体制等问题密切相关，它们是涉及当前可持续发展的一系列重大问题。

### 8.1.1　环境污染、资源约束对可持续发展造成威胁

目前，资源贫乏、环境污染和生态破坏等问题，已在我国显现。伴随环境问题的日益严重，人类对环境问题的认识和对策也在不断发展。

在世界范围内，现代工业经济国家不仅消费了大量的能源和原料，还产生了大量的污染和废料排放。现代工业的飞速发展和现代经济活动对全球的资源和环境产生了严重影响，不仅极大地损害了人类赖以生存的环境，还污染和侵扰了周边的生态系统。在许多发展中国家或地区，贫困和人口的迅猛增加，造成可再生资源，特别是森林、土壤和水资源的普遍退化。当前，全球 1/3 人口的生活仍然依赖再生资源来维持，而周边环境的退化会严重影响他们改善生活的前景，甚至直接降低农村人口的生活水平。与此同时，许多发展中国家一味地追求现代化、城市化、工业化，在这个过程中造成了空气、水及周边环境的严重污染。

能源和资源的消耗是北美的最大问题。北美地区人均消耗的能源和资源的水平超过了世界其他任何区域。北美地区能源、资源消耗巨大，人均温室气体（Greenhouse gas）产量最高。另外，非本地物种的引进使生态系统发生了明显变化，并不断威胁着当地的生物多样性，致使该地区许多沿海和海洋资源几近枯竭，或正受到严重威胁，特别是东海岸的鱼类资源几乎已被彻底破坏。

在欧洲，一半以上的城市地下水资源存在着开发过度的问题，而且农药、硝酸盐、重金属以

及各种烃类物质也在不断地污染地下水。在西欧，虽然遏止环境、资源退化的措施已经使一些环境参数得到显著改进，但能源的总消耗仍然很大，这极大地影响了已改进的参数，进而影响了所有环境参数的改进。

在西亚，人类正面临若干严重的重大环境问题，水资源问题和土地资源退化问题是其中最为紧迫的问题。在这一区域，人口增长速度已远远超过当地水资源的开发速度，致使当地的人均供水量在不断减少。该地区有8个国家的人均用水量小于每年1 000 $m^3$，其中有4个国家的人均用水量不足每年500 $m^3$。同时，该地区地下水的抽取速度已远远超过自然补充的速度，致使该地区的地下水资源正处于十分危险的状况，若不采取有效措施来改进当地的水资源管理，将会导致严重的环境问题。土地退化异常严重也是这个区域的重大环境问题。当前，该地区的大部分土地已变成了荒漠，或者极易变为荒漠。大面积的土地正在受到盐化和养分沉积的影响，由于生态系统本身比较脆弱，加上过度放牧，致使该区域的牧场正在不断退化，再加上过度捕捞、污染以及生态环境的不断破坏致使海洋和沿海环境的不断退化。据估计，该地区每年约120万桶石油溢入波斯湾，致使波斯湾石油中的碳氢化合物是加勒比海的2倍，超过北海3倍。此外，工业生产污染和有害废料也在不断威胁着当地社会经济的发展。预计在未来，人口增加、城市化、工业化、无管制的捕捞和狩猎以及农业化学品的滥用将对这个区域本已非常脆弱的生态系统、本地物种带来更大的压力。

在亚洲及太平洋地区，人口过多是最为严重、突出的问题，人口密度大、基数大使环境承受着沉重的压力。这里有世界上约60 % 的人口，却仅依靠世界30%的陆地面积生活，造成该地区土地资源所承受的压力远比其他地区大。水供应也是该地区的严重问题，据统计，每3个亚洲人中至少有一个没有安全的饮用水，淡水成为该区域限制生产、增加粮食产量的一个主要因素。随着该地区经济的迅速发展，工业化进程的不断加快，这个地区的环境正在受到越来越严重的损害，致使生态进一步恶化。例如，随着污染的不断加重，森林面积持续缩小，生物多样性不断减少。在东南亚，破坏生态环境的现象正在不断加剧，作为土著人的食物、医药及收入等主要来源的森林产品正日益枯竭。

从能源的视角来看，由于人口众多，该地区对能源的需求远超世界上其他任何地区，据估算，每12年亚洲对一次能源的需求量就增加一倍，而世界每增加一倍所需的时间为28年。工业增长，捕鱼活动增加、沿海居住区的扩大等，致使沿海生态系统遭受毫无控制的巨大压力，进一步加快了海洋和沿海资源退化的速度。此外，城市化进程加快，致使居住在城市中心的人口比例迅速增加，并呈现集中于少数城市中心的趋势。特别是在亚洲，趋向特大城市成为目前城市化的一种独特方式，这也可能对环境和社会造成更大的压力。

在非洲，“主要的挑战是减轻贫困，使穷人的问题在环境和发展议程中占据首要地位，就可能开发和释放非洲人的潜力和才能，实现在经济、社会、环境和政治上可持续的发展”。这个区域受到环境退化、资源枯竭威胁的一个主要原因是贫困，并带来了严重后果。据预测，21世纪，非洲将是贫困问题继续加剧的唯一大陆。同时，非洲大陆还面临包括土壤退化和荒漠化、砍伐森林、生物多样性和海洋资源减少、水资源匮乏以及空气和水质量恶化等重大环境问题的挑战。在非洲，有14个国家水资源匮乏和生活用水紧张，预计到2025年，还会有11个国家遭遇缺水问题。另外，该区域也出现了城市化的问题，并随之带来了多种环境问题。

在加勒比和拉丁美洲地区，有两个方面的环境问题非常突出：一是如何找到有效的办法以解决城市化问题；二是面临日益严峻的森林资源枯竭和被摧毁问题，和与此关联生物多样性的威胁问题。该区域人口城市化水平高，且大多居住在超大城市。特别是中美洲、南美洲的城市人口比例非常高，预计到2025年城市化人口将达85 %。在许多城市中，日益严重的空气污染一直威胁着人们的健康，每年约4 000人因空气污染而早逝。在该区域，所有国家的自然森林覆盖率都在降低，特别是亚马孙流域，随着森林覆盖率的日益降低，致使生物栖息环境的丧失，这对该区域的生物多样性是主要威胁。据估计，该区域现有1 244种脊椎动物正面临灭绝的危险。虽然该区域拥有世界上最大的可耕地面积，但其中的许多耕地正面临土壤退化的威胁。

北极和南极地区在全球环境动态中发挥着重要作用，是全球气候变化的晴雨表。实际上，这两个地区都受到极地外区域的环境以及所发生事件的影响。在其他地区中，一些持久的有机污染物、辐射线、贵金属等都有可能在该地区汇集。如军事意外事件、大气层中的武器试验，以及欧洲回收厂排放产生的落尘等普遍含有放射线同位素，并在北极海洋形成沉降物，造成北极海洋的污染。陆地上，外来物种的引入，特别是北欧驯鹿的过度放牧，致使野生生物群落发生变化。尤其是在欧洲北极地区，商用伐木使森林耗竭和支离破碎。据报道，南极巴塔戈尼亚齿鱼的合法捕获量为10 245 t，但仅印度洋地区非法捕获量就超过了10万t，过度捕捞巴塔戈尼亚齿鱼，致使大批海鸟因被捕鱼设备套住而意外死亡。勘探大量的石油和天然气，造成了北极油喷、油轮溢油和漏油等环境损害。此外，平流层臭氧耗竭导致紫外太阳辐射加强，全球变暖使极地的冰盖、冰架和冰川融化，同时还带来诸如海上冰覆盖面缩小、海平面升高及永冻层解冻等问题。

工业文明不仅推动了人类科学技术的进步，还促进了人类物质文明的发展，并给人类带来了农业文明无法想象的物质财富。但一些发达国家凭借其自身的技术优势、市场优势以及资源优势不断在境外掠夺资源，并制造污染，迅速地消耗着地球上的有限资源。这种掠夺资源和垄断市场的局面导致了南北方发展的严重失衡，继而带来了全球性的资源耗竭、环境污染、生态破坏等一系列生态危机，把生态与经济、人与自然推向了严重对立的状态。这种人与自然关系的生态危机致使人们越来越意识到，单纯的工业文明价值观、财富观有可能把现代经济引上不可持续的发展道路。

### 8.1.2 资源与环境问题的成因分析

①环境恶化源于经济活动的盲目扩张。资源的过度开发和低效率利用引起了环境污染、生态恶化。地方性和全球性的工业污染、能源过度使用或使用不当的污染、商业性开采或乱砍滥伐、水资源的过度使用和浪费等，都是经济盲目扩张所引起的，且这种扩张没有考虑环境的价值和资源的稀缺性。在人类经济硕果累累的时候，人类赖以生存和发展的环境遭受了极其严重的破坏。

②迅速增长的人口也是破坏环境的重要原因。人口的迅速增长使得人类面临日益严峻的环境和资源问题更加恶化。一方面，人口的迅速增加会引起人类对资源的过度需求，而现行的有关土地和相关资源的管理制度很难适应人类过度利用资源的需求；另一方面，人口的迅速增长增加了对基础设施、生活必需品及就业的需求，而现行的制度和政府很难应付和处理好这种状况。如果不改变人口持续快速增长的局面，增加所带来的需求将进一步加剧对环境的破坏，同时，还会给自然资源带来额外的直接压力。此外，人口的绝对密集致使环境管理也面临巨大挑战。虽然目前仅孟加拉国、韩国、荷兰等国的人口密度超过每平方千米400人，但预计到21世纪中叶，约1/3的全球人口都可能居住在人口密度高的国家中。

③贫困与生态环境恶化密切相关。全球目前约有1/5的人口生活在贫困中，穷人不仅是环境破坏的受害者，还是环境破坏的责任者。全世界大约半数的穷人都居住在环境易遭破坏的农村，他们对赖以为生的自然资源没有法定的控制权，也没有合理利用和保护周边自然环境的意识，他们更关心今天能从自然资源中得到什么，却很难做到为明天保护自然资源。他们急需获得土地，但缺乏资金和技术，便聚众开垦不适宜耕作的土地，如土壤退化迅速的半干旱地、陡峭的和易受侵蚀的坡地和热带森林地区等，短暂的几年后，在这些土地上农作物产量就急剧下降。土地资源的不断退化，森林资源被乱砍滥伐，都会导致土地生产率的快速降低，最终造成人们的生产、生活条件变得更糟，进一步加剧了贫困问题。人口增长、贫困和环境恶化之间构成了相互强化的恶性关系。人口增长过快增加了对有限资源和脆弱环境的压力，导致对自然资源的过度利用和生态环境的破坏，形成"贫困—人口增长—资源环境破坏—贫困加剧"的恶性循环。

虽然人口的迅速增长，经济的不断扩张会加深由贫困和环境共同造成的严重影响，而市场失灵和政策失误也是当前资源与环境问题的重要成因。在市场经济条件下，利润最大化是生产者追求的最终目标，他们仅关心如何降低成本、如何追求最大的经济效益，却很少考虑造成的生态后果，造成企业内部生产经济性的实现，靠的是以外部环境的极其不经济，生产主体在进行自身经济核算时，并不考虑资源在利用过程中给环境带来的压力，进而造成诸多环境问题。生产主体对资源的占有、消耗、污染及其造成的危害没有按市场价格支付费用，导致资源浪费、环境破坏的现象很难得到有效控制。在这样的背景下，市场配置资源效率低下，市场调控职能失灵在所难免。市场失灵，环境的社会价值很难通过市场得到精确的反映，也很难反映环境的破坏导致社会付出的代价。在现实中，没有明确界定环境的所有权和使用权，在实际操作中很难区分和履行对环境的所有权和使用权，且价格根本不能体现污染物的有害影响，结果导致大量的更为严重的污染。

当自然资源是开放的，即自然资源产权不存在或没有被履行，根本没有单位或个人来承担环境退化所造成的全部损失时，更不用谈对自然资源进行合理使用的调控机制，造成资源被过度开发，如过度掘取地下水、过度放牧、过度捕捞、过度使用"全球共用品"等。

政府政策有时效率较低，而低效率又会引起环境的破坏。如对伐木和开发牧场实行补贴、对农业和能源投入大量资金、按补贴的价格提供一些服务（如水、电和卫生设施）、公共部门排污不负责任，以及公共土地和森林的低效率管理等。随着问题的日益严峻，政府部门正在采取措施，优化管理，确保环境保护取得成效。如有的政府直接为使用控制污染的设备进行筹资，或建立和使用环境保护基金，对资源和环境的保护行为进行补贴。

总之，资源是有限的，地球容量和对环境破坏的吸收、恢复能力也是有限的。如高科技带来的绿色革命使谷物与肉类产量大幅增加，却降低了农业生态环境对灾害冲击的恢复弹性。

### 8.1.3　实现可持续发展战略的对策

生态危机在全球范围内频繁出现已引起了全世界人们的广泛关注。1992年，在巴西里约热内卢召开了"世界环境与发展"大会，会议正式提出了"可持续发展战略"，并制订了《21世纪议程》。该议程以可持续发展为中心，加深并明确了人类对资源、环境和发展等问题的认识，第一次把资源、环境等问题与社会经济发展结合起来，帮助人们树立资源、环境与发展协调发展的理念。2002年召开了"地球峰会"，各国首脑一起通过了《执行计划》和《约翰内斯堡可持续发展承诺》,这些文件明确提出了一系列新的、更为具体的环境与发展的目标,并设定了相应的时间表,重申了人类对可持续发展的承诺。

可持续发展是一种从自然资源和环境的角度形成的关于人类发展的战略和模式,可持续发展特别强调发展对改善生活质量的重要性,以及环境资源的长期承载对发展的重要性。一方面,可持续发展的提出从理论上结束了长期以来经济发展同环境与资源相对立的错误观点,指出了它们之间互为因果、相互影响的内在联系;另一方面,可持续发展是经济、社会、生产三者互相影响的综合体,涉及经济、社会,文化、技术以及自然环境的综合概念,是经济、社会、自然资源与生态环境的可持续发展的总称。

资源的可持续利用和消费是可持续发展的基础和核心问题。保证自然生态财富(即生态资本存量)的非减性是实现可持续发展的前提,承认并充分认识自然环境承载力的有限性,遵循并深刻理解生态环境系统所固有的规律。此外,人类还必须明确可持续发展的含义不仅涉及当代人,或某个国家的人口、资源、环境与社会经济发展的协调,还涉及后代人或国家和地区间的人口、资源、环境与社会经济发展间的矛盾与冲突。

①在资源方面,资源的最优利用和持续利用是人们首先应考虑的问题。为了实现资源的最优利用和持续利用,不仅要找到资源开采的最优路径,还要借助市场和技术的进步逐步减少对枯竭性资源的依赖。英国经济学家帕萨·达斯古普塔(Partha Dasgupta)的研究表明,最优的资源开采路径是在各个时段资源价格的净价值保持不变,或者确保资源价格的增长率与市场利率一致。实现资源的可持续利用和持续消费,取决于生产中不变资本与资源流量间的替代弹性值。这里的“弹性值”是指不变资本替代资源流量或消耗量的一种比率。若固定资产或不变资本增加1 %,而所替代的资源流量大于1 %,则资源实现可持续利用,否则将枯竭。市场和技术进步、科技的发展可使可枯竭资源过渡到持久性资源,即使人类耗尽了某种不可再生的资源,也可以由可再生资源来代替,并确保经济活动和消费行为不会受到大的影响。

在对资源与环境的需求上,未来各代人与当代人享有同等权利。可持续发展要求当代人在考虑自身需求与消费的同时,也要担负起未来各代人的需求和消费的历史道义与责任。人类赖以生存和发展的自然资源是有限的,当代人不能为了满足自身物质的发展需求,以掠夺性的资源利用方式将资源财富化,而不考虑后代人发展的需要,要给后代人以公平利用自然资源的权利。为确保当代人的经济活动对后代人的福利状况没有损害,构建一个生态与经济、环境与发展的综合决策机制势在必行。

②在环境方面,政府、社会、企业和个人都应有所作为。在环境保护中,政府应有效发挥规制和监管职能,同时提供必要的环境公共物品。企业作为市场经济的主体,是环境污染的主要制造者,调整企业行为成为实现可持续发展的关键。在生产和经营中,企业需要在遵守市场规则的前提下进行经济活动,在遵纪守法的前提下实现利润的最大化,并采取科学有效的措施,加大资金投入使污染物排放总量达到国家制订的污染物排放标准和要求,生产的商品也达到相应的产品质量、安全、健康和环境等标准。社会公众不仅是环境污染的制造者,也是可持续发展战略的实施者。一方面,公众应自觉遵守环境法规和环保政策;另一方面,公众应抵制严重污染环境的行为和方式,积极选择和使用有利于环境的商品,间接影响企业的生产和经营活动。通过改变人类传统的、不合理的消费模式和行为,树立绿色消费观念,鼓励并引导人们形成合理的、可持续的消费模式,降低消费活动对自然环境的影响。

③在人口问题方面,应把人口与发展联系起来考虑,并在实现经济持续快速增长、社会经

济不断进步、环境保护的前提下解决人口问题。推行适当的人口政策,将人口因素纳入经济发展战略中,特别是对于发展中国家来说,控制人口规模、减轻人口过多对经济发展的压力具有重要的现实意义和紧迫性。同时,增加教育经费投入,切实提高人口素质,增强人们的环保意识,为实现可持续发展提供必要的社会环境和基础条件。合理的人口结构、适度的人口总量和良好的人口素质有利于促进人口与经济、社会、资源和环境的协调发展。

另外,必须彻底消除贫困。贫困不仅威胁着当地的可持续发展,还影响着整个社会的安全、稳定和健康发展,同时还会给生态环境带来毁灭性的破坏。对于当前的发展中国家来说,消除贫困的任务紧迫而又艰巨。要彻底消除贫困,必须以可持续发展战略为指导,从社会、经济、生态等方面入手,实施科学有效、综合适用的政策措施,从根本上改变贫困地区的生产条件和生活环境,实行科技扶贫,实现生态环境与资源开发、经济发展与人口增长间的协调发展。

④在政策措施方面,可以通过技术创新和富有成效的政策措施改变环境压力。各国应根据本国情况采取合适的政策措施;审查并取消对资源保护无刺激作用的措施和手段,使补贴的数量和覆盖面做到合理而有效;制止和扭转砍伐森林现象,加强土地资源和水资源的管理;建立有效的管理机构,切实减少资源使用量、使用效率并消除废料,减少温室气体排放等。大多数发展中国家可以通过技术、制度和管理的创新来处理资源、环境与可持续发展之间的关系。

在技术创新方面,可采用互补性、旁侧性、废物利用型以及治理污染型的技术创新等。通过技术创新,促使企业实现经济发展和环境保护的协调统一。制度创新主要包括:建立"节约"型的社会制度,保护生态环境和自然资源,反对破坏生态和浪费资源;以可持续发展战略为指导,对经济实行有效的宏观调控,合理调整产业结构,制订科学的产业政策,严格控制重污染产业、限制轻污染产业、鼓励和促进无污染产业的发展;加强生态环境评价和资源资产化研究,将资源与环境成本反映到市场价格中;国家应将资源与环境纳入国民经济核算体系,各级政府和经济管理部门要建立生态与经济、环境与发展的综合决策机制。

综上,通过合理开发利用资源和节约使用资源,并有效防治污染、保护和改善生态环境、维护生态平衡、控制人口数量、提高人口质量、制订和实施切实可行的宏微观政策措施,并把经济政策、社会政策和环境政策结合起来,采取合适的方法鼓励经济部门以更为有效、合理和负责的方式使用自然资源、保护生态环境,以此为基础,经济和社会将走上一条可持续的发展道路。

## 8.2 我国农业资源与环境可持续发展

我国土地资源的现状是南方自然条件优越,水多地少;北方自然条件较差,水少地多;东部自然条件优越,人多地少;西部生态环境脆弱,人少地多。也就是说,我国的区域水土资源状况和条件与我国现在的农业生产力布局明显不匹配,我国的粮食流向格局已由历史上的"南粮北运"转变为"北粮南运",导致了北方地区水资源的过度利用和我国区域水资源承载力的不平衡状况加剧。伴随经济的发展和人民生活水平的提高,人们对主要农产品的需求不断增加。与此同时,在逐渐加快的城镇化背景下,居民的膳食结构发生了较大变化,对粮食的消费需求减少,对瓜果、肉类的消费需求不断增加,进一步增加了农业生产对生态环境特别是水土资源的压力。

特别是具有高科技含量的现代农业,虽然实现了土地的集约化利用,提高了农业生产效率，但集约化的农业生产给生态和环境带来了巨大压力。人们需要对农业发展的政策、模式和技术进行深刻反思，要清楚地认识到农业发展不仅要提高产量，更要保障食物安全、改善产品品质，同时，充分发挥农业生态系统的各种服务功能。

### 8.2.1 农业资源与生态环境面临的问题分析

**(1)耕地资源后续支撑能力不足**

据估算，我国在保障口粮绝对安全和谷物基本自给的目标时，需要播种面积达到 $8.667 \times 10^7\ hm^2$。我国第二次全国土地调查结果显示，我国基本农田有 $1.040 \times 10^8\ hm^2$。在现有农业生产条件下基本可以保障我国谷物自给和口粮的安全。耕地质量、数量的不断变化，以及耕地时空的变化，给我国食物安全带来了不利影响。

1)耕地和播种面积呈减少趋势

据调查，2013 年全国净减少耕地面积达 $8.02 \times 10^4\ hm^2$。随着新型城镇化政策的实施，耕地流失的局面难以逆转，且后备耕地资源严重不足，致使耕地总量增长严重受限，而耕地数量的减少将直接造成粮食产量的降低，同时，我国粮食的播种面积也呈下降趋势，进一步降低了我国粮食的产量。

2)耕地质量不容乐观

根据《中国耕地质量等级调查与评定》(2009 年)标准，我国耕地总量的 60 % 是三至六等的耕地(见图 8.1)，一等地和二等地总量较少。在空间分布方面，占全国耕地总面积 71.28 % 的东北地区、长江中下游地区、黄淮海地区和西南地区，是我国耕地资源的主要分布区，这些区域中的一至三等优质耕地仅占比 31 %，而三至七等的中等耕地占比 58 %。可见，我国优等土地占比低，生产力提升困难，而在目前的技术水平下，中等地、差等地的生产力提升空间也非常有限。

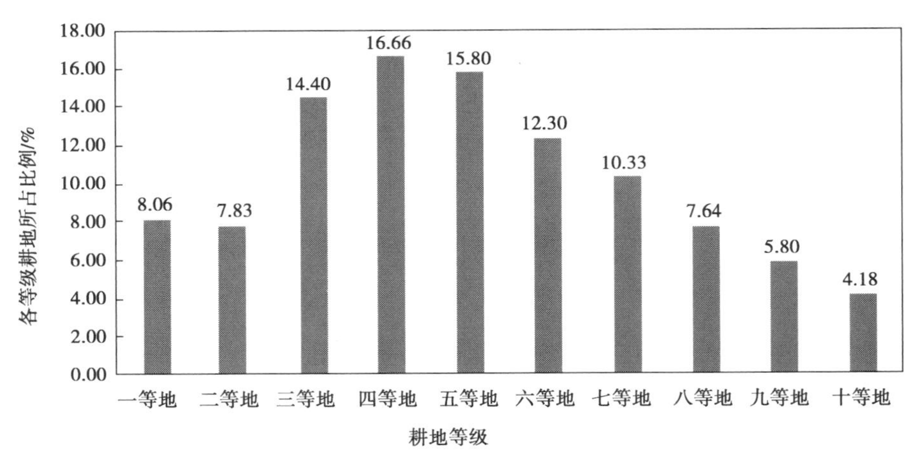


图 8.1 全国耕地等级比例

此外，人为与自然因素的影响使我国耕地质量呈现下降趋势。首先，受不合理开发利用方式的影响，以及受洪涝、干旱、沙化、盐渍化等自然灾害和退化的威胁，土地资源退化，耕地面积大幅减少。其次，土壤污染情况愈加严重，粮食的播种、生长和产量受到严重影响。另外，占优补劣行为进一步加剧了优质耕地资源的流失。本属于生态用地的陡坡耕地、草原耕地，以及处于江河湖泊最高水位控制线范围内的耕地也造成耕地质量的下降和生态环境的破坏。

3)耕地资源空间格局变化对食物安全造成不利影响

在我国,水热条件良好的东部地区仅有全国 30 % 的耕地资源,且随着改革开放的深入和经济的发展,东部地区耕地占比还在继续下降,我国的耕地重心表现为“北进中移”的态势。在空间上表现为长江沿岸、东部沿海地区、黄土高原,以及从东北到西南大致沿第二级阶梯山地一线地区的耕地减少最为明显,而东北平原、黄淮海平原,以及内蒙古河套平原等传统产粮区耕地面积呈现增加态势。我国南方地区水资源丰富而北方地区水资源匮乏,耕地资源重心“北进中移”,导致我国粮食生产重心也在随之变化。该变化是以过量消耗北方地表水和地下水资源为代价的。长此以往,将加剧北方地区水土匹配的矛盾,北方粮食生产的安全性将会下降,我国粮食的可持续性将会受到巨大威胁。

**(2)“水减粮增”矛盾突出,“北粮南运”难以为继**

1) 农业用水量减少、“水减粮增”矛盾突出

我国的农业用水比例由 1949 年的 97.1 % 下降到 2014 年的 63.5 %,并继续呈下降趋势,2017 年我国农业用水仅占 62.32%(见图 8.2)。但全国用水总量持续快速上升,主要是工业和生活用水(见图 8.3)。伴随我国工业化、城镇化进程的加快,农业用水将进一步被挤占。而人口增长,人类对粮食及其他食物的需求将不断增长,农业结构的调整和农业水权的转变,灌溉粮田面积不断减少,“水减粮增”的矛盾更加突出。

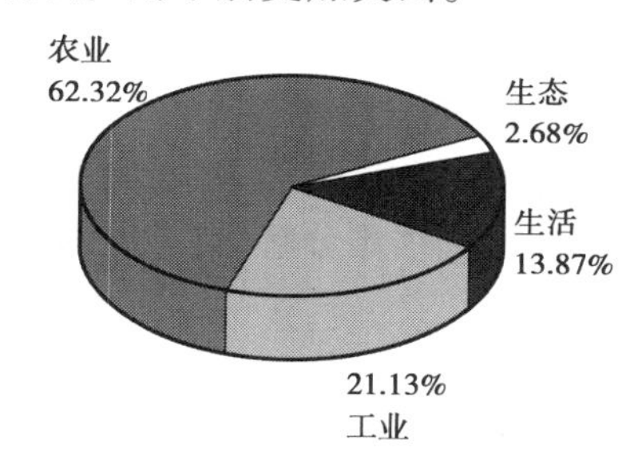


图 8.2　2017 年我国用水结构统计图

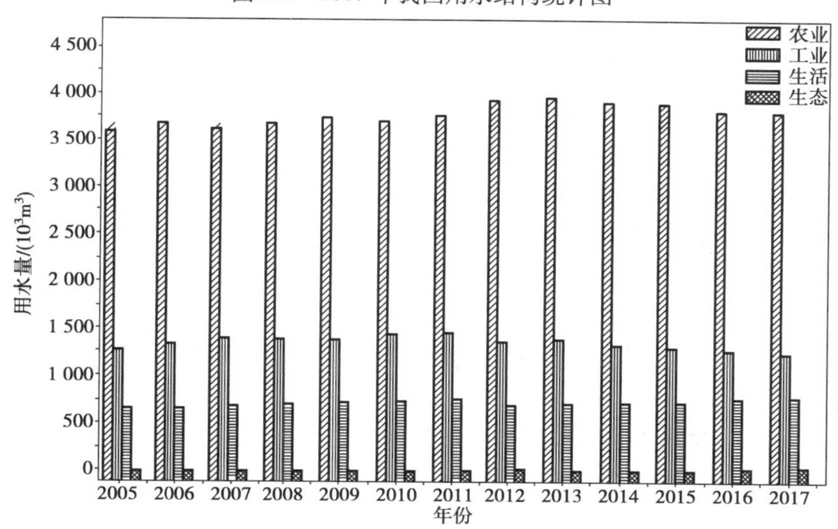


图 8.3　2005—2017 年我国各领域用水量统计

2)农业生产与水资源分布错位,“北粮南运”难以为继

我国的淡水资源严重紧缺,且水资源分布是南多北少,而耕地资源则正好相反。历史上,我国南方地区生产的粮食远比北方地区多,一直是“南粮北运”的格局。1990 年以后,“南粮北运”格局发生重大改变,取而代之的是“北粮南运”的新格局。粮食生产需要消耗大量的水,使得我国北方粮食生产与水资源的分布严重错位,该错位将进一步加重北方地区水资源的压力,使缺水问题日趋严重,有些地区不得不开采地下水进行灌溉,地下水灌溉会导致该地区大面积出现地下水漏斗,严重影响未来农业的生产和发展。从水资源的角度来分析,“北粮南运”难以为继。

**(3)农业内源性环境问题突出,防治难度较大**

日益严重的农业污染已成为破坏我国农业生态环境的首要因素,畜禽水产养殖、农业化学物质的投入是造成农业污染的重要来源,已直接威胁我国的食物生产安全。

1)化肥利用率低,农用化肥施用强度持续增长

如今,我国是世界第一大化肥生产国和消费国,以约占世界 8% 的耕地消耗了约 35% 的化肥。这主要是因为我国化肥施用是粗放式的,化肥利用率仅 26% ~37%,远低于发达国家 60% ~80% 的水平。我国每年都有大量的化肥随地表径流、淋溶等途径损失掉,这对周边流域水环境带来了严重影响,破坏了当地的农业生态系统。

2)农药施用量不断增加,农业环境风险增大

有害生物的抗药性不断增加,农民施药的粗放性,导致农药使用量继续加大,目前,我国的农药生产和使用量居世界首位。在所有种类的农药中,高毒农药的环境风险非常大,虽然目前我国的高毒农药的使用比例有所下降,但数量仍然很大,特别是杀虫剂和杀菌剂等,如以往使用的滴滴涕和六六六等,这些农药残留物很难分解,对人们的社会生产和日常生活产生着持续的负面影响。

3)畜禽水产养殖环境管理水平低下

近年来,我国的畜禽养殖快速发展,已成为世界最大的肉、蛋生产国,然而,我国的集约化养殖水平不高,这与行业的快速发展不相称。目前,我国以小规模畜禽养殖为主,配套设施不完善,养殖环境管理水平不高,与种植业和养殖业脱节严重,致使大量畜禽粪便未经处理便直接排入环境中,造成了严重的环境污染。

**(4)生态问题依然严峻,潜在威胁堪忧**

1)农业生态超载,抑制其生态功能的发挥

农业生态系统是自然复合生态系统,它作为世界上最重要的生态系统之一,不仅具有产品生产功能,还具有环境服务、旅游服务、文化教育及美学等功能。但社会经济的发展,以及人类对农业生态系统的不合理利用,造成了严重的生态超载,限制了生态系统服务功能的发挥。

2)荒漠化和水土流失依然严重

21 世纪初,我国进行了多次全国土壤侵蚀遥感普查,在此基础上,由水利部、中国科学院和中国工程院联合组织开展了水土流失与生态安全综合科考活动,较为准确地摸清了全国土壤侵蚀的现状。目前,我国水土流失形势依旧严峻,严重的水土流失不仅导致流失区的土壤退化、江河湖库淤塞、泥沙下泄、沙尘暴危害加剧,并使当地生态环境进一步恶化,同时还给下游地区带来了危害:①造成土地严重退化和耕地毁坏,制约农业生产,威胁国家粮食安全;②加剧自然灾害的发生;③加重面源污染,影响粮食安全。同时,我国还存在严重的荒漠化与沙化问

题,其中,新疆、西藏、青海、内蒙古、甘肃5省(自治区)是荒漠化和沙化的主要区域。荒漠化和沙化不仅影响了农业生态环境和粮食生产,还对农业经济的发展造成了严重影响,进一步加深了人民的贫困程度,使地区间差异继续扩大。

3)农产品品种单一与外来物种威胁问题并存,农业生物多样性退化

伴随科学技术的发展和人口的增加,一些新研制的高产量产品种已取代了与野生亲缘种共存的地方品种,使它们陷入灭绝的状态,造成了农业景观千篇一律,品种单调。这种状况虽然在短期内可使农产品的产量明显增加,但一旦这种水肥充分和现代化的管理的条件不能满足,新的科技物种与本地品种及其野生亲缘种缺乏基因流动,致使它们的遗传特性趋向一致,这会引起新的科技物种容易受到流行性病虫害的侵袭。这种完全依靠昂贵的生产资料又不能持久高产和安全生产的经营方式,严重危害了生物的生存和发展。现阶段,我国有许多好的农业传统并未得到继承,大量优良的农业品种已丧失殆尽。此外,外来生物入侵也正成为威胁当地生物多样性的重要因素。目前,我国的大多数地区都发现有外来物种,除青藏高原及其他极少数的自然保护区外,其他区域都能找到外来杂草。

### 8.2.2 农业资源与环境可持续发展的战略选择

**(1)建立现代高效生态农业战略**

现代高效生态农业是指依据“整体、协调、循环、再生”的原理,从生态经济系统结构的优化入手,将农业生产、经济发展、环境保护和资源高效利用融为一体的综合农业生产体系。其出发点和落脚点是“高效”。“高效”是指农业生产的高效率和高效益,即实现高投入产出率、高能源资源利用率、高土地产出率等。同时,借助现代管理手段和经营方式,促进现代科技的推广和发展。现代高效生态农业以生产安全产品和保障人类健康为核心,以建设和维护优良生态环境为基础,以产品标准化为手段,实现高效产出,进而达到生态、经济和社会效益相辅相成、相互促进的农业生产新模式。

**(2)粮食生产区域再平衡战略**

粮食生产区域再平衡战略主要是构建“南扩、北稳、西平衡”的均衡生产新格局,逐步降低“北粮南运”规模,避免二次浪费和污染。其中,“南扩”是指南方或东部省区作物播种面积的扩大和复种指数的提升战略,并借助强农惠农和其他专项财政政策,引导并支持农户扩大农田的播种面积,提高粮田的复种指数,并在稳定水稻生产的基础上,有计划地发展饲料用粮和加工用粮,分时段、分步骤地压缩“北粮南运”规模。“北稳”是指稳定北方现有的复种指数和播种面积,稳定和保障其粮食主产区地位。保持北方现有粮食的生产规模,有效防止地下水位的持续下降,确保北方耕地资源的可持续利用。“西平衡”是指保持西部地区粮食播种面积的动态平衡。“压夏扩秋”,即保证以中西部旱作玉米为主的能量饲料的生产规模,同时,适度扩大马铃薯等作物的种植规模,合理减少夏收作物如冬小麦、春小麦等的种植规模,平衡生产,确保粮食播种面积的动态平衡,保障粮食自给。

**(3)替代战略**

替代战略主要是指在立足国内保证粮食安全的基础上,适当进口部分农产品,以替代国内高能耗(如水、土及时间等)的农产品,形成国际贸易增加虚拟水和虚拟土地资源的替代措施。替代战略在一定程度上可以缓解我国水土资源的需求压力,它不仅包括贸易替代战略,还包括非常规的水土资源替代战略。而非常规水土资源替代战略主要是指开发利用包括污水、微咸

水等非常规水的替代措施,有效增加农业用水的可供水量。此外,充分利用我国水域、草地和林地等非常规的耕地资源,构建"种养结合、以养促种、农林牧渔共赢"的多层次、多元化的食物生产体系,从而保障我国食物安全和耕地资源的可持续利用。

### 8.2.3 农业资源与环境可持续发展的政策建议

**(1)建立农业生态补偿机制**

农田生态系统不仅具有食物供给功能,还具备多种生态服务功能。与普通耕作模式相比,生态耕作模式的农田能够提供更高的生态系统服务价值。例如,稻鱼共生系统的农田在水量调节、营养保持、病虫害防治、固碳释氧及旅游服务等方面具有重要价值,此外,还降低了甲烷排放以及农药、化肥的使用量,使其外部负效益减少。推动和大规模发展多功能生态农业,加快建立生态系统服务或生态补偿机制,包括粮食主销区对主产区的补贴制度、"北粮南运"的水资源向南方转移的区域补偿机制、与测土配方挂钩的化肥梯度价格制度、粮食安全责任与粮食安全成本挂钩的农业补贴制度等。

**(2)重构农业技术推广体系**

目前,我国存在农民培训工作缺乏、推广方法落后、农业技术与推广设备落后、所推广技术与农民的技术需求不符合等问题。农业科技具有明显的公共特性,这一特性决定了政府需承担起农业科研和技术推广的主体责任。然而,我国农业技术推广体系较落后,很难承担起农业技术推广的重任,难以满足农户对新技术和适用技术的需求。重构农业技术推广体系已成为农业生态环境保护和促进农业生产发展环节,重构体系需要从三个方面展开:一是增加农业技术推广投资;二是加快基层农技网络的恢复与建设;三是加强对农民及基层农药经销商的培训,加强农用化学品的科学管理。

**(3)积极进口国外农产品**

与玉米等作物相比,我国大豆的单产远低于进口来源国,如果减少大豆的进口量,我国必须耗费更多的耕地、水资源及其他资源来生产大豆,这种状况会引起玉米等农作物的产量,继而明显降低其他作物的自给率,造成我国食物安全面临的挑战更为严峻。同时,对大量进口的农作物,如大豆,要继续保持合理的库存和生产能力,以防范市场变化、自然灾害及其他可能事件带来的风险。采取合理政策措施鼓励农户进行玉米、水稻和大豆的轮作、间作,有效集约化农业生产对大豆主产区的农业生态环境带来的负面影响。此外,要有步骤、有计划地实施国外耕地资源的开发利用战略。农业投资要向流通、加工等环节延伸,从而有效减少物流成本;不直接购买资源(如土地),尽可能通过直接投资和订单农业参与农业投资,以便获得更好的信贷和市场。

**(4)设立农业资源红线,建立与之相匹配的种植制度**

首先,鉴于粮食需求的不断增加和农业用水量日益减少的"水减粮增"矛盾,建立农业用水总量红线制度。其次,因地制宜地在各地区构建与区域环境相适应的种植制度,如南方地区要提高农地复种指数;西北半干旱区要建立"压夏扩秋"的种植模式;华北地区向"一年一熟制"或"两年三熟制"转变。最后,要立法划定我国永久基本农田和永久基本粮田,同时,制订永久基本农田的划定指导准则,一是划分指标体系,规范永久基本农田划分标准;二是制订法规制度,保护划定永久基本农田的范围,严格限制基本农田用途转变,保障耕地资源规模;三是制订政策措施和监督机制,有效保持并努力提高永久基本农田和基本粮田的生产能力。

（5）**大力推进农业科技创新**

在长期的农业生产实践中，我国人民已探索出了丰富的耕种类型，如轮作、间作和多样的农林复合经营模式。随着科技的发展，生态农业正在以高新技术为主要特征，如现代农业已经较多地采用抗性品种的选育技术、低毒无害农药研发、科学施药技术研发、抗旱节水技术等新型农业科技，同时，还特别重视并推广种间关系的种植或养殖模式。通过整合系统结构功能和调整种间生态关系，从而有效控制农田病虫害，增加作物抗倒性，减少农药、化肥的使用等。这些宝贵的实践经验都需要进一步深入研究，同时进行深入的挖掘并实现性能的提高。伴随现代生态科技和生物技术的快速发展，随着人们对生态系统中的食物链、食物网、生物捕食、植物他感作用及共生关系等的相关认识的不断提高，应积极构建并推广新的基于物种间生态关系的生态种植和养殖技术模式。

（6）**实施相关的工程措施**

实施相关的工程措施主要包括实施相关的区域工程和专项工程。在实施相关的区域工程措施方面，在生态脆弱区，积极实施“生态—经济—社会”协同整治工程，使生态脆弱区的生态经济社会恶性循环综合征的问题从根本上得以解决；在生态资源丰富区，积极实施生态产业与极品开发工程，从而促进地方农业和区域经济的发展；在粮食主产区，积极推进循环农业工程，通过农林复合等生态模式改善区域的生态环境；在沿海与现代都市农业区，着力加强农业多功能拓展工程，发展高标准的农业产业和高科技的农业园区，实现城乡一体化协调发展。在实施相关的专项工程方面，一方面，要着力加强高效利用工程与农牧废弃物资源化综合开发工程；另一方面，要积极实施生态产业金字塔工程与病虫害综合防治，按照“无公害食品—绿色食品—有机食品”3 个层次，梯度推进，逐步提高我国农产品的品质。同时，要积极加强和实施绿色生产资料替代工程，以及可再生能源高效开发与综合利用工程。

综上，为保持农业资源与环境对粮食和食物安全的可持续支撑能力，一方面，需高度重视现代高效的生态农业发展战略建设，同时重视农业生态系统的生态服务功能的发挥。另一方面，要建立科学的耕地和水资源利用制度，保持全国范围内资源配置和利用的均衡。同时，要适当利用两种资源和两个市场，实施相关的非常规水土资源替代战略和贸易替代战略。通过这些战略举措，可有效实现我国生态环境与农业资源的可持续发展，从而为我国粮食与食物安全提供可靠的保障。

## 8.3　生态环境保护与林业可持续发展

被誉为“地球之肺”的森林，是我国生态环境的重要组成部分。近年来，社会生产发展以及人们生活需求的提高，我国有些地区的森林资源正在或已经遭到严重破坏，导致这些地区的生态环境状况日益恶化，水土流失问题日益严重，阻碍了社会生产的发展以及人民生活水平的提高。在这样的背景下，人们必须重视生态环境的保护工作，特别是森林资源的保护和建设工作。此外，面对我国当前严峻的生态环境形势，实现林业的可持续发展也是我们进行生态环境保护的主要需求，需要加强生态环境保护工作，从而推动林业的可持续发展。

### 8.3.1 影响林业生态环境保护与可持续发展的原因

**(1)森林资源匮乏**

我国的森林资源匮乏,已成为阻碍我国当前林业可持续发展和生态环境保护的重要因素。我国疆域辽阔,各种生态资源丰富多样,但长期以来,高速的、高能耗的、粗放式的社会经济发展模式,造成了一些生态资源的过度使用和浪费,有些生态资源遭到不同程度的破坏,特别是森林资源。之前,我国没有对森林资源的保护和合理利用给予充分的重视,致使我国森林资源锐减,森林覆盖率大幅降低。据权威数据分析,我国人均森林面积与西方发达国家有很大差距。未来,我们必须扭转观念,充分重视森林资源的建设工作,合理进行植树造林,不断扩展我国的森林面积。

**(2)林业生态环境保护政策不健全**

影响我国林业可持续发展和生态环境保护的另一个重要因素是林业生态环境保护政策不健全。长期以来,太过于注重追求社会经济的快速发展,却忽视了生态环境的保护工作,导致乱砍滥伐等过度开发森林资源的严重现象。另外,我国目前法律法规不健全,没有形成有效的生态环境保护机制,不能对森林资源起到合理有效的保护作用。

**(3)林业生态环境建设工作不到位**

伴随经济发展与生态环境保护间的矛盾日益恶化,生态环境保护也逐渐得到越来越多人的重视,并得到越来越多人的理解和支持。但目前我国的林业生态环境建设工作不到位,导致生态环境治理结果不尽如人意。虽然我国已经开始重视生态环境保护工作,但是国家的资金投入不足,相关法律法规尚不健全,造成一些企业仍“有漏洞可钻”,导致林业生态环境建设工作很难取得有效进展。另外,仍有一些政府部门的林业生态环境建设意识不强,相关工作开展和落实不到位,这些都是影响我国林业可持续发展与生态环境保护的重要原因。

### 8.3.2 生态环境保护与林业可持续发展的措施

**(1)完善林业产业结构调整**

当前,加快我国林业可持续发展及生态环境保护的重要措施之一是完善林业产业结构调整。我国幅员辽阔,各个地区的气候、地质、土壤等条件差异很大,在林业可持续发展过程中,应完善林业的产业结构调整。这需要从市场的实际发展状况出发,结合不同地区的土壤、地质、气候等条件,有针对性地调整林业产业。在不同的地区发展不同结构、不同类型的林业资源,从而最大化实现经济效益和生态效益。

**(2)加强林业生态环境建设与保护**

林业可持续发展与生态环境保护相辅相成,要在合理实现林业可持续发展与生态环境保护协调发展的基础上,加强林业生态环境的建设与保护工作,并将现代先进的科学技术融入当前林业建设的事业中,构建系统、科学的林业发展机制。同时,还要加强对林业生态环境建设的宣传,大幅提高人们的思想觉悟和思想意识,促使人们积极参与环境保护、林业保护和森林保护,进而推动森林建设事业的健康、快速、持续发展。

**(3)完善林业生态环境建设管理工作**

应制订出完善的管理制度,确保和加强林业生态环境建设的健康进行,同时,强化对林业建设工作的管理和监督,防止和制止某些林业建设部门仅做表面文章,实际工作难落实处的情况,切实保障林业建设事业的质量和效率。此外,要重点保护林业生态地区,有效保护森林资源,并根据具体情况科学、合理地调整林业产业结构,促进我国生态环境保护事业的不断发展。

综上,林业可持续发展与生态环境保护不仅关系当代社会的生存和经济发展,还关系人类后代的生存和发展。面对当前日益严重的生态环境恶化,人类必须充分重视环境保护,共同努力,采取科学、合理、有效的措施保护森林资源,实现并强化林业的可持续发展,为国家社会经济的可持续发展提供良好的环境。

## 8.4 全球能源互联推动能源社会的可持续发展

究其本质,"可持续发展"就是要协调人与自然和谐发展,处理好人口增长、经济建设、资源利用、生态环境保护等的相互关系,推动整个社会走上生产发展、生态良好、生活富裕的文明发展道路。若具体到能源的可持续发展,就要求能源的安全供给、经济竞争力和环境可持续性三者统筹兼顾,其中,能源可持续发展的核心内容是能源安全供给;可持续能源提供的有力保障是经济竞争力;可持续能源的基本前提是环境可持续性。

当前,能源和环境问题给我国经济和社会发展带来的影响日益凸显。在此背景下,保障能源的安全、高效、清洁供应,加快能源战略转型,成为实现能源革命的关键。为实现能源可持续发展,提出了"全球能源互联网"发展蓝图和构想,着力实现"两个替代",尽力打造更安全、更清洁、更高效、可持续的能源及其供应链。"全球能源互联网"的构想是基于现代网络、控制技术和信息技术,并由跨洲、跨国的骨干网架和各国各电压等级电网为载体构成,连接"一极一道"(北极、赤道)的大型能源基地,能有适应各种集中式、分布式电源,能够将太阳能、风能和海洋能等可再生能源输送到用户的,安全性高、配置能力强、可靠性好、绿色低碳的新一代全球能源系统。

将能源远距离地在国与国、区域与区域、洲际与洲际之间安全、高效、清洁地传输是"全球能源互联网"的发展目标,并在此基础上统筹全球能源资源的开发、配置和利用。"全球能源互联网"最终实现的图景将是:"建设北极风电基地,通过特高压交直流向亚洲、北美、欧洲送电,形成欧洲—亚洲—北美互联电网;建设北美、中东太阳能发电基地,向北送电欧洲、向东送电亚洲,将非洲纳入欧洲—亚洲—北美互联电网;建设南美北部、大洋洲太阳能发电基地,分别实现北美与南美、亚洲与大洋洲的联网。""全球能源互联"不仅有助于解决当前人类社会所面临的环境污染、清洁能源利用效率低的问题,还是未来全球能源的发展方向,是保障人类社会可持续发展、促进全球能源资源优化配置的重要措施。

### 8.4.1 推进"两个替代",把握能源革命新机遇

当前,能源安全、环境污染、气候变化等是人类实现经济社会可持续发展需要面临的多种挑战,加快推进能源消费革命和能源转型成为应对这些挑战的关键,这需要人们大力推进"两个替代",快速实现由传统的能源供应和消费转向清洁能源的供应和消费。

**(1)清洁能源替代**

清洁能源替代是指在能源开发上要以清洁能源替代传统的化石能源,实现从以化石能源为主、清洁能源为辅的状态转变为以清洁能源为主、化石能源为辅的状态。伴随太阳能发电、

风电等可再生能源的快速发展，需要重新对传统能源进行规划、建设，同时，大力研制、开发以及规模化应用清洁能源。

目前，可再生能源的并网消纳问题依然严重。为有效解决可再生能源的并网消纳问题，清洁能源的开发利用必须是包含“电源、电网、负荷”的整体解决方案。我国今后将长期处于混合能源时代，不能脱离传统化石能源来进行可再生清洁能源的开发利用，要实现传统化石能源与清洁能源的协调发展，并将电源、电网、用户进行统一整合，形成统一整体，有利于能源资源的综合规划。

促进清洁能源消纳需要协同、优化的整体规划思路作为重要的实施手段，不仅要在规划前期进行合理布局，促进实现常规能源与可再生能源统筹协调，还要充分考虑需求侧对清洁能源的消纳能力。而智能电网是一种非常强有力的技术平台，它可以提供全面、重要的电网相关数据，能够高度协调和支撑可再生能源实现并网，特别是能对需求侧的具体信息进行及时、充分、准确地掌握和反馈，有效促进分布式可再生能源的高效运行，进而促进清洁能源的替代。

(2)**电能替代**

电能替代的内涵是在能源消费上实施以电代油、以电代煤、以电代气等，提高终端能源消费中电能的比重，有效减少环境污染和温室气体的排放。大力发展电动汽车、电气化轨道交通等，减少石油消耗，积极推行以电代油；将工业锅炉、工业煤窑炉、居民取暖等设施从用煤改为用电，积极推行以电代煤；将天然气供暖和厨炊改为用电，减少天然气消耗，推行以电代气。

全球正面对日益严峻的环境生态问题，电能替代将会在环保方面发挥重要作用。以电能替代煤、油、气等常规终端能源，不仅可以实现大规模集中转化来提高燃料的使用效率，还能实现污染物排放的减少，终端能源结构的改良。伴随电能替代的深入推进，太阳能、风能等清洁能源将得到大规模的开发和消纳，远距离输电将成为电能消费的重要部分。电能替代战略不仅统筹兼顾了各类能源以及能源发展各环节间的关系，还对构建以安全发展、高效发展、清洁发展的现代能源保障体系至关重要；不仅充分考虑了能源与社会、经济、环境间的普遍联系，还有助于推动全球能源与经济和社会的协调发展。

实现“两个替代”，构建以特高压为骨干网架、以清洁能源为主导的全球能源互联网成为实施的关键。以连接“一极一道”和各洲大型能源基地的大型智能互联电网是贯彻实行能源互联网的物理基础，这要求智能电网不仅必须能适应各种分布式能源的接入需要，还能将太阳能、风能等产生的电力等输送至各类用户。

### 8.4.2 特高压和智能电网是构建全球能源互联网的关键

发展高电压电网和智能电网对实现全球能源互联和全球能源的优化配置至关重要，而电网是实现这一目标的重要载体，实施建设全球能源互联网，对跨区、跨国、跨洲电网的输送能力、输送距离、网架结构等提出了更高的要求。能源资源与能源需求在全球分布很不平衡，这需要实现国家和地区间能源的大规模、大范围远距离传输，其能源基地与负荷中心也需要合理优化配置，特高压电网将有力支撑全球范围内的能源大规模、远距离输送。目前，我国已有3条特高压交流线路和6条特高压直流线路建成并投入使用，2014年夏，锦苏、复奉和宾金三大特高压直流长时间满功率运行，向华东输送2160万kW电力，消纳900亿kW·h的西南水电，有力促进了西部清洁能源的开发利用和东中部地区的环境治理。

能源互联网也需要坚强智能电网为大量的新能源并网消纳提供可靠依托。可再生能源本身固有的波动性、间歇性等不确定性因素也对电力系统的稳定性提出了挑战。随着未来可再生能源在全球能源结构中的比例不断增大，特高压坚强智能电网不仅要适应传统电源的接入，也要适应各类分层分区和分散式的新能源接入。一方面，智能电网对风电和太阳能发电等间歇性电源和其他分布式电源具有很强的适应性，能够使不确定性的新能源输出功率过程变得更能满足用电负荷的需要，保障各类能源的友好接入和各种用能设备的即接即用；另一方面，智能电网技术能够与物联网、互联网和智能移动终端等相互融合，满足用户多样化需求。此外，将智能电网建设与可再生能源发展、互联网和物联网建设、战略性新兴产业发展结合起来，有助于更好地服务智能社区、智能家居、智能交通以及智慧城市的发展。总之，未来全球能源互联网的构建离不开特高压、坚强智能电网的依托。

综上，特高压、坚强智能电网不仅能为实现电力的大规模远距离输送提供技术支撑，还能够实现各类新能源和分布式能源的并网消纳，推动全球能源的优化配置，为实现全球能源互联、全球能源优化配置提供有力保障。

### 8.4.3　树立全球能源观

能源与环保是当今世界关注的两大主题。快速发展的工业化、信息化和城镇化带动了化石能源生产和消费的持续增长，但也造成了能源供应紧张，环境污染、气候变化等严重问题。要很好地解决能源和环境污染问题，树立全球能源观，转变能源发展方式至关重要。

①树立全球能源观是能源发展观念上的重大变革。要解决好能源问题，树立全球能源观是关键，要以全球的视野、历史的视角、前瞻的思维、系统的方法来研究解决能源问题，转变能源的发展方式，统筹能源与经济、社会、政治和环境的协调发展。全球的能源格局将由各国分散的能源市场逐渐向全球化能源市场转变，进而促进能源生产、能源贸易、能源金融的全球化。全球能源互联网不仅可有效解决全球能源资源分布和市场需求的严重失衡问题，还能有效保障能源的可持续发展。

②全球能源互联网能够提高电能的配置效率。全球能源互联网不仅能实现全球的资源优化配置，还能降低能源生产成本，促进能源技术更新，避免能源浪费。仅从全球的电力方面来看，全球互联网的建设在实现东半球与西半球的负荷时差互补之外，可以实现南半球与北半球的季节负荷互补，有效提高电力能源配置的效率和效益。随着亚洲、南美洲和非洲等地区陆续完成工业化、城镇化，其能源消费比重将快速升高，欧洲消费比重将下降，将改变全球终端的负荷格局。目前，建成的欧洲互联电网、北美互联电网和俄罗斯—波罗海电网等成为全球能源互联网的重要实践，非洲南部、海湾地区、南美洲等地区也在逐步实现电网互联。以电力为核心载体，依托先进的特高压输电和智能电网技术，满足全世界的电、冷、热等多元能源需求，全球能源互联网将是服务范围最广、安全可靠性高、配置能力最强、绿色低碳的全球能源配置平台。

③全球能源观有助于从根本上实现能源的高效利用。能源资源的开发利用，不可避免地会使生态环境遭受一定破坏，其中以化石能源最为严重。即使在能源资源的利用环节，化石能源也会造成环境严重污染，并对生态环境产生重大影响。能源的清洁高效利用有利于改善当前的生态环境问题，它还是能源产业发展的目标。构建全球能源互联网，树立全球能源观，提高新能源开发利用水平，才能从根本上实现能源的高效利用。

### 8.4.4 建立全球能源互联网面临的挑战

当前,全球能源互联网仅是一个伟大的构想,这一构想的实现还面临着诸多困难和挑战。

①全区域能源互联网模型的建立是实现全球能源互联的重要前提。全球能源互联网可以将全球的能源配置和传输从“点对点”的模式变革为“网对网”的传输模式,这不仅是技术的革命,更是一场观念的革命。这需要先在区域建立能源互联网模型,例如,中国可与周边国家建立区域能源互联网,在国内建立区域电网的互联,做到与周边国家的能源资源交换配置,以此为基础,为下一步进行全球能源互联积累相关经验。

②需要研究相关技术方案和配套控制措施。在全球能源互联网的构想下,为满足新能源的大规模输送和安全消纳,需要研究适应多形态电源接入和不同输电形式的输电控制措施及技术方案,形成与之配套的输电、变电、配电、用电、调度措施。为保障新能源的大规模输送和消纳,相关技术方案和配套措施的研究至关重要。

③需要建立科学完善的评估体系,深入研究洲内、洲际和全球能源互联建设项目的经济竞争力的影响因素,为全球能源互联网的建设评估提供理论保障。另外,还需要各国在管理和技术上提供支持。

尽管实施全球能源互联网是一个长期的过程,而且面临很多不确定性因素和挑战,但以全球能源互联网为主要特征的全新能源格局为我国实现能源经济低碳化发展提供了重要机遇。我国应抓住发展全球能源互联网的机遇,加快能源转型,构建全球能源互联网,实施“两个替代”,提升能源生产能力和装备制造水平,作好关键技术和设备的储备,加强国际能源合作和技术出口,应对全球能源互联网带来的挑战,全方位响应全球能源发展趋势。

# 参考文献

[1] 陈瑜琦,郭旭东,吕春艳. 我国国土资源面临的主要生态问题及对策探讨[J]. 国土资源情报, 2017(8): 10-14.
[2] 刘兴峰. 我国新能源汽车发展现状、问题及对策探析[J]. 华东科技: 学术版,2017(8): 392.
[3] 康小平,赵丽,刘斌. 我国新能源汽车的发展现状[J]. 内蒙古科技与经济, 2017(24): 15-16.
[4] 郑松辰. 新能源汽车技术发展现状和趋势[J]. 民营科技, 2017(10): 101.
[5] 林志鸿,林银盛. 新能源汽车发展综述[J]. 南方农机, 2017, 48(12): 37-38,69.
[6] 封红丽. 2017 年新能源和可再生能源发展现状及趋势研究(上)[J]. 电器工业, 2017(8): 30-38.
[7] 封红丽. 2017 年新能源和可再生能源发展现状及趋势研究(下)[J]. 电器工业, 2017(9): 24-32.
[8] 中能智库. 2017 年我国新能源发展现状及趋势分析[J]. 电器工业, 2017(7): 20-25.
[9] 刘国华,谷屹,孙庆丰,等. 新能源发展趋势研究[J]. 石油石化绿色低碳, 2018, 3(1): 6-14.
[10] 王小峰,于志民. 中国新能源汽车的发展现状及趋势[J]. 科技导报, 2016, 34(17): 13-18.
[11] 张忠义,琚建勇,申孟林,等. 太阳能电池技术及产业进展[J]. 稀土信息, 2016(9): 10-14.
[12] 曹烨,张捷杰,邱国玉. 中国太阳能光伏发电产业现状及展望[J]. 节能与环保, 2017(11): 50-55.
[13] 宁翔. 国内分布式光伏发电产业现状与发展前景[J]. 节能, 2017, 36(11): 14-19.
[14] 黎可. 我国光伏发电产业的现状及发展趋势研究[J]. 机电信息, 2014(24): 155,157.
[15] 王旭平. 国内外光伏发电产业技术的发展与应用[J]. 电子设计工程, 2013, 21(24): 110-112,117.
[16] 台向敏. 低碳视角下我国风电产业的定价与发展分析[J]. 财经界:学术版, 2016(21): 177-178,314.
[17] 赖明东,刘益东. 中国风电产业发展的历史沿革及其启示[J]. 河北师范大学学报:哲学

社会科学版，2016，39(3)：20-26.
[18] 张平，蔡洁，代木林. 我国风电产业特征及其发展路线探讨[J]. 资源开发与市场，2015，31(3)：348-352.
[19] 闵兵，王梦川，傅小荣，等. 海上风电是风电产业未来的发展方向——全球及中国海上风电发展现状与趋势[J]. 国际石油经济，2016，24(4)：29-36.
[20] 彭洪兵，吴姗姗，麻常雷，等. 我国海洋能产业空间布局研究[J]. 海洋技术学报，2017，36(4)：88-94.
[21] 史宏达，王传崑. 我国海洋能技术的进展与展望[J]. 太阳能，2017(3)：30-37.
[22] 王燕，刘邦凡，赵天航. 论我国海洋能的研究与发展[J]. 生态经济，2017，33(4)：102-106.
[23] 马冬娜. 海洋能发电现状分析[J]. 科技资讯，2015，13(20)：224-225.
[24] 刘子铭，李东辉. 国内海洋能发电技术发展研究及合理建议[J]. 化工自动化及仪表，2015，42(9)：961-966.
[25] 马冬娜. 海洋能发电综述[J]. 科技资讯，2015，13(21)：246-247.
[26] 麻常雷，夏登文，王萌，等. 国际海洋能技术进展综述[J]. 海洋技术学报，2017，36(4)：70-75.
[27] 马哲，王继业. 国外海洋能发电测试场发展情况分析及借鉴研究[J]. 海洋开发与管理，2017(11)：67-70.
[28] 国家能源局. 生物质能发展“十三五”规划[EB/OL]. 2016年10月.
[29] 袁振宏，雷廷宙，庄新姝，等. 我国生物质能研究现状及未来发展趋势分析[J]. 太阳能，2017(2)：12-19，28.
[30] 郭昊坤. 我国生物质能应用研究综述及其在农村的应用前景[J]. 中国农机化学报，2017，38(3)：77-81.
[31] 于果. 我国生物质能技术发展研究[J]. 资源与产业，2016，18(5)：38-43.
[32] 常世彦，康利平. 国际生物质能可持续发展政策及对中国的启示[J]. 农业工程学报，2017，33(11)：1-10.
[33] 李抒阳. 生物质能转化技术及资源综合开发利用研究[J]. 中国资源综合利用，2017，35(10)：46-47，71.
[34] 舒珺. 生物质能发电技术应用现状及发展前景[J]. 山东工业技术，2017(22)：167.
[35] 徐辉. 人口、资源、环境与可持续发展[J]. 求实，1997(4)：42-44.
[36] 洪雨，王俊宏. 光伏发电与分布式能源在现代化生态养殖及资源综合利用方面的应用[J]. 信息与电脑：理论版，2016(18)：56-57.
[37] 杨洪伦. 把秸秆变能源　让秸秆成资源[N]. 长春日报，2014-07-29(001).
[38] 李华，杨恺. 俄罗斯矿产资源现状及开发[J]. 中国煤炭地质，2012，24(12)：69-72.
[39] 王健. 哈萨克斯坦矿产资源与开发现状[J]. 现代矿业，2013(10)：83-84，89.
[40] 宋雅琦. 浅析我国森林资源保护现状及措施[J]. 农业与技术，2017，37(24)：184.
[41] 韩晓燕，沈屏，何丹. 美国森林资源现状与增长分析[J]. 林业经济，2017，39(3)：92-96.
[42] 董晓方. 南非主要矿产资源开发利用现状[J]. 中国矿业，2012，21(9)：29-34.

[43] 宋炜. 全球首套　世界领先[N]. 榆林日报, 2017-08-15(001).

[44] 陈喜峰,叶锦华. 印度矿产资源开发现状与启示[J]. 资源与产业, 2015, 17(6): 73-81.

[45] 汤晟. 我国矿产资源综合利用的现状、问题和对策[J]. 中国资源综合利用, 2017, 35(7): 61-63,71.

[46] 谢锋斌. 印度矿产资源现状及形势分析[J]. 中国矿业, 2013, 22(8): 14-17.

[47] 周俊华. 我国森林资源保护的现状分析[J]. 科技展望, 2016, 26(4): 80.

[48] 任世赢. 我国矿产资源综合利用现状、问题及对策分析[J]. 中国资源综合利用, 2017, 35(12): 78-80.

[49] 王春磊. 我国森林资源的现状及保护策略探析[J]. 黑龙江科技信息, 2015(30): 242.

[50] 田智慧,郝明亮,赵高鑫. 我国森林资源现状与保护中存在的问题[J]. 现代园艺, 2015(11): 76-77.

[51] 孟翠英. 我国森林资源现状及林业的可持续发展探析[J]. 科技创新与应用, 2015(20): 284.

[52] 王海军,薛亚洲. 我国矿产资源节约与综合利用现状分析[J]. 矿产保护与利用, 2017(2): 1-5,12.

[53] 陈瑜琦,郭旭东,吕春艳. 我国国土资源面临的主要生态问题及对策探讨[J]. 国土资源情报, 2017(8): 10-14.

[54] 刘学, 郑军卫, 赵纪东, 等. 国际矿产资源科技政策发展历程及其对我国的启示[J]. 世界科技研究与发展, 2017, 39(2): 122-128.

[55] 王礼先. 水土保持学[M]. 2 版. 北京:中国林业出版社, 2009.

[56]《中国大百科全书·环境科学》编委会. 中国大百科全书·环境科学[M]. 北京:中国大百科全书出版社, 2002.

[57]《中国水利百科全书》第二版编辑委员会. 中国水利百科全书[M]. 2 版. 北京: 中国水利水电出版社, 2006.

[58] 周强, 陈琴. 生物技术在油田污水处理中的应用[J]. 当代化工研究, 2017(9): 79-80.

[59] 王伟. 厌氧生物技术应用于工业废水处理中的研究[J]. 资源节约与环保, 2017(12): 58-59.

[60] 张毅. 生物过滤技术在大气污染控制中的应用[J]. 广东化工, 2017, 44(9): 203-204.

[61] 卢立泉, 邱立平, 秦紫瑾, 等. 生物技术处理典型污染源海洋废水研究进展[J]. 工业用水与废水, 2017, 48(3): 1-5,35.

[62] 张一帆, 王爱杰, 程浩毅. 生物电化学系统在废水脱氮中的应用研究进展[J]. 水处理技术, 2017, 43(10): 54-59.

[63] 张照婧, 厉舒祯, 邓晔,等. 合成微生物群落及其生物处理应用研究新进展[J]. 应用与环境生物学报, 2015, 21(6): 981-986.

[64] 吴思月, 尹军, 张楠, 等. 复合生物处理技术在 SBR 中的应用[J]. 中国资源综合利用, 2015, 33(11): 36-38.

[65] 杨懿宁,杨殿海. 生物强化技术在污水处理中的作用机理及应用现状[J]. 安徽农业科学, 2015, 43(1): 230-233.

[66] 姜阅, 孙珮石, 邹平, 等. 生物法污染治理的生物强化技术研究进展[J]. 环境科学导

刊, 2015, 34(2): 1-10.
[67] 黄文刚, 陈娜. 区域可持续发展与生态文明建设研究[J]. 绿色科技, 2017(12): 305-306.
[68] 张丽,马春阳. 论生态文明建设对可持续发展的重要性[J]. 佳木斯职业学院学报, 2016(8): 468-469.
[69] 李全喜. 可持续发展与发展替代语境下的生态文明建设[J]. 江西师范大学学报:哲学社会科学版, 2016, 49(4): 7-10.
[70] 梁兴印, 陈正良. 可持续发展视野下我国生态文明建设的历史演进[J]. 华北电力大学学报:社会科学版, 2016(3): 18-25.
[71] 谢永明, 李文军, 刘援. 再论可持续发展、生态健康与生态文明[J]. 环境与可持续发展, 2015, 40(6): 146-148.
[72] 诺金. 生态文明建设可持续发展路径选择研究[J]. 现代商贸工业, 2015, 36(21): 181-182.
[73] 张永亮, 俞海, 高国伟, 等. 生态文明建设与可持续发展[J]. 中国环境管理, 2015, 7(5): 38-41.
[74] 罗伊·莫里森, 刘仁胜. 生态文明与可持续发展[J]. 国外理论动态, 2015(9): 114-119.
[75] 石莹, 何爱平. 以全面、协调、可持续发展理念看待生态文明——基于马克思主义经济学的视域[J]. 当代经济研究, 2015(4): 66-72.
[76] 孟伟. 以生态文明建设引领可持续发展[J]. 时事报告, 2015(4): 30-33.
[77] 朱江玲, 石岳, 胡会峰, 等. 关于我国生态文明建设可持续发展的若干思考[J]. 科学与社会, 2015, 5(1): 40-50.
[78] 尹昌斌, 程磊磊, 杨晓梅, 等. 生态文明型的农业可持续发展路径选择[J]. 中国农业资源与区划, 2015, 36(1): 15-21.
[79] 金鉴明. 绿色发展与生态文明——绿色转型可持续发展模式的探讨[J]. 福建理论学习, 2015(1): 4-9.
[80] 王玥. 可持续发展中的生态文明建设[J]. 赤子:上中旬, 2015,2: 117.
[81] Lucas A. Maddalena, Shehab M. Selim, Joao Fonseca, Holt Messner, Shannon McGowan, Jeffrey A. Stuart. Hydrogen peroxide production is affected by oxygen levels in mammalian cell culture[J]. Biochemical and Biophysical Research Communications, 2017 (493): 246-251.
[82] John M. Marzluff, Eric Shulenberger, Wilfried Endlicher, Marina Alberti, Gordon Bradley, Clare Ryan, Craig ZumBrunnen, Ute Simon. Urban Ecology-An International Perspective on the Interaction Between Humans and Nature[M]. Springer Science and Business Media, LLC, 2008.
[83] A report on Natural Treatment Systems prepared jointly by Oregon Department of Environmental Quality and the Oregon Association of Clean Water Agencies. Natural Treatment Systems—A Water Quality Match for Oregon's Cities and Towns[M]. Oregon DEQ & Oregon ACWA,2014.
[84] Marcos von Sperling. Biological Wastewater Treatment Series, (II)-Basic Principles of

Wastewater Treatment[M]. London, IWA Publishing, 2007.
[85] Miloš Rozkošný, Michal Kriška, Jan šálek, Igor Bodík, Darja Istenič. Natural Technologies of Wastewater Treatment[M]. GWP CEE, 2014.
[86] 施鹤群,翁史烈. 新能源在召唤丛书[M]. 南宁:广西教育出版社, 2003.
[87] 庄贵阳. 低碳经济:气候变化背景下中国的发展之路[M]. 北京:气象出版社, 2007.
[88] 翟秀静,刘奎仁,韩庆. 新能源技术[M]. 3 版. 北京:化学工业出版社,2017.
[89] 王明华. 新能源导论(本科) [M]. 北京:冶金工业出版社,2014.
[90] 林爱文,胡将军,章玲,等. 资源环境与可持续发展[M]. 武汉:武汉大学出版社,2005.
[91] 阎伍玖,桂拉旦,桂清波. 资源环境与可持续发展[M]. 北京:经济科学出版社,2013.
[92] 应启肇. 环境、生态与可持续发展[M]. 杭州:浙江大学出版社,2008.